有了 ，谁还会选择 错误、混乱

建立首要的、基础的正确认知

通过简单的范例可以迅速掌握 Flash 动画的原理和 Flash 创作环境的使用，从而建立首要的、基础的正确认知

 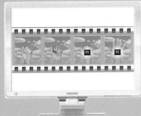  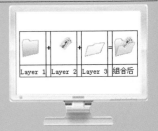

Flash 动画三大基本功能之绘图和编辑图形

绘图和编辑图形在 Flash 动画三大基本功能中是占第一位的。现在看到的这两个范例演示了自由变形工具的使用，通过简单的技巧去实现复杂的效果一直是张亚飞作品的特点，这两个范例所体现的思想已经使很多 Flash 创作者受益匪浅

 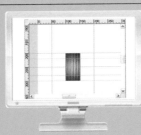 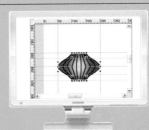 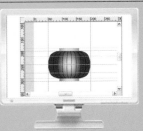

矢量图形和文字的处理一直是 Flash 的特色，这里通过简单的范例就可以让用户快速掌握

在 Flash 中，只需通过简单的操作就可以实现不错的效果，这里演示了毛边字体和霓虹灯效果

Flash 动画三大基本功能之补间动画

补间动画是 Flash 动画三大基本功能中最重要的一个，这里演示了形状补间动画结合变形提示点的运用

 本书部分案例

这两个范例演示了动画补间实现的淡入淡出效果，以及变形点对动画补间的影响

沿路径运动的动画补间和没有沿路径运动的动画补间的对比

Flash 动画三大基本功能之遮罩

遮罩是 Flash 动画三大基本功能之一，这里通过遮罩效果实施前后的对比介绍了遮罩的原理

这些范例通过将遮罩与逐帧动画、补间动画简单地结合起来就可以创建惊人的效果：熊熊燃烧的火焰字、管中窥豹、水波涟漪及探照灯等都是这方面运用的典范

通过举一反三，介绍了运用遮罩功能实现几种图像切换效果

Flash 动画增强特效——使用滤镜和图形混合功能

滤镜一直是这几年来 Flash 应用的焦点，水晶字和翡翠字效果是当前 Flash 滤镜应用效果的精品，它也是最早出现在张亚飞作品当中的

滤镜也是可以实现补间动画

实例实作演练

雷达扫描效果可以帮助读者学习制作质感背景、元件变形点对补间动画的影响、制作原地旋转的补间动画、帧的操作及遮罩的动态实现

波光粼动和神奇百叶窗帮助读者学习复合的遮罩动画

本书部分案例

淡入淡出效果的运用

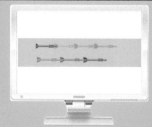 

使用自定义补间动画来实现滑板动画是
再恰当不过了，因为滑板动画是变速的

地球自转和卫星围绕地球运转的综合动画

实例分析演练

通过实例的剖析，能够让用户更全面地掌握 Flash 动画创作的技能，一旦掌握这些技能，用户就可以自己去分析常见的动画效果

3D 动画效果

使用 Swift 渲染和输出 Flash 3D 动画

 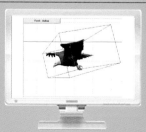

 本书部分案例

为 Flash 动画|添加声音和视频等多媒体内容

这几个范例介绍了 Flash 的多媒体功能，包括多声音交互、播放视频和实时捕捉来自摄像头和麦克风的实时视频和音频

使用 ActionScript 3.0 脚本创建互动式动画

定义文本超链接　　　　　　制作水晶按钮

交互式动画实例——两种不同功能的相册

交互式动画实例——验证用户名和密码　　　　　　交互式动画实例——电子邮件地址验证

交互式动画实例——利率的计算　　　　　　交互式动画实例——自定义鼠标指针

交互式动画实例——礼花缤纷　　　　　　　　　　　　交互式动画实例——动态地图

交互式动画实例——发布并将时钟置于桌面背景中　　　　交互式动画实例——雪花飘飘

交互式动画实例——图片马赛克效果和万用过渡效果

交互式动画实例——导航菜单

交互式动画实例——融合各种技术的、完整的 Flash 动画创作

 本书部分案例

工作中常用的 Flash 专业范例

竖直滚动播出的新闻和水平滚动的图片一直被网页广泛应用,这两个范例用举一反三的方式介绍了它们的制作方法,读者进行简单修改就可以用在自己的网页中

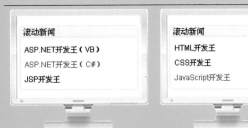  

相信不少用户对随机呈现在网页中的不同广告非常感兴趣,这里就是一个完整的范例,读者可以改变任意图片的权重来改变它们出现的几率

对联广告现在也是各大网站的必备功能,本书提供了一个完整的范例

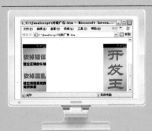

选项卡式模块现在是各大网站争先采用的展示方式,它可以动态过渡,又可以由人来参与,这里我们提供了两种实现

FECIT-Product
www.fecit.net

 联系方式

咨询电话：（010）88254160　88254161-67

电子邮件：support@fecit.com.cn

服务网址：http://www.fecit.com.cn　http://www.fecit.net

通用网址：计算机图书、飞思、飞思教育、飞思科技、FECIT

Flash CS3
动画王

张亚飞　　编著

飞思数码产品研发中心　　监制

电子工业出版社

Publishing House of Electronics Industry

北京·BEIJING

内容简介

本书分为4篇，共19章。主要内容包括：完整、系统地把握Flash动画设计的知识体系，Flash动画三大基本功能——绘图和编辑图形、创建补间动画、创建遮罩动画，使用滤镜和图形混合功能，绘图和基本动画效果实现，综合效果实现，实例分析演练，使用第三方软件添加3D动画效果和文字特效，使用ActionScript脚本创建交互式动画，为Flash动画添加声音和视频等。

本书适用于Flash动画爱好者阅读，完成从入门到提高的学习过程，也可供大、中专院校相关专业的师生学习参考。

未经许可，不得以任何方式复制或抄袭本书之部分或全部内容。
版权所有，侵权必究。

图书在版编目（CIP）数据

Flash CS3动画王 / 张亚飞编著.—北京：电子工业出版社，2008.9
ISBN 978-7-121-06876-8

I. F… Ⅱ.张… Ⅲ.动画—设计—图形软件，Flash CS3 Ⅳ.TP391.41

中国版本图书馆CIP数据核字（2008）第083445号

责任编辑：王树伟　李新承
印　　刷：北京天宇星印刷厂
装　　订：三河市皇庄路通装订厂
出版发行：电子工业出版社
　　　　　北京市海淀区万寿路173信箱　邮编：100036
开　　本：860×1092　1/16　印张：23　字数：691.2千字　彩插：8
印　　次：2008年9月第1次印刷
印　　数：5 000册　定价：49.00元（含光盘1张）

真正的软件应用在于领略其"魂"，而非觊觎其"表"。

同其他图书相比，本书是完整系统的基于时间轴的 Flash 知识体系的实现，它与作者的其他 Flash 丛书构成完整系统的基于时间轴的 Flash 知识体系，正如用户现在看到的那样，这本书完整系统地介绍了如何使用 Flash CS3 创作软件进行 Flash 动画创作。

多年来，尽管 Flash 创作软件经历了由创作动画平台向软件开发平台的过渡，但是其创作动画的基本功能未有改变，还是那 3 个主要设计功能（绘画、Tween 动画、遮罩特效），依旧是简单易用。

本书将 Flash CS3 的三大设计功能进行了高度系统的概括。概括而不失技巧，提炼亦不应失细节，将 Flash CS3 的动画创作功能最有效地展现在用户的面前，从而可以使用户以最快的速度掌握使用 Flash CS3 进行动画创作的技能，并可以为深入学习 Flash 的程序开发功能打下坚实的基础。

用户要学习 Flash 动画设计，首先必须建立正确的认知，要建立正确的认知，推荐用户查看第 1 章"建立首要的、基础的正确认知"，了解更加详细的内容。

用户要学习 Flash 动画设计，一定要完整系统地把握 Flash 动画设计的知识体系，推荐用户查看第 2 章"完整、系统地把握 Flash 动画设计的知识体系"，了解更加详细的内容。

本书提供了大量范例，且从范例实战和范例剖析正反两个方面展开阐述，从而使用户不但能迅速有效地学到真正的 Flash 知识，而且通过对范例的剖析，更能帮助用户树立坚定的信心，那就是：**Flash 动画，太简单了，我也能做到！而且能做得更好！**

了解 Flash 的历史

创作 Flash 动画有 3 个关键的方面，您可以从第 1 章看到，同时，应该很容易理解过去所发生的故事：Flash 动画之所以能够迅速普及，一方面是其文档格式非常优秀，采用流媒体格式，可以实现边下载边播放；另一方面是其创作软件简单易用，这也是最主要的一个方面。

流媒体格式有效地解决了因特网带宽不足的客观情况，适应了因特网发展的要求。所以，Flash 的相关应用，如广告、MV、网站片头等蓬勃发展，并且，由于新的应用不断出现，对 Flash 动画的需求也日益迫切。同时，创作软件简单易用，降低了 Flash 动画的学习成本和制作成本，使更多的人投入到 Flash 动画创作中来，繁荣了 Flash 市场。

下面让我们来回顾一下 Flash 的历史。

- 1996年11月，Macromedia公司收购了FutureWave公司，将其产品FutureSplash Animator重新命名为Macromedia Flash 1.0，这便是Flash产品的开始，并于收购后的第2年旋即发布了Flash 2.0。
- 1998年5月31日，Macromedia公司发布了Flash 3.0。
- 1999年6月15日，Macromedia公司发布了Flash 4.0。
- 2000年8月24日，Macromedia公司发布了Flash 5.0。
- 2002年3月15日，Macromedia公司发布了Flash MX。
- 2003年8月25日，Macromedia公司发布了Flash MX 2004。
- 2005年8月8日，Macromedia公司发布了Flash 8.0。

● 2005年12月5日，Adobe公司与Macromedia公司宣布合并。
● 2007年4月16日，Adobe公司发布了Flash CS3。

可以从下面的网址下载Flash CS3的试用版（须注册后登录才能下载，注册是自由的，就像是注册免费的电子邮件）：http://www.adobe.com/go/tryflash

谁应该读这本书

本书是面向 Flash 动画初学人员作为入门使用的，但我亦推荐"资深的"Flash 动画设计者和 Flash 动画开发者也能够阅读本书，原因很明显，错误的认知和混乱的知识体系始终是埋在自己身旁的一颗炸弹，它不一定什么时候就会爆炸。只有"正确的认知和完整系统的知识体系"可以帮助用户预防这些突如其来的事故，将发生的概率降至最低。

如果下面两个条件同时满足，那么您就应该仔细地阅读它：

[01] 您觉得以前的 Flash 知识还需进一步提高；
[02] 在阅读本书几页后觉得可以作为进阶。

这本书不但是作为完整系统的基于时间轴的 Flash 知识体系的一部分，也是作为完整系统的万维网知识体系的一个组成部分而存在的，用户学习 Flash 动画创作和 Flash 开发实际在很大程度上都离不开整个万维网环境。

"王"（"开发王"/"动画王"）系列图书有两个最基本的基石

"王"系列图书必须有两个最基本的基石，这两个基石是：

[01] 首先帮助用户建立正确的认知；
[02] 帮助用户建立完整系统的知识体系。

 正确的认知就是一切的根本

正确的认知就是一切的根本，这无须进行任何说明，而关键是什么是正确的认知。

认知有两个层面的意思，一个是认字，一个是知道。

每个人都是从认字开始的，这毫无疑问，"认字"就是了解事实是什么，"知道"就是怎样做才能正确地认识到这个事实。

我们经常听到一个成语：授之以鱼，不若授之以渔。是的，不单单是应该告诉用户一个事实，还要告诉他们怎样去正确地认识到这个事实。

事实往往是某种规定，就像学习汉语拼音那样，"a"这个英文字母就是发音为"啊"，除了牢记，再没有其他。当然，对于应用程序开发来说，这个规定或由某个标准定义，或由某个规范定义，或由某个程序的业务逻辑所要求，而"认字"也就是了解这种规定究竟规定了什么，这个"认字"很枯燥，只有死记硬背，完全遵照，就像完全遵照 HTML 规范那样。

现在关键点是：这个死记硬背的事实用户如何才能认识到它呢？这真的很难办。为此我们提出了 3 个最简单、最基本的问题可以帮助用户一举解决这个难题：

[01] 这是什么？

[02] 为什么是这样？

[03] 该怎样做？

 完整系统的知识体系就是顺理成章的一切

正确的认知往往是一点一滴汇聚起来的，如果这些点点滴滴的认知被相互肢解开来，那么最终形成的则是一片混乱。这就需要有一个体系将这些点点滴滴的认知相互关联起来形成完整系统的知识体系，这也是日渐庞大的万维网的必然要求。

正如您在"王"系列图书所看到的那样，我们将万维网应用程序的知识体系建立在 3 层架构的基础之上，在这个最基本的认知和知识体系下不断将知识延伸。Flash 动画是位于 3 层架构的前端，也就是呈现层。

我不想在这里对什么是"完整系统的知识体系"进行过多的介绍，因为多数人都理解它的字面意思，而关键是"完整系统的知识体系"的内容是什么，除了应该牢记第 2 章"完整、系统地把握 Flash 动画设计的知识体系"所介绍的 Flash 动画原理和使用 Flash 创作环境创作动画的基本知识结构，我也不想在前言中再多说什么，因为知识体系往往融入在各个知识点的相互结合中，不是一两页纸所能阐述清楚的。

如果能用几页纸阐述清楚那就好了，不过话又说过来，一个能用几页纸就能阐述清楚的"完整系统的知识体系"能可信吗？我在第 2 章中所写的不过是一个总纲阐述，不过这个总纲是极其、非常重要的，它是一根主线，可以将知识体系串起来，只有这样，才能说：用户可以快速有效地把握住完整系统的知识体系。

"完整系统的知识体系"包含了某个领域内的完整内容，不可能使用几页纸就能阐述清楚，而且领域越广，所需要的笔墨就越多。例如，针对 Flash 动画，您可能需要用一本书来介绍，但对整个万维网应用程序来说，您可能需要 10 本书甚至更多，我想每一个用户都不难理解。

您在"王"系列每一本书中，甚至每一章中都可以看到或体会到这样的 3 个最简单、最基本的问题。

我知道，这是用户获得正确认知的唯一方法。

阅读指南

本书以创作动画的基本原理为主线（可能这是最简单的，但也是最容易被忽略的），其实任何动画都是由一帧一帧组成的，Flash CS3 创作的动画也不例外，因此也就勾勒出了使用 Flash CS3 创作动画的几个方面。

[01]Flash CS3 支持逐帧动画的创作方式（第 1 章）。

[02] 要创建逐帧动画，必须学会绘图和处理图形，Flash CS3 内置了强大的绘图和处理图形的功能（第 3 章）。

[03] 使用 Tween 动画可以简化动画的开发过程，但实质依旧是逐帧动画（第 4 章）。

[04] 增强动画效果，可以使用 Flash CS3 创建遮罩特效（第 5 章）。

[05] 增强图形效果，可以使用滤镜和图形混合（第 6 章）。

[06] 范例演练，从制作范例和范例剖析两个方面入手。第 7 章和第 8 章为制作范例，第 9 章为范例剖析，边破边立，从正反两个方面夯实用户动画创作技术的根基。

[07] 在其后的章节，我们也介绍了一些增强的 Flash 知识，如使用第三方软件创建 3D 动画和文字特效、添加声音和视频，还介绍了基本的 ActionScript 脚本程序编写知识，这些编程知识对于动画设计人员是足够的，同时，对于想进一步深入学习 ActionScript 的用户来说也是非常必要的，因为它同样可以帮助用户建立正确的认知。

附录也是经过认真的设计，目的在于拾遗补漏。

值得注意的是，所有的原理章节也都是使用范例的方式完成功能应用讲解的，其间穿插多达 80 多个范例，且每一个范例都可举一反三，触类旁通。

本书的知识结构（包括范例）前后衔接的逻辑非常紧密，所以，这里特别提示用户不要企图跳跃章节阅读，否则将使您欲速而不达。

作者的话

本书是完整系统的 Flash 动画知识体系认识和理论的体现，本书在写作过程中参考了"堆积如山"的资料，包括数十份标准和规范，也包括作者多年创作和开发体验的结晶，所有范例也都经过了严格的测试，从而确保了内容准确翔实。

文章中提出的任何观点和主张都必须经得起事实的考验。

虽然如此，错误和不足也在所难免，恳请读者不吝赐教和指正，我们一定会全力改进，在以后的工作中加强和提高。

本书在创作和出版的过程中得到了电子工业出版社田小康老师的大力支持，也感谢各位编辑老师在图书的设计及内容审定方面所给予的指导，同时也感谢为本书的出版而努力工作的出版社的其他工作人员。

保持与作者沟通

有时与作者沟通是十分必要的，用户可以从作者处获取知识的更新，或者勘误（如果书中有的话），也可以让作者了解到您的想法。作者目前有以下联系方式：

E-mail（首选的推荐方式）

zhang-yafei@hotmail.com

BLOG（简体版和繁体版）

http://cn.zhang-yafei.com

http://tw.zhang-yafei.com

发送邮件的注意事项

如果您发送邮件，请在标题处以下面的格式书写，以使作者分类处理。

假如您对本书第 2 章中的内容有疑问，只需在标题处如此书写（请不要在标题处添加其他内容）：

FlashDHW_Chapter_02

假如您对本书第 12 章中内容有疑问，则在标题处写如下内容：

FlashDHW_Chapter_12

假如您对本书附录 B 中内容有疑问，则在标题处写如下内容：

FlashDHW_Chapter_B

编　著　者

概览

目录

第 1 篇

Flash 动画创作正确入门篇

学习创建 Flash 动画的第一步就是建立首要的、基础的正确认知，这个首要的、基础的正确认知就是如何正确认识 Flash CS3 创作环境、Flash 动画和 Flash 运行环境三者之间的关系。

在这个认知的基础上，本书介绍了完整系统的 Flash 动画的知识体系。沿着这个知识体系的指导，它随后介绍了使用 Flash CS3 创作环境创作动画的三大基本功能，并介绍了怎样使用滤镜和图形混合功能增效。并且，滤镜、图形混合也可以实现补间动画。

本篇共共包含 6 个章节，每章皆穿插了大量实例，有利于读者实践，并能够迅速掌握该功能。

第 1 章：建立首要的、基础的正确认知

第 2 章：完整、系统地把握 Flash 动画设计的知识体系

第 3 章：Flash 动画三大基本功能之绘图和编辑图形

第 4 章：Flash 动画三大基本功能之创建补间动画

第 5 章：Flash 动画三大基本功能之创建遮罩动画

第 6 章：Flash 动画增强特效——使用滤镜和图形混合功能

01

建立首要的、基础的正确认知

用户学习 Flash 动画，实际上是在学习 3 个方面的内容。

[01]动画的基本原理：这对所有动画创作都是相同的，不单单是 Flash 动画。

[02]Flash 动画的创作环境（也被称为创作工具、创作软件）：当前流行的 Flash 动画创作环境便是 Flash CS3。

[03]Flash 动画的运行环境：即 Flash 动画在什么里面呈现在眼前，这当然是 Flash Player。

学习创建 Flash 动画的第一步是熟悉创作软件环境，并且还要熟悉动画工作的基本原理。本章作为您学习创作动画的基础，首先详细地介绍了这两个方面的知识。随后，本章也介绍了创作 Flash 动画的基本步骤，从而使您心中对创建 Flash 动画有了一个"底"。心中有底，办事才能不乱。

1.1   了解 Flash CS3 创作工具

Flash CS3 是最新的用来创作 Flash 动画和应用程序的软件，在使用它进行创作之前，首先必须熟悉这一创作环境，学习应用它的功能。

Flash CS3 的软件界面非常简洁易用，可分为几大块，如图 1-1 所示。

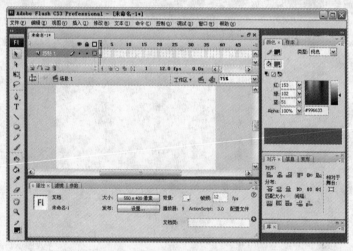

图 1-1   Flash CS3 的软件界面

顶层是菜单栏，这也是很多软件共同具备的，绝大部分的功能都可以使用菜单栏来实现。

左侧是工具箱，主要用来绘图和操作对象。注意在选择一些绘图工具后，底部会出现不同的功能选项。

右侧是功能面板组，包含了一些功能面板，用于较强的编辑功能。元件"库"面板，在这里对以元件形式表示的 Flash 影片中可重用的媒体的集合进行组织和管理。

底部可以看到"属性"面板，"属性"面板功能比较强大，大部分时间都会用到该面板。

中间部分是时间轴和舞台，是用于创作的主要区域。在创建和修改 Flash 影片时主要在这些区域操作：舞台（stage），影片播放的矩形区域；时间轴（Timeline），在这里设置图形随时间的变化；在元件编辑（symbol-editing）模式下，舞台也可对元件进行创建和编辑。

单击功能面板组或者工具箱顶部的箭头按钮就可以增宽或者收起面板。单击面板顶部的灰色功能条就可以收起面板功能，再次单击又可以放开，如图 1-2 所示。

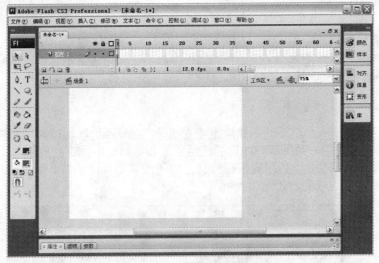

图 1-2　Flash CS3 的软件界面（展开面板后）

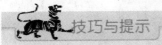 技巧与提示

用户可以自己使用鼠标多单击几次，了解一下基本的功能，如果万一无法回到初始界面，可以从菜单栏上选择【窗口】→【工作区】→【默认】命令就可以重新恢复到初始界面了。

1.1.1　了解时间轴、帧和层

时间轴、帧和层是 Flash 动画创作中最基本的 3 个操作位置，这 3 个位置都是组成舞台视觉元素的元素，下面通过一个完成的 Flash 动画源文档来直观地了解它们。

双击附送光盘上 sample_cn\chapter_01\source 文件夹下的 chapter01_1.fla 文档就可以打开它，可以看到该文档的结构，如图 1-3 所示，它显示的是一个最典型的动画创作界面。

图 1-3　典型的动画创作界面

在图 1-3 所示的文档中，可以看到文档结构由舞台和时间轴组成，而时间轴由层和帧组成。

1．舞台

舞台是制作和播放影片的矩形区域。在舞台上，可以放置背景、添加控制按钮、绘制及修改图形。舞台的大小就是影片播放区域的大小。在上面的例子中我们在舞台上放置了一幅背景图、一个手慢慢张开的动画和一个 Flash 的图标，描绘了将 Flash 图标呈现出来这样一种动画意境。

2．时间轴和帧

除了舞台，时间轴也是一个编辑动画非常重要的部分，由一系列层和帧共同组成，用来设置图形随时间的变化。Flash 影片是由一系列不同内容的帧组成的，每帧占用固定的放映时间，可以在舞台上将这些单独的帧组合起来形成影片，也可直接在舞台上绘图或导入其他图片。在前面的例子中，动画实际上是由下面的一些帧图形组成的，如图 1-4 所示。

图 1-4　帧图形

在时间轴中可将动画的时间设定，应用于位于不同层的图片集，图 1-4 显示的是影片中的每一帧，各帧自左至右地顺序播放了手慢慢张开将 Flash 图标呈现出来的动画。

3．层

层像一块透明的幕布，它让影片中不同的图片保持分离状态，在影片放映时，位于上层的图片将在重叠区域遮住位于下层的图片，但每个图片对象是独立和完整的。在图 1-5 中，手和它上方的 Flash 图标及下方的背景是位于不同层的分离的对象。

图 1-5　层的概念

层在几乎所有的图形处理软件中流行，它也是图形组成的一个重要方法，如常见的文件夹图标的组成，如图 1-6 所示。

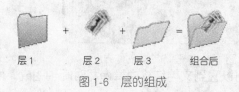

层 1　　　+　　　层 2　　　+　　　层 3　　　=　　　组合后

图 1-6　层的组成

1.1.2　使用场景

场景是为了更好地组织动画创作而产生的。当用户要创作的动画非常长,而且是由一段一段组成时,那么可以将每个段落划分为一个场景。

例如一个影片,用户可以将片头广告作为一个场景,将片头曲作为第二个场景,影片内容作为第三个场景,片尾曲作为第四个场景。

Flash 文档中的场景将按照它们在"场景"面板中列出的顺序进行播放,当播放头到达一个场景的最后一帧时,播放头将前进到下一个场景。

从菜单栏上选择【窗口】→【其他面板】→【场景】命令就会显示"场景"面板,如图 1-7 所示。

图 1-7　使用场景

场景只是为了组织的方便。当被编译成 SWF 文档时,文档中的场景将被转换成帧。例如,如果文档包含 3 个场景,每个场景有 10 帧,则场景 2 中帧的编号为 11 到 20,场景 3 中帧的编号为 21 到 30。

使用"场景"面板可以添加、删除、复制、重命名场景和更改场景的顺序。要更改场景的顺序,只需使用鼠标左键按住某一场景上下拖动就可以了。在"场景"面板中双击场景名称,可以更改名称。

在时间轴上方会显示当前场景的名称,使用右侧的【编辑场景】按钮可以在各场景之间切换。

1.1.3　创建第一个 Flash 动画

下面来尝试创建一个 Flash 动画,以便对动画有一个直观的了解。先来查看附送光盘中的 sample_cn\chapter_01\resource\dog 文件夹下的图片,如图 1-8 所示。

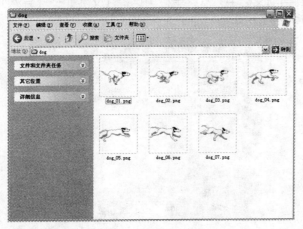

图 1-8　准备动画图片

这些图片顺序展示了一条猎犬奔跑的各种形态。下面就根据这些形态图片创建一个猎犬奔跑的动画。

[01]从菜单栏中选择【文件】→【新建】命令，弹出"新建文档"对话框，如图 1-9 所示。

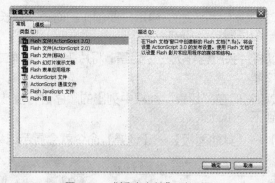

图 1-9　"新建文档"对话框

选择"常规"选项卡上的"Flash 文件(ActionScript3.0)"选项，单击【确定】按钮，就创建了一个新文档，这时，能够看到前面介绍的初始界面。

[02]从菜单栏中选择【修改】→【文档】命令，弹出"文档属性"对话框，现在要修改文档属性，将高度改为 80，其他设置都不变，如图 1-10 所示。

图 1-10　更改文档属性

单击【确定】按钮关闭对话框。这时，舞台的高度发生了变化。

[03]现在将图片导入到当前文档中，从菜单栏中选择【文件】→【导入】→【导入到舞台】命令，弹出【导入】对话框，如图 1-11 所示。

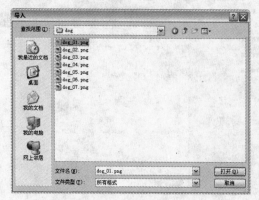

图 1-11　导入图片

找到附送光盘上的 sample_cn\chapter_01\resource\dog 文件夹，选择第一幅图片（dog_01.png），单击【打开】按钮，这时会弹出一个对话框，如图 1-12 所示。

图 1-12　导入图片序列

单击【是】按钮，这表示将顺序导入所有的以 dog_xx.png 为文件名的文档（注意，xx 必须是连续的数字）。

技巧与提示

Flash CS3 支持多种图片格式的导入，包括.ai、.dxf、.bmp、.emf、.fh7、.fh8、.fh9、.fh10、.fh11、.spl、.gif、.jpg、.png、.wmf，甚至可以导入 Photoshop 源文件.psd。如果是已经输出的 Flash 影片文档（.swf），Flash CS3 也可以导入，但是并不是还原为动画源文件。

另外，如果安装了 QuickTime 4 或更高版本，也可以将更多的文件格式导入：.pntg、.pct、.pic、.qtif、.sgi、.tga 和.tif。

[04]现在，回到舞台，可以看到导入的图片了，而且发现时间轴也发生了变化，如图 1-13 所示。

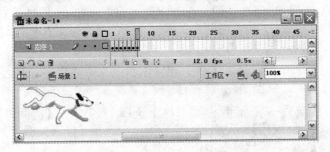

图 1-13　导入的图片和时间轴

从菜单栏上选择【文件】→【保存】命令保存文档，在弹出的对话框中选择文件名保存就可以了。这里，我们命名为 dog.fla。

[05]接下来测试动画的效果，从菜单栏上选择【控制】→【测试影片】命令（或者使用【Ctrl + Enter】组合键）就可以看到动画的效果，如图 1-14 所示。

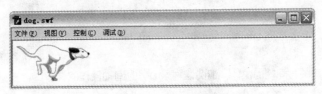

图 1-14　测试效果

这时，查看 dog.fla 所在的目录，会发现多出了一个 dog.swf 文档，这就是我们创建的 Flash 影片。创建 Flash 影片的步骤也被称为发布或者输出 Flash 影片，前一个扩展名为.fla 的文档称为 Flash 源文档，如图 1-15 所示。

图 1-15   Flash 源文档和 Flash 影片文档

Flash 源文档不能在网页中播放，Flash 影片才是可以放置在网页中播放的文档，也是我们最终要产生的文档（所以，有时称 Flash 影片文档为 SWF 影片）。

1.2   Flash 动画的基本原理

在前面的动画中我们创建了一个简单的 Flash 影片。事实上，在 Flash 中，影片由一系列不同内容的帧组成，每帧占用固定的放映时间，在舞台将这些单独的帧组合起来形成影片。可以看出帧是多么的重要，所以，现在就来详细介绍帧的知识。

1.2.1   创建关键帧

在动画中相对于前后帧有变化的帧就称为一个关键帧。在创建逐帧动画时，每一帧都是关键帧（前面手慢慢张开的动画和狗奔跑的动画都是典型的逐帧动画）。

当然，Flash 影片最过人之处是可以创建补间（Tween）动画。在补间动画中，只需在关键点处创建关键帧，其他帧的内容由 Flash 自动创建，在时间轴窗口中，Flash 将以淡灰或绿色箭头来显示补间动画中两个关键帧之间的内插帧。Flash 在两个关键帧之间的每个帧处都要自动重新绘制图形，所以仅仅在那些内容有变化的点上创建关键帧就可以了。

在时间轴上，有内容的一个关键帧以实心圆圈表示，空关键帧用一个空心圆表示。每一层的第 1 帧都是关键帧（当创建一层时，就自动在该层的第 1 帧创建了一个空关键帧）。

要创建关键帧，只需先选择一帧，而后从菜单栏上选择【插入】→【时间轴】→【关键帧】命令（或者在时间轴中对某一帧单击鼠标右键，从弹出的快捷菜单中选择【插入关键帧】命令，当然最快捷的方式是使用键盘顶部的【F6】键），这样就在所选的帧处创建了一个关键帧。

如果在所选的一帧的前一帧有内容，那么 Flash 将在该帧处创建的是一个有内容的关键帧，内容与它前面的一帧相同，可以删除内容后定制该帧的内容；如果在所选的一帧的前一帧没有内容，那么 Flash 将在该帧处创建的是一个空关键帧，可以定制该帧的内容。

如果要创建关键帧序列，只需选择连续的多帧后从菜单栏上选择【插入】→【时间轴】→【关键帧】命令。

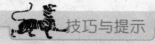 技巧与提示

要完整的了解更详细的有关时间轴的操作，请阅读附录 D "时间轴操作的详解"。

1.2.2   逐帧动画

通过改变每一帧的内容而产生的动画称为逐帧动画，它最适于创建复杂的动画。在这样的动画中，

每一帧的图像的变化都非常复杂而不仅仅是简单的移动。逐帧动画比补间动画要占据更多的存储空间，如图 1-16 所示的时间轴，每个帧都是关键帧，即每帧上都有内容，所以，这是一个典型的逐帧动画。

创建逐帧动画的原理应当说是最简单的了。用户只需清楚：无论是何种动画形式，其基本原理都是逐帧实现的。

下面介绍的补间动画也是最终形成逐帧的形式来播放的，只不过补间动画可以自动创建中间的一些帧而已。

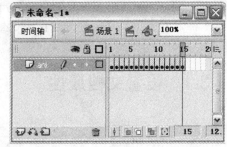

图 1-16　逐帧动画

1.2.3　补间动画

补间动画又可以称为自动变换动画，就是定义好一段动画的开始和结尾，然后让 Flash 自动创建中间部分的动画状态。

Flash CS3 可以创建以下两种类型的补间动画。

[01]一种称为动画补间（Motion Tweening），在某一时间点（动画开始时）可以设置实例、组或文本块对象的位置、尺寸和旋转等属性，在另一时间点（动画结尾）可改变对象的这些属性。

[02]另一种称为形状补间（Shape Tweening），可在某一时间点（动画开始时）绘制一幅图形，在另一时间点（动画结尾）改变该图形或绘制另一幅图形。对这两种类型的补间动画，Flash 都会根据两端关键帧的情况在关键帧之间的帧上添加值或者图形，从而产生动画。

补间动画能够自动创建动画开始和结束之间的变化，它与逐帧动画的不同是只需存储帧之间的变化而不是整个帧，因此它的优点是能使文件所占的存储空间最小。

补间动画的这一优点使得它成为 Flash 动画创作的核心内容，它的使用和创作方法将在第 3 章进行详细的介绍。

1.3　创作和发布动画的 5 个基本步骤

一般情况下，使用 Flash 创作和发布动画包含下面 5 个基本步骤。

[01]设置好文档的属性。

[02]开始创作动画。

[03]定义发布设置。

[04]测试。

[05]发布和输出 SWF 文档。

这几个步骤没有严格的顺序要求，有时顺序可以交换，但基本上每个步骤都必须包含。例如，可以在创作动画完成后再设置创作文档的属性，也可以提前设置创作文档的属性及发布设置。

但是有一些步骤是必须有先后顺序的。例如，在发布之前必须进行测试，在测试之前一般应该做好发布设置，这些顺序是不能更改的。对于一些特定的创作，顺序也是非常重要的。例如，用户要求创作一个标准的 120×600 的广告条，那么在创作的时候，就必须首先设置文档的属性，将幅面大小设置成120×600。

1.3.1　设置文档属性

每次打开 Flash 时，都会创建一个新文档（或者从菜单栏中选择【文件】→【新建】命令创建一个新文档），然后就可以开始创作了。

在进行动画创作之前，一般应当使用"文档属性"对话框对影片的诸如幅面、帧频、背景色及其他属性进行设置。

从菜单栏中选择【修改】→【文档】命令，弹出【文档属性】对话框，如图 1-17 所示。

下面是"文档属性"对话框上一些选项的功能设置。

图 1-17　"文档属性"对话框

1．"标题"选项和"描述"选项

这两个选项用于创建 SWF 文档的原数据（Metadata）。这是新增的功能，用来帮助搜索引擎（如Google、Yahoo）建立 Flash 内容索引，在 Flash 8 之前的 Flash 版本使用搜索几乎是不太可能的。如果要让更多的人了解动画，那么这两个选项应该仔细地描述一番。

2．"尺寸"选项

该选项对应的文本框用来设置文档的幅面大小，在这里可以定义文档的长度和宽度。

要说明的是，长和宽的大小一般用像素衡量，在对话框中"尺寸"选项对应的"宽"和"高"文本框中可分别输入像素值以确定幅面大小，默认的幅面大小为 550×400 像素。最小幅面为 18 像素×18像素，最大幅面为 2 880 像素×2 880 像素。

3．"匹配"选项

该选项对应了"打印机"、"内容"和"默认"3 个单选按钮，功能如下。

如果要把舞台的尺寸设置为可打印的最大尺寸，选择"打印机"单选按钮。这个区域是由当前选用纸张大小和在"页面设置"对话框中的页边距设定值来确定的。

如果要设置舞台的尺寸使其恰好能够显示所有的内容，可以使用"内容"单选按钮。使用"内容"单选按钮可以最小化文档幅面大小，要使用"内容"单选按钮，必须先将舞台上所有元素、实例沿舞台左上角排列，然后再使用。

"默认"单选按钮用来把文档幅面大小设为默认值：550 像素×400 像素。

4．"背景颜色"选项

该选项用来设置文档的背景色。要设置文档的背景色只需单击旁边的按钮，在弹出的调色板上选定一个颜色就即可。

5．"帧频"选项

该选项用来设置动画播放的帧频，即播放动画时每秒显示的帧数。对绝大多数用于计算机显示的动画尤其是网页动画，每秒 8～12 帧就足够了。

6．"标尺单位"选项

该选项用来设置文档幅面大小的计量单位，通常是以像素为单位，当然也可以选择其他的计量单位，如英寸、厘米、毫米、点等。如果要改变计量单位，只需从下拉列表框中选择一个选项即可。

1.3.2　预览和测试电影

在制作好文档后，一般要预览和测试以观看动画效果及交互控制的功能以防止出错。要预览和测试效果，可以进行下面的操作：

[01]要测试简单动画、基本的交互控制和声音，从菜单栏上选择【控制】→【播放】命令即可在 Flash 创作环境下预览（谨记要先选择【控制】菜单下的【启用简单帧动作】和【启用简单按钮】菜单项）。

[02]虽然在 Flash 创作环境下可以播放电影，但其中许多动画和互动功能却只能在电影以其最终格式（*.SWF）发布后才起作用。要测试所有动画及基本的交互控制，从菜单栏中选择【控制】→【测试影片】或者【控制】→【测试场景】命令，这样 Flash 就将创建一个 SWF 文件，在新窗口中打开并播放电影，创建的播放器文件不是临时文件，与 FLA 文件存放于同一文件夹中。

[03]如果要在 Web 浏览器中测试，从菜单栏中选择【文件】→【发布预览】→【HTML】命令。

关于预览和测试的详细使用方法将在以后的使用过程中再详细介绍。

 技巧与提示

在测试之前把文件另存为另一个文件是非常重要的，因为当测试电影时会将保存在当前文件夹下的同名电影文件覆盖，因此，最好在测试之前将文件另存。

1.3.3　定义发布设置

要完成 Flash 影片，应该使用发布（publish）命令创建一个 Web 兼容的 Flash 影片（也就是 SWF 文件）。在此之前，必须对文档的发布选项进行设置。

在创建新文档时，实际上是应用了默认的发布设置，Flash 创作环境会为在 Web 上使用而准备文件。

当 Flash 发布该 SWF 文件时，它还有一些选项，例如，可以创建带有显示 SWF 文件所需 HTML 标签的 HTML 文件，或者创建一个可执行的工程。

千万不要小看发布设置，它的学问很大。从菜单栏上选择【文件】→【发布设置】命令就会打开"发布设置"对话框。切换到"格式"选项卡，可以在该选项卡上设置发布可以创建的文件格式，如图 1-18 所示。

默认可以发布成 SWF 文件和 HTML 文件，如果要创建 exe 工程，那么就必须选中"Windows 放映文件"复选框。

每选中一个复选框就会多出该选项的一个选项卡，对于一个初学者来说主要用到的是 Flash 选项卡和 HTML 选项卡，如图 1-19 所示。

图 1-18　"发布设置"对话框

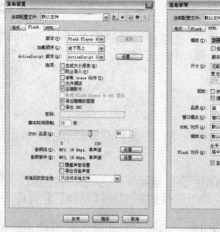

图 1-19　Flash 选项卡和 HTML 选项卡

Flash 选项卡用来定义一些高级设置，如 Flash Player 版本、ActionScript 版本、声音及安全性设置等，建议用户不要修改默认设置。

HTML 选项卡用来定义 Flash 影片在网页中的显示选项，如幅面大小、对齐、缩放等功能。如果不是特别需要，建议用户也不要修改默认设置。

1.4　了解 Flash 动画的运行环境

Flash 影片（SWF 文件）只有影片的解释器才能运行，这个解释器就是 Flash Player。用户常见的有以下两种 Flash Player：

[01]如果已经安装了 Flash 创作环境，那么当双击一个 Flash 影片时将会自动启动 FlashPlayer.exe 应用程序，这是一个独立的解释器，也被称为 Flash 播放器或者 Flash 独立播放器，它一般位于 C:\Program Files\Adobe\Adobe Flash CS3\Players 目录下。

也可以启动这个应用程序，然后加载要播放的 Flash 影片，如图 1-20 所示。

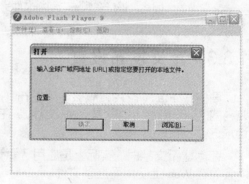

图 1-20　使用 Flash 独立播放器

从菜单栏上选择【文件】→【打开】命令就可以打开一个对话框，输入一个 SWF 文件的地址就可以将 SWF 文件加载到播放器中开始播放了。

[02]另一种常用的播放方式是在浏览器中播放。这个时候使用的 Flash Player 是一个浏览器插件（或者称为控件），对于 Internet Explorer 浏览器，这个插件是一个 OCX 文件 Flash9d.ocx，位于 C:\WINDOWS\system32\Macromed\Flash 目录下。

当浏览器发现网页中包含 Flash 影片文件的链接时，它就会启动浏览器插件开始解释 Flash 影片文件的内容，并最终在浏览器中将影片内容呈现出来。

02

完整、系统地把握
Flash 动画设计的知识体系

《Flash 动画王》介绍了完整系统的有关 Flash 动画创作的知识体系，我们始终认为，一个正确的、完整系统的知识体系是学好用好 Flash 的关键。正确的、富含逻辑的知识体系就像无边无际的丛林，虽然郁郁葱葱，但整齐有序。在整齐有序的环境中，青苗才能顺利地长成参天大树。

正确的认知就是一切的根本，完整系统的知识体系就是顺理成章的一切。

毫无疑问，没有正确的认知，无论做什么都不可能成功，更谈不上效率。而没有完整系统的知识体系，所学的知识不过是一堆"杂草"，恐怕只有"镰刀"才能分清它们。既不能真正掌握技术本身，应用的延展力也不会很强，更谈不上技巧（可能只会死记硬背几个范例）。

2.1 Flash 动画设计的三大基本功能

Flash 动画设计的三大基本功能是整个 Flash 动画设计知识体系中最重要、也是最基础的，它包括 3 个方面：绘图和编辑图形、补间动画，以及遮罩。这是 3 个紧密相连的逻辑功能，并且这 3 个功能自 Flash 诞生以来就存在，并且它们始终是 Flash 动画设计的核心，三大基本功能的结合使用便可以创作出千变万化的 Flash 动画效果。

1．绘图和编辑图形

绘图和编辑图形不但是创作 Flash 动画的基本功，也是进行多媒体创作的基本功。只有基本功扎实，才能在以后的学习和创作道路上一帆风顺。

使用 Flash CS3 绘图和编辑图形——这是 Flash 动画创作的三大基本功的第一位。在绘图的过程中要学习怎样使用元件来组织图形元素，这也是 Flash 动画的一个巨大特点。在 Flash 动画设计中，元件是可以重复使用的图形元素。

2．补间动画

补间动画是整个 Flash 动画设计的核心，也是 Flash 动画的最大优点，它包括动画补间和形状补间两种形式。

用户学习 Flash 动画设计，最主要的就是学习补间动画设计。

在应用影片剪辑元件和图形元件创作动画时，有一些细微的差别，应该完整地把握这些细微的差别。

3．遮罩

遮罩是 Flash 动画创作中所不可缺少的——这是 Flash 动画设计三大基本功能中重要的出彩点。

使用遮罩配合补间动画，用户可以创建更多丰富多彩的动画效果："图像切换"、"火焰字"、"管中窥豹"等都是实用性很强的动画。并且，从这些动画实例中，用户可以举一反三，创建更多实用性更强的动画效果。

遮罩的原理非常简单，但其实现的方式多种多样，特别是与补间动画及影片剪辑元件结合起来，可以创建千变万化的形式，读者应该对这些形式进行总结概括，从而使自己可以有的放矢，从容创建各种形式的动画效果。

4．总结：Flash 动画的根本

Flash 动画说到底就是"遮罩+补间动画+逐帧动画"与元件（主要是影片剪辑）的混合物，通过这些元素的不同组合，从而可以创建千变万化的效果。

2.2　增强图形处理功能

目前 Flash 对位图的处理功能还比较弱，因为它最初是从矢量图形处理起始的，加之矢量图形是 Flash GUI 设计之基石，所以估计还会沿着矢量处理的道路继续前进。

不过，近两年来，Flash 在位图处理能力方面迅速增强，位图滤镜功能和图像混合模式的加入使得 Flash 向位图处理领域迈出一大步。它们可以很好地与基于时间轴的补间动画功能结合起来，并且本身也可以被自动"补间"创建动态效果。

相信未来会有更多更好的这方面的功能出现。

2.3　多媒体功能和交互功能

Flash 动画的三大基本功能是一切 Flash 动画应用的基础。但现在 Flash 已经是一个非常强大的平台，它是一个丰富的媒体创作和执行环境。

在 Flash 4 时它加入了对 MP3 声音的支持，Flash 3 及以前的版本对音频支持是很匮乏的，但从那时起用户可以设计多媒体的 Flash 动画了。

在 Flash 6 时它加入了视频的支持，Flash 5 及以前的版本不支持视频（不包括链接的 Quicktime），这时，用户可以嵌入视频，也可以播放外部的 FLV 格式的视频，甚至还可以捕捉来自麦克风和摄像头的实时音频和视频。

虽然 Flash 4 以前的版本中也有简洁的脚本代码，但应该不算有严格意义上的 ActionScript，充其量只能算是 Action，因为它仅有简单的几条语句，连加减乘除运算符都没有。

2.4　总结

Flash 的功能可能越来越复杂，如何系统地掌握这项技术就显得非常重要。系统地掌握一门技术有两个优点：第一，对目前的功能有清晰的认识，从而使得学习更加有效率；第二，能够从容应对更复杂的知识。从 Flash 的历史来看，Flash 用于创作动画的三大功能始终未有大的变化，只是在一些特定的地方添加了一些实用功能。用户如果能牢固掌握这三大基本功能，融会贯通，以后即使是有新的功能添加进来，也能够迅速掌握。

了解这些对于一个入门的动画设计者是非常有意义的，正是将这些功能逻辑清晰地整理出来，才有利于用户建立正确的、逻辑的知识体系，而不是再在黑夜里摸索了。

这一知识体系不但是 Flash 整个知识结构的体现，也是 Flash 的发展历史。《Flash 动画王》这本书正是这一知识体系的体现，全书多达 80 个案例和完美的知识体系交相辉映，会为您和您的朋友带来完美的成果。

03

Flash 动画三大基本功能之绘图和编辑图形

Flash 作为一种进行多媒体创作的工具软件，其绘图和编辑图形的能力非常强大，这源于 Flash CS3 强大的内置工具。

绘图和编辑图形是进行多媒体创作的基本功，它也是使用 Flash 进行动画创作的基本技能。只有基本功扎实，才能在以后的学习和创作道路上一帆风顺。

使用 Flash CS3 绘图和编辑图形——这是 Flash 动画创作的三大基本功的第一位。这一章，我们就来学习这方面的知识。其间，也将介绍怎样使用元件组织图形元素，元件是 Flash 动画中可重用的资源组织形式，这也是 Flash 动画的一个巨大特点。

3.1 区分矢量图形和位图

在计算机中，图形的显示格式有两种：矢量图形格式和位图格式。了解两者之间的不同可使工作更有效率。Flash 可以创建矢量图形并使用它进行动画设置，它也可以导入并处理用其他软件创建的矢量图形和位图。

3.1.1 矢量图

矢量图形通过直线和曲线来描述图形，这些直线和曲线被称为矢量。矢量根据图形（包括文字）的几何特性来对其进行描述，这些矢量同样具有颜色和位置属性，所以不要期望把一幅矢量图形缩小就可以减少该图的大小。

矢量图形的形状是由曲线通过的点来描述的，而它的颜色则由曲线的颜色和曲线所包围区域的颜色确定。在对一幅矢量图形进行编辑修改时，实际上修改的是其中曲线的属性，可对其进行移动、缩放、改变形状和颜色而不影响它的显示质量。

矢量图形具有分辨率无关性，换句话说，可以将它缩放到任意大小及以任意分辨率在输出设备上打印出来，都不会遗漏细节或清晰度。因此，矢量图形是文字（尤其是小字）和粗（简单）图形的最佳选择，这些图形（比如徽标）在缩放到不同大小时必须保持清晰的线条。这意味着它可在不同分辨率的输出设备上显示，显示质量没有任何下降。

因为显示器通过在网格上的显示来呈现图像，因此矢量图形和位图图像在屏幕上都是以像素显示的。

3.1.2 位图

位图通过将称为像素的不同颜色的点安排在网格中形成图像。成像的原理是通过指定像素在网格中的位置和颜色值形成的，方式与拼接而成的图形十分类似。

在对位图文件进行编辑时，对象是像素而不是曲线。所以位图显示的质量与分辨率有关，因为图像的每一个数据是针对特定大小的网格的。对位图进行编辑有可能改变显示的质量，尤其是缩放操作可使图形边缘呈锯齿状，在一个比图形本身分辨率低的输出设备上显示图形时也会使显示质量下降。

图 3-1 对比了位图和矢量图形的区别，可以看到左边的位图放大后出现了锯齿，而右边的矢量图形放大后依然清晰。

图 3-1　矢量图形和位图的区别

3.1.3　转变位图为矢量图

打开前面创建的动画 dog.fla，选中第 1 帧中的位图图片，现在要将它转成位图。

从菜单栏上选择【修改】→【位图】→【转换位图为矢量图】命令，弹出"转换位图为矢量图"对话框，做以下设置，如图 3-2 所示：

- "颜色阈值"选项：10；
- "最小区域"选项：1 像素；
- "曲线拟合"选项：像素；
- "角阈值"选项：较多转角。

图 3-2　转换设置

实践表明，如果要创建最接近原始位图的矢量图形，这是最佳的设置。

现在单击【确定】按钮，就可以将位图转换为矢量图了，如图 3-3 所示，这是已经转换成矢量图形的状态，左图表明矢量图形处于选定状态，右图是矢量图形处于未选定状态。

图 3-3　转换为矢量图

逐一选择每帧上的图片，然后使用相同的方式将位图转换为矢量图形。在将位图转换为矢量图形后，矢量图形不再链接到"库"面板中的位图元件。

换句话说，如果不将位图转换成矢量图形，那么如果从"库"面板中删除位图元件，舞台上的相应位图也将被删除。舞台上的位图也被称为位图的实例。

3.2　组织图形——使用元件和实例

影片剪辑元件、按钮元件、图形元件是 Flash 中最重要的 3 个概念。元件是对使用绘图工具创建的可重用图形所起的名称，它共有 3 种类型：图形（Graphic）、影片剪辑（MovieClip，MC）和按钮（Button）。也可以将声音、图片等当做功能不同的元件。

元件是构成交互式影片不可缺少的组成部分。举例来说，常见的按钮，可响应鼠标单击事件；其他的元件，比如影片剪辑，可创建复杂的互动式影片，并能够使用 Flash 程序代码调用；声音和图形也都是可重复使用的（但将使最后生成的 SWF 文件变得很大）。

图形元件适用于静态图像的重复使用，或者用于创建与主时间轴关联的动画。与影片剪辑或者按钮元件不同，不能为图形元件提供实例名称，也不能在 ActionScript（ActionScript 是用于 Flash 的程序语言，用于创建交互式动画、使用程序实现的动画及用户更广泛的其他应用程序）中引用图形元件。

3.2.1　创建元件

元件的创建有两种方式，一种是在菜单栏中选择【插入】→【新建元件】命令，这样就会打开"创建新元件"对话框，如图 3-4 所示。

图 3-4　新建元件

可以输入一个名称作为元件名，然后选择一种元件类型，最后单击【确定】按钮，就会创建一个元件了。

但是这种新建元件的方式一般不常用，最常用的方式是先在主时间轴的舞台上建好图形，然后选中这些图形将它转换成元件。

保持打开前面转换成矢量图的动画 dog.fla，在工具箱中单击【选择工具】按钮，选定第 1 帧，在舞台上"狗"的周围拖动鼠标拉出一个方框，将其选中，从菜单栏中选择【修改】→【转换为元件】命令，这样就会打开"转换为元件"对话框，如图 3-5 所示。

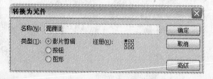

图 3-5　转换为元件

技巧与提示

"注册"选项对应的几个小正方形用来指示注册点位于元件限制框内的什么位置。注册点是元件的原点，因此，这个设置对于动画和程序开发都极为重要，以后还要对此详细讲解。默认的注册点是中间的一个小方格，这表示创建元件后，注册点位于图形的中心位置。

在此选中左上角注册点，表示创建原件后，注册点位于图形的左上角。可以选择一种元件类型，然后单击【确定】按钮，就会将其转换成一个元件了。转换前后图形对象被选中的状态，如图 3-6 所示。

图 3-6　转换为元件前后

图 3-7　库中的元件

现在舞台上的"狗"是一个元件的实例了，"属性"面板可以显示图形元件实例的属性。并且注意，左上角的十字光标是注册点，中心的空心圆形光标是变形点。当将一个元件放置到舞台上创建一个实例时，变形点始终位于实例的中心，并且它与注册点的位置就是固定的，即使是以后修改了元件中的图形。

可以逐一将图形转化为图形元件，待全部完成后，从菜单栏上选择【窗口】→【库】命令打开"库"面板，如图 3-7 所示。

可以在"库"面板中找到创建的元件（"库"面板中的图形元素和其他元素被称为元件，当元件放置到舞台上时，被称为创建了一个该元件的实例）。元件"库"面板用来存储和组织创建的 Flash 元件和导入的文件，包括声音、位图等。可以在元件"库"面板中组织管理其中的元素，查看某一对象在影片中的使用情况，将对象按类型排列等。

每个 Flash 文档都有它自己的库，并且也可以在不同的 FLA 文件（*.fla）之间共享库。

1．影片剪辑元件

影片剪辑元件在许多方面都类似于文档内的文档。此元件类型自己有不依赖主时间轴的时间轴。用户可以在其他影片剪辑和按钮内添加影片剪辑以创建嵌套的影片剪辑。用户还可以使用"属性"面板为影片剪辑的实例分配实例名称，然后使用 ActionScript 程序代码引用该实例名称。

2．按钮元件

按钮元件是一种特殊的影片剪辑元件，它的时间轴中仅包含 4 个帧。前 3 个帧代表了按钮的 3 种状态，第 4 帧定义了单击区域，分别是弹起、指针经过、按下和点击，如图 3-8 所示。

图 3-8　按钮元件

3．图形元件

图形元件也是一种特殊的影片剪辑元件，它的功能受到很大限制，我们将在后面的章节区分它与影片剪辑元件的不同

3.2.2　元件 vs 实例

元件是对使用绘图工具创建的可重用图形所起的名称，当在舞台或另一个元件内放置一个元件时，实际上是创建了这个元件的一个实例。不管创建多少个实例，只是计算了一个元件的大小，使用元件可使影片文件的大小减少，因为在影片中只存储该对象的一个实例。在对实例的属性进行修改时，不会影响到元件，而对元件的改变将使所有基于该元件创建的实例发生改变。

将元件从"库"面板中拖放到舞台上就创建了一个该元件的实例；如果用户将舞台上的图形等对象转换成一个元件，那么在创建元件的同时在舞台上也创建了一个该元件的实例。

技巧与提示

"库"面板中的都是元件，放到舞台上的都是元件的实例。元件有自己的名称，实例也有自己的名称。

在"库"面板中代表元件的是元件的名称，使用它，用户可以对元件进行排序等操作；在舞台上，代表元件实例的是实例名。使用实例名，用户可以使用程序代码处理实例。

如果删除"库"面板中的元件，那么舞台上该元件的实例也会被删除。要断开实例与元件之间的链接，并把实例放入未组合形状和线条的集合中，可以从菜单栏上选择【修改】→【分离】命令（或者使用【Ctrl + B】组合键分离该实例）。

【分离】命令会把实例分离成它的几个组成图形元素，这对于充分地改变实例而不影响任何其他实例非常有用。如果在分离实例之后修改元件，则不会对分离后的图形有任何影响。

对于导入的图片，如果将库中的图片元件删除，那么舞台上的图片也将会被删除。如果将舞台上的图片转换成矢量图，那么再删除库中的图片也不会影响舞台上的图形了。

3.2.3　编辑元件

在对一个元件进行编辑时，舞台和时间轴都会转而显示该元件对应的内容。在 Flash CS3 中，对一个元件进行编辑有 3 种方式，可以在元件实例上单击鼠标右键，在弹出的快捷菜单中选择【编辑】、【在当前位置编辑】或【在新窗口中编辑】命令，如图 3-9 所示。

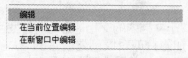

图 3-9　编辑元件

无论选择哪一种方式，时间轴只显示该对象对应的时间轴。

1）编辑

选择该菜单可以改变舞台的显示内容，使它只显示元件对应的图形。

2）在当前位置编辑

选择该命令可使舞台上该元件对应图形以外的所有对象变暗。

3）在新窗口中编辑

选择该命令可以把它放到一个单独的窗口中编辑。

如图 3-10 所示，最左边和最右边的图片只显示了被编辑对象，分别表示在新窗口中编辑和在当前窗口编辑。两者的区别是：前者打开一个新窗口进行编辑，而后者与主时间轴上的对象位于同一窗口中。

中间的图片表示了 Flash 的当前位置编辑功能，在使用该功能编辑时，被编辑对象以外的所有对象都会变暗，突出显示编辑对象，但又与其他对象环境融合，使得编辑有了参考。

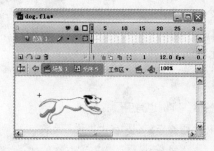

图 3-10　元件编辑功能

　　注意舞台顶部右侧有两个按钮：一个是场景按钮，单击该按钮将弹出场景菜单，从菜单上可以选择要到哪一个场景的编辑状态；另一个是元件按钮，单击该按钮将会弹出库中所有元件组成的菜单，从该菜单上可以选择想要编辑的元件，选择后将会在当前窗口进行编辑。

　　单击排列在舞台顶部的场景和元件名，就可以回到想回到的那个元件或者场景的编辑状态。

3.3　使用图形工具

　　Flash CS3 提供了多种图形创作工具，用于在创作环境中绘制矢量图形或对位图进行编辑，这包括选择工具、铅笔工具、线条工具、椭圆工具、矩形工具及贝塞尔绘画工具(钢笔工具和部分选取工具)等，如图 3-11 所示。

图 3-11　Flash CS3 的图形设计工具

　　Flash CS3 还提供了强大的功能用于修改矢量图形：它把 FreeHand 和 Illustrator 中的自由变换工具移植了进来，使用该工具，可以自由地旋转图形、变换图形大小、斜切或者扭曲图形对象。

3.3.1　徒手绘制图形

　　徒手画工具可以用来在 Flash 中绘制图形，这些工具包括铅笔工具、线条工具、椭圆工具、矩形工具和多角星形工具，这几乎是任何图形软件都包含的工具，使用方法都非常简单，都可以选择线条种类和颜色进行绘制，这些设置一般都在"属性"面板上，如图 3-12 所示的是直线工具的设置。

图 3-12　徒手画工具的设置

1．矩形工具

　　使用矩形工具也可以绘制圆角矩形，当选择矩形工具时，"属性"面板便会出现"边角半径设置"文本框，如图 3-13 所示。

图 3-13　使用矩形工具绘制圆角的设置

所有的角设置必须相同，所以那些代表角的设置项仅有一个可用，这些角代表弧度，正值是向外凸出的圆角，负值将绘制向内凹进的圆角，图 3-14 显示了这两种不同圆角矩形的效果。

图 3-14　矩形工具绘制圆角的效果

2．椭圆工具

椭圆工具也比较强大，不但可以绘制椭圆形（按住【Shift】键可以绘制圆形），还可以绘制不闭合圆形、圆环形和缺角圆环形，这些都可以通过"属性"面板上的相应设置来完成，如图 3-15 所示。

图 3-15　使用椭圆工具绘制圆形的设置

它能够绘制的圆形效果可以包含如图 3-16 所示的几种。

图 3-16　椭圆工具绘制圆形的效果

并且，椭圆工具和矩形工具还分别对应于基本椭圆工具和基本矩形工具，它们与椭圆工具和矩形工具完成的效果相同，但是使用这两个工具绘制的图形将会被自动转换成绘制对象组合，在完成后还可以使用"属性"面板进行修改，因此这两个工具可以看成椭圆工具和矩形工具的增强。

3．多角星形工具

还可以使用多角星形工具，当选择多角星形工具时，"属性"面板上出现"选项"按钮，如图 3-17 所示。

图 3-17　使用多角星形工具的设置

单击【选项】按钮弹出"工具设置"对话框，如图 3-18 所示。

图 3-18　多角星形工具的设置

可以选择样式为多边形或者星形，然后设置边数和顶点大小，它能够绘制的效果如图 3-19 所示。

图 3-19　多角星形工具绘制的效果

可以尝试使用这些工具，在这里不再多进行介绍。

3.3.2　钢笔工具和部分选取工具

在这里主要讲解贝塞尔绘画工具，包括钢笔工具和部分选取工具的使用方法和技巧。

钢笔工具可以创建比直线工具和铅笔工具更为精确的直线和平滑流畅曲线。对大多数用户来说，钢笔工具为绘制提供了最佳的控制和最大的准确度。之所以把钢笔工具的使用做为独立的一节来讲，是因为钢笔工具对于在 Flash 中作图极有帮助。

1．了解路径

用钢笔工具之前，了解路径是如何作出来的非常重要。

路径由一个或多个直线或曲线的线段构成，锚点标记路径上线段的端点。在曲线线段上，每个选择的锚点显示一个或两个方向线，方向线以方向点结束。方向线和点的位置确定曲线段的大小和形状。移动这些元素会改变路径中曲线的形状，如图 3-20 所示。

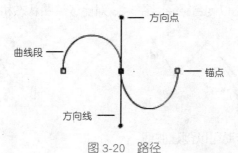

图 3-20　路径

路径可以是闭合的，没有起点和终点（如：一个圆圈）；也可以是开放的，带有明显的端点（如：一条波形线），如图 3-21 所示。

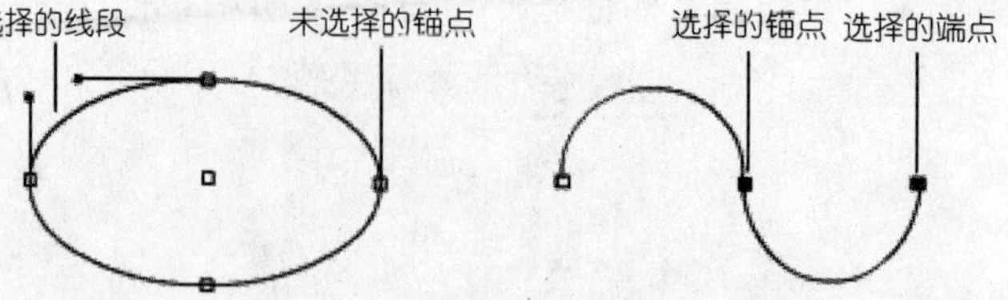

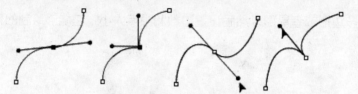

图 3-21　闭合和开放的路径

平滑曲线由称为平滑点的锚点连接，尖的曲线路径由角点连接，如图 3-22 所示。

图 3-22　平滑点和角点及调整平滑点和角点

当移动平滑点的一条方向线时，该点两侧的曲线段会同时调整。相比较而言，当移动角点的一条方向线时，则只调整与方向线同一侧的曲线。

2．绘制路径

用钢笔工具绘制的最简单路径是一条直线，单击一下创建锚点就可得到。

1）绘制直线路径

[01]选择钢笔工具。

[02]将钢笔指针放在想要直线开始的位置，然后单击确定第一个锚点（在此之前还可以设定线条颜色和填充色）。

[03]再次单击想要直线路径第一个线段结束的位置（单击时按住【Shift】键将线段的角度限制为45°的倍数）。

[04]继续单击以设置其他直线段的锚点。

[05]完成路径。完成路径的方法有很多种。要结束开放路径，单击工具箱中的钢笔工具，或按住【Ctrl】键单击路径以外的任何位置；要闭合路径，将钢笔指针放在第一个锚点上，如果放置的位置正确，则钢笔尖旁边会出现一个小圆圈，单击以闭合路径。图 3-23 对比了绘图状态和完成路径状态的钢笔工具指针。

图 3-23　完成路径

将钢笔工具按您要的方向拖动可以创建曲线。

2）绘制一条曲线路径

[01]选择钢笔工具。

[02]将指针放在想要曲线开始的位置，按住鼠标左键。第一个锚点会出现，指针会变为一个箭头。

[03]沿想要曲线段被绘制的方向拖动。拖动时，指针会导出两个方向点中的一个。方向线的长度和斜率决定曲线线段的形状，以后可以调整方向线的一侧或两侧。沿曲线方向拖动设置第一个锚点；沿相反方向拖动完成曲线线段。

[04]将指针放在想要曲线线段结束的位置，按下鼠标左键，然后沿相反方向拖动以完成线段。

[05]执行以下的一项操作：

- 要绘制平滑曲线的下一个线段，将指针放在想要下一个线段结束的位置，然后向曲线外拖动以创建下一个线段。

- 要将曲线方向变得尖锐，释放鼠标左键，按住【Alt】键然后沿曲线的方向拖动方向点。释放【Alt】键和鼠标左键，重新将指针放在想要线段结束的位置，然后沿相反方向拖动以完成曲线段。

- 按下【Alt】键，朝曲线拖动方向点。释放【Alt】键，朝相反方向拖动。

[06]完成路径。完成方法与绘制直线路径时的相同。

3）在绘制曲线时牢记的准则

[01]一定要沿曲线隆起方向拖动第一个方向点，然后沿相反方向拖动第 2 个方向点，以创建一条曲线。朝相同的方向拖动两个方向点会创建一条 S 形曲线。朝相反方向拖动创建一条平滑曲线；朝相同方向拖动创建一条 S 形曲线，如图 3-24 所示。

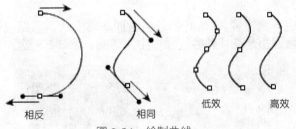

图 3-24　绘制曲线

[02]绘制一组平滑曲线时，应一次绘制一条曲线，将锚点放在每条曲线的起点和终点，而不是曲线的顶点。应使用尽可能少的锚点，并尽可能使它们间的距离远些。

3．修改路径

在使用钢笔工具创建路径时，使用了很多锚点，这些锚点可以用来修改路径，使用部分选取工具（Subselect）单击一个锚点，就会发现锚点两侧多出了方向线，方向线两端各有一个实心点。按照上面路径的有关绘制方法，可以通过移动锚点和两个方向线端点修改路径。还可以使用钢笔工具在路径上添加锚点，或者删除路径上的锚点。

1）添加锚点

从工具箱上选择钢笔工具，移动钢笔指针到想添加锚点的路径上，待钢笔指针旁边出现一个加号，表示可以添加锚点，单击鼠标左键就可以看到，一个新锚点被添加到路径上。

2）删除锚点

从工具箱上选择钢笔工具，移动钢笔指针到想删除的锚点上，如果是角点，待钢笔指针旁边出现一个减号，表示可以删除该锚点，单击鼠标左键就可以看到，该锚点从路径上消失了。

如果是平滑点，需要单击两次，移动钢笔指针到想删除的锚点上，待钢笔指针旁边出现一个小箭头，单击鼠标左键就可以看到，钢笔指针旁边出现一个减号，表示可以删除该锚点，单击鼠标左键就可以看到，该锚点从路径上消失了。

您也可以使用部分选取工具先选中想删除的锚点，而后按【Del】键可以看到，锚点被删除了。

3）选择锚点

从工具箱上选择钢笔工具，移动钢笔指针到想选择的锚点上，待钢笔指针旁边出现一个小矩形，表示该锚点可以被选定，单击鼠标左键就可以看到，该锚点从实心状态变为空心状态，表示该锚点当前处于被选定状态。

4）移动锚点和方向点

锚点和方向点都可以使用鼠标拖动，从工具箱上选择部分选取工具先选中锚点，而后按住拖动锚点；方向点也可以使用部分选取工具按住拖动。

对于锚点，也可以选中后使用选择工具移动它，而方向点不能用选择工具移动，因为方向点没有静止的选中状态。

3.3.3　颜色管理

颜色对于图形设计来说非常重要，Flash 的颜色管理非常出众，虽然也可以在工具箱和"属性"面板中设置，但最佳的颜色管理都是在"颜色"面板中完成的，图 3-25 显示了"颜色"和"样本"面板。

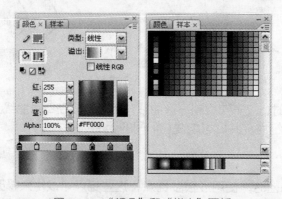

图 3-25　"颜色"和"样本"面板

"颜色"面板功能非常强大，原来如果要使用一幅图片作为填充色，要预先把图片导入到文档中，现在不需要，在"颜色"面板上的"类型"下拉列表框中选择"位图"选项就会打开对话框选择要使用的位图。

当填充色是线性渐变填充、放射状渐变填充或者位图填充时，使用工具箱中的填充变形工具（它与任意变形工具位于同一个按钮下）可以对填充色进行拉伸、旋转、扩展和压缩等操作。

图 3-26 分别显示了 3 种填充方式下，填充变形工具如何修改图形填充的。

对于线性渐变填充（左上图），中间的圆形手柄可以改变图形填充的中心位置，外部的圆形手柄用来对图形填充进行旋转，方形手柄用来对图形填充进行横向拉伸。

对于放射状渐变填充（右上图），中间的圆形手柄可以改变图形填充的中心位置，倒三角形手柄可以改变放射状渐变的焦点，外部的一个圆形手柄用来对图形填充进行旋转，另一个用来对图形填充进行放大操作，方形手柄用来对图形填充进行横向拉伸。

对于位图填充（左下图），中间的圆形手柄同样用来改变其中一个位图填充的中心位置，外部的方形手柄用来对其中一个位图填充进行斜切操作，方形箭头手柄和圆形箭头手柄用来对图形填充进行变换大小的拉伸操作，圆形手柄用来对图形填充进行旋转操作。

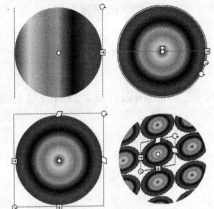

图 3-26　使用填充变形工具

如果缩小位图填充，那么位图将会平铺在图形内（右下图），用户也可以对其中的一个位图进行操作，对其中一个位图填充的操作将同样影响其他的位图填充。

3.3.4　使用绘图板

如果用户安装了绘图板，那么在 Flash 中手绘图形便显得非常方便。当选择刷子工具时，会发现底部出现了两个选项，如图 3-27 所示。

一个是使用压力，一个是使用斜度，分别表示画笔的压力大小和画笔的斜度。使用这两个设置，加上绘图板的使用，就可以像在图纸上绘图那样创作电子图形。

图 3-27　绘图板设置

3.3.5　套索工具和创建矢量地图

套索工具可以用来选取任何形状范围内的对象，它与 Photoshop 中的套索工具类似，能够在当前帧上选取不规则区域。相对于选择工具只能选择矩形框内的对象而言，套索工具在选取方面功能更强一些。使用方法也很简单，按住鼠标左键并拖动，像用铅笔工具那样绘出要选择的区域（区域可以不封闭，这时 Flash 将用直线来自动封闭），松开鼠标后所套住的区域被选中。

在底部的调节器选项上，套索工具有 3 个按钮，如图 3-28 所示。

图 3-28　套索工具的调节器选项

【魔术棒】按钮和【魔术棒设置】按钮，主要用于对位图进行操作，其中，右边的按钮用于对魔术棒参数进行设置。

单击【魔术棒设置】按钮，就会弹出"魔术棒设置"对话框，如图 3-29 所示。

在该对话框中，一共有以下两个参数。

图 3-29　魔术棒设置

一个是阈值（Threshold），用于定义包括在选取范围内的相邻像素色值的接近程度，数值越高，可选取范围越宽。如果输入数值为 0，只有与最先单击那一点的像素色值完全一致的像素才会被选中。

另一个参数是平滑程度（Smoothing），用于定义位图边缘平滑到什么程度。其选项包括平滑（Smooth）、像素（Pixels）、粗略（Rough）和一般（Normal）。

调节器选项最下面的按钮为【多边形套索模式】按钮，可以绘制出边为直线的多边形选择区域，绘制时在顶点单击鼠标，在结束时双击鼠标即可。

图 3-30　导入位图

如果使用过 Photoshop，那么就会对套索工具非常熟悉。下面是一个使用套索工具的例子，我们来制作一个包括美国各州的地图。

[01]新建一个文档，从菜单栏中选择【修改】→【文档】命令，出现"文档属性"对话框，在该对话框上设定新建文档的幅面为 1 000×1 200（因为要导入的图片幅面大小就是 1 000×1 200）。

[02]从菜单栏上选择【文件】→【导入】→【导入到舞台】命令，导入一个美国地图的图片 usamap.gif（该图片在附送光盘上 sample_cn\chapter_03\resource 文件夹下），如图 3-30 所示。

[03]选定该位图，而后从菜单栏中选择【修改】→【分离】命令，分离位图（注意，分离位图并不是将它转成矢量图）。

[04]从工具箱上选择套索工具，在底部的调节器上单击【魔术棒设置】按钮，在弹出的"魔术棒设置"对话框上设置"阈值"为 0，如图 3-31 所示。单击【确定】按钮关闭该对话框。

图 3-31　魔术棒设置

[05]在调节器选项上单击【魔术棒】按钮，并移动鼠标指针到位图上，可以看到鼠标指针变为。

[06]单击加利福尼亚州，可看到鼠标指针恢复为箭头，按住拖动，就可以把该州色块与其他分开来。

[07]从菜单栏上选择【修改】→【转换为元件】命令，在弹出的对话框的文本框内键入 CA，单击【确定】按钮关闭该对话框，这样就把加利福尼亚州的地图转化为一个影片剪辑元件，从菜单栏上选择【窗口】→【库】命令，可以看到加利福尼亚州地图的影片剪辑元件，如图 3-32 所示。

图 3-32　查看创建的元件

使该影片剪辑元件处于编辑状态，可以修改一下，将其中的白色填充块使用颜料桶工具填充成相同颜色。

[08]重复 5～7 步的操作，把其他各州地图的影片剪辑制作出来，然后把各影片剪辑按顺序拼接起来，一幅矢量美国地图就制作完成了。

3.3.6　辅助设计功能

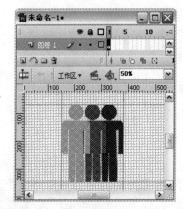

　　Flash CS3 也可以显示标尺和辅助线,以帮助用户精确地绘制和安排对象。用户也可以在文档中放置辅助线,然后使对象贴紧至辅助线;也可以打开网格,然后使对象贴紧至网格,如图 3-33 所示。

　　使用【视图】→【标尺】菜单、【视图】→【辅助线】菜单和【视图】→【网格】菜单及它们下面的子菜单可以显示和设置功能。

　　当显示标尺时,它们将显示在文档的左沿和上沿。标尺的度量单位可以更改,默认单位为像素。在显示标尺的情况下移动舞台上的元素时,将在标尺上显示几条线,指出该元素的尺寸。

　　如果显示了标尺,可以将水平和垂直辅助线从标尺拖动到舞台上。可以移动、锁定、隐藏和删除辅助线,也可以使对象贴紧至辅助线,更改辅助线颜色和贴紧容差(对象与辅助线必须有多近才能贴紧至辅助线)。Flash 允许创建嵌套时间轴。仅当在其中创建辅助线的时间轴处于活动状态时,舞台上才会显示可拖动的辅助线。

图 3-33　辅助设计功能

　　可以在当前编辑模式(文档编辑模式或元件编辑模式)下清除所有辅助线。如果在文档编辑模式下清除辅助线,则会清除文档中的所有辅助线。如果在元件编辑模式下清除辅助线,则会清除所有元件中的所有辅助线。

　　当在文档中显示网格时,将在所有场景中的插图之后显示一系列的直线。可以将对象与网格对齐,也可以修改网格大小和网格线颜色。

　　作为 Flash 设计功能的新改进,现在可以用 1 个像素那样的精确刻度来设计图形和放置、排列对象。当舞台放大到 400%或者更高时,以像素为单位的网格便会出现,使用网格作为标尺,可以更容易地设计图形精度,精确地排列对象。

3.4　使用文本工具

　　文本工具是 Flash 中一个最重要的工具,Flash CS3 的文本控制功能更为丰富和强大,下面进行简单的介绍。

　　用鼠标单击工具箱中的工具【文本】图标,或直接按键盘上的【T】键,就可以切换到文本工具,这时,"属性"面板就会出现相应的文本属性,如图 3-34 所示。

图 3-34　文本属性

这些都是文本的基本属性，包括字体、字号、颜色、粗体、斜体、对齐、字距和行距等。

移动鼠标指针到舞台上，单击鼠标就会创建一个文本框，现在可以键入文字了，如图 3-35 所示。

图 3-35   创建文本框

文本框周围有 8 个手柄，拖动它们可以改变文本框大小。初始状态，文本框是可以自由延伸的，随着键入文本量的多少而改变宽度，如果使用手柄改变了文本框大小，那么文本框就变成了固定列宽，这时右下角的手柄由空心圆变为空心矩形。

双击空心矩形手柄，又可以变回自动延伸文本框。

3.4.1   文本分离

文本分离功能不仅仅把文字分离成图形填充，它还可以把文本分离成一个一个的单独文字。这样做就大大简化了设计工作，节省了时间。

文本分离功能在把文本块分离后并非是把各文本转化为元件，而是把文本分割成一个一个的文本块，这样分离后的单独文本块如果再使用分离操作就会把文字分离成图形填充，这样就有利于制作动画效果。可以对比文本块分离前后的效果，如图 3-36 所示。

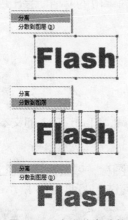

图 3-36   文本分离功能

3.4.2   垂直文本功能

垂直文本功能是大多数编辑软件都具备的，Flash 到 Flash CS3 版本才具有这一功能，虽出现时间较晚，但是用起来还是较方便的。Flash 垂直文本功能提供了两种方式：从左到右和从右到左。如图 3-29 所示，分别表示了两种垂直文本功能。

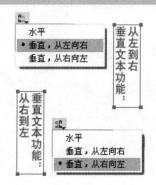

图 3-37　垂直文本功能

并且，在设置了垂直文本功能后，用户也可以对文本框进行旋转操作。

3.4.3　动态文本框和输入文本框

使用文本工具除了可以在舞台上创建文本，还可以创建动态文本框和输入文本框用于 ActionScript 动态设置，关于怎样使用动态文本框和输入文本框，可以参考附录 B "文本框、字体和实例名" 及第 14 章 "交互式动画实例实作演练"。

3.5　增强的绘图功能

在绘制图形时，有一些增强的功能可以使用，如使用层、组合形状、对象绘制和边缘柔化等。

3.5.1　使用 Flash 绘制模型

Flash CS3 有两种绘图模型，为绘制图形提供了极大的灵活性："合并绘制" 模型和 "对象绘制" 模型。

1．"合并绘制" 模型

在 "合并绘制" 模型下，重叠绘制图形时，会自动进行合并。如果选择的图形已与另一个图形合并，移动它则会永久改变其下方的图形。例如，如果绘制一个正方形并在其上方叠加一个圆形，然后选取此圆形并进行移动，则会删除覆盖圆形的那部分正方形，如图 3-38 所示。

2．"对象绘制" 模型

在 "对象绘制" 模型下，允许将图形绘制成独立的对象，且在叠加时不会自动合并。分离或者重排重叠图形时，也不会改变它们的外形。Flash 将每个图形创建为独立的对象，可以分别进行处理。在以前的 Flash 版本中，若要重叠形状而不改变形状的外形，则必须在每个形状自己的图层中绘制这个形状。

选择用 "对象绘制" 模型创建的图形时，Flash 会在图形上添加矩形边框。可以使用选择工具移动该对象，只需单击边框然后拖曳图形到舞台上的任意位置即可，如图 3-39 所示。

图 3-38   "合并绘制"模型

图 3-39   "对象绘制"模型

1）使用"对象绘制"模型

默认情况下，Flash 使用"合并绘制"模型。要使用"对象绘制"模型绘制形状，必须单击工具箱上的【对象绘制】按钮◎。【对象绘制】按钮允许在"合并绘制"与"对象绘制"模式之间切换。

支持"对象绘制"模型的绘画工具有：铅笔、线条、钢笔、刷子、椭圆、矩形和多角星形工具。

在使用"对象绘制"模型创建的形状时，可以设置接触感应的首选参数。

2）合并对象

对于"对象绘制"模型下创建的形状，可以通过合并或改变现有对象来创建新形状。选择菜单栏中【修改】→【合并对象】中的命令可以完成这些操作。

● 联合：使用该命令，可以将两个或多个形状合成单个形状。

● 交集：使用该命令，可以创建是两个或多个对象的交集的对象。

● 打孔：使用该命令，可以删除所选对象的某些部分，这些部分由所选对象与排在所选对象前面的另一个所选对象的重叠部分来定义。

● 裁切：使用该命令，可以使用某一对象的形状裁切另一对象。前面或最上面的对象定义裁切区域的形状。

图 3-40 显示了"对象绘制"模式的应用效果。

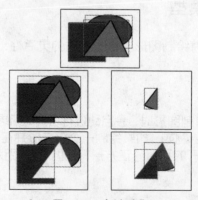

图 3-40   合并对象

3.5.2   组合形状

在使用铅笔、钢笔、线条、椭圆、矩形或者刷子工具来绘制一条与另一条直线或已涂色形状交叉的直线时，重叠直线会在交叉点处分成线段，使用选择工具来分别选择、移动每条线段并改变其形状，如图 3-41 所示。

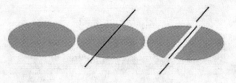

图 3-41　图形重叠

　　要避免由于重叠形状和线条而意外改变它们，可以组合形状或者使用图层来分隔它们。

　　可以像前面那样将形状的线条和填充作为单独的实体来处理，也可以将线条与填充组合起来，以便将形状作为一个图形来处理。

　　首先使用选择工具在形状周围拖动以便同时选择线条和填充，然后从菜单栏上选择【修改】→【组合】命令（或者使用【Ctrl+G】组合键）就可以将图形组合在一起；选择【修改】→【取消组合】命令可以分离组合的图形。

　　组合在一起的对象与"对象绘制"模式下创建的图形对象不同，它不能应用【合并对象】命令。

3.5.3　自由变换工具

　　使用自由变换工具，可以像在 FreeHand 和 Illustrator 中那样旋转图形、变换图形大小、斜切和扭曲图形对象。该工具大大提高了创作的自由度，使用该工具及其修改器，可以轻松地修改图形、元件实例及其他的图形元素。自由变换工具新加了两个修改器：图形扭曲修改器和图形包络线封装修改器。

　　使用图形扭曲修改器可以任意扭曲图形创建任何想象出的矢量图形；令人称道的是，Flash 还创造了图形包络线封装修改器，使用它，可以用切线控制点封装图形，改变控制点的位置就可以整体变化被封装的图形，从而使原来创作起来十分棘手的问题现在看起来十分简单了。

　　图形扭曲修改器和图形包络线封装修改器可以看成是钢笔工具和部分选取工具的增强版本，使用这两个功能使得原来需要使用钢笔工具和部分选取工具两种工具配合才能完成的工作现在可以"一蹴而就"了。图 3-42 描绘了图形扭曲修改器和图形包络线封装修改器的基本用法。

图 3-42　使用图形扭曲修改器和图形包络线封装修改器

　　从图 3-42 可以看到，使用图形扭曲修改器和图形包络线封装修改器可以创造出多么惊人的效果，一个飘动的 Flash 只需两步就可以完成了。图形包络线封装修改器使用起来非常简单，但要精通它可不那么简单，可以看到它其实也包含了钢笔路径，这样就可以参考上面关于钢笔工具的介绍慢慢熟悉它的使用方法。

　　下面来看一个怎样巧用自由变换工具来创建一个屋檐的例子，效果如图 3-43 所示。

图 3-43　屋檐整体效果

对于图 3-43 所示的屋檐，如果单单使用徒手画工具来完成，可以想象是多么困难，结合使用自由变换工具就简单多了，这一制作过程如图 3-44 所示。

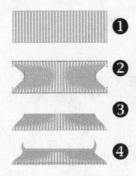

图 3-44　制作屋檐的过程

[01]使用矩形工具绘制一些矩形，删去边框，填充线性渐变颜色，并排列好。

[02]使用自由变换工具对图形进行修改：中间挤压（注意，这个过程要一气呵成）。

[03]删去上半部分，这样屋檐就初露形状了。

[04]最后是稍加修改，加上一些修饰。

3.5.4　修改线条

当选定对象的线条时，使用"属性"面板就可以更改线条的颜色和粗细。也可以修改线条的样式，可以从 Flash 预先加载的样式中选择，也可以创建自定义样式，如图 3-45 所示。

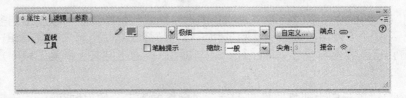

图 3-45　线条设置

[01]"笔触提示"复选框用来启用笔触提示。笔触提示可在全像素下调整直线锚记点和曲线锚记点，防止出现模糊的垂直或水平线。

[02]"端点"选项可以设定路径终点的样式：无对齐路径终点、圆角和方形。

[03]"接合"选项用来定义两个路径片段的相接方式：尖角、圆角或斜角，如图 3-46 所示。

图 3-46　"接合"选项的不同效果

要更改开放或闭合路径中的转角，请选择一个路径，然后选择另一个"接合"选项。

如果选择了【尖角】接合方式，为了避免尖角接合倾斜，应该定义一个尖角限制。超过这个值的线条部分将被切成方形，而不形成尖角。例如，如果一个 3 磅线条的尖角限制为 2，则该点长度是该线条粗细的 2 倍时，Flash 就删除限制点，如图 3-47 所示。

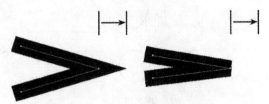

图 3-47　"接合"选项的功能

[04]要创建自定义样式，在"属性"面板上单击【自定义】按钮，就会弹出"笔触样式"对话框，如图 3-48 所示。

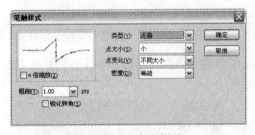

图 3-48　自定义样式

使用笔触样式，可以轻松地创建如点状字、刺猬字和麻绳字效果，如图 3-49 所示。

图 3-49　自定义样式的效果

但要注意的是，选择非实心线条样式会增加文件的大小。

3.5.5　形状修改

当图形形状被绘制出来后，用户还可以修改这些形状，如伸直和平滑线条，以及柔化边缘等。

1．伸直和平滑线条

当选中图形时，工具箱的选项部分便会出现【平滑】按钮和【伸直】按钮，可以对图形进行多次修改，单击一次，便会进行一次平滑或者伸直操作。

通过伸直和平滑线条形状轮廓，可以改变它们的形状。

[01]伸直操作可以稍微弄直已经绘制的线条和曲线，它不影响已经伸直的线段，也可以使用伸直技巧来让 Flash 确认形状。例如，可以使用"伸直"选项将任意绘制的椭圆形、矩形或三角形等形状的几何外观更完美，如图 3-50 所示（形状识别将上面的形状转换为下面的形状）。

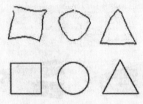

图 3-50　伸直功能

[02]平滑操作使曲线变柔和并减少曲线整体方向上的突起或其他变化，同时还会减少曲线中的线段数。不过，平滑只是相对的，它并不影响直线段。如果在改变大量非常短的曲线段的形状时遇见困难，该操作尤其有用。选择所有线段并将它们弄平滑可以减少线段数量，从而得到一条更易于改变形状的柔和曲线。

平滑曲线的另一种方法就是优化曲线。这种方法通过减少用于定义这些元素的曲线数量来改进曲线和填充轮廓。优化曲线还会减小 Flash 文档（FLA 文件）和导出的 Flash 应用程序（SWF 文件）的大小。

选择要优化的图形元素，从菜单栏上选择【修改】→【形状】→【优化】命令，弹出"最优化曲线"对话框，如图 3-51 所示。

图 3-51　优化曲线

该对话框中选项说明如下：

- 拖动"平滑"滑块以指定平滑程度。精确的结果取决于所选定的曲线，一般来说，优化可以减少曲线数量，但会与原始轮廓稍有不同。

- "使用多重过渡（较慢）"选项可以重复进行平滑处理直到不能进一步优化为止，这相当于对同一选定元素重复选择优化。

- "显示总计消息"选项将会在平滑操作完成时，显示一个指示优化程度的警告框。

2．边缘柔化——创建霓虹灯

下面来看怎样使用"边缘柔化"来创建一个霓虹灯效果，如图 3-52 所示。

图 3-52　霓虹灯效果

[01]新建一个文档，设置文档的背景色为深黑色，霓虹灯只有在夜色中才会显示效果。

[02]选择文本工具，在"属性"面板上修改字体颜色，如红色（#9F2D2D），字体为 Verdana，字号为 30，在舞台上键入 HOTEL，并调整文本让它垂直显示。

[03]选中舞台上的文本，连续按两次【Ctrl + B】组合键将文本分离成填充图形，如图 3-53 左图所示。

然后选择墨水瓶工具，将线条颜色设置为白色，这时鼠标指针将变成墨水瓶形状，用鼠标依次单击文字边框为填充图形描边，如图 3-53 右图所示。

图 3-53　分离图形和描边

[04]切换到选择工具，按住【Shift】键，依次选中所有的填充图形部分，按【Ctrl + X】组合键剪切掉这部分。单击时间轴下方的【插入图层】按钮新建一个层，选中该层的第 1 帧，在舞台上单击鼠标右键，在弹出的快捷菜单中选择【粘贴到当前位置】命令，将剪切掉的填充图形粘贴到该层，并且与原来位置相同，如图 3-54 所示。

图 3-54　创建副本

现在，拖动图层 2 将它移动到图层 1 下面，如图 3-54 所示。

[05]选中图层 2 上的填充图形，从菜单栏中选择【修改】→【形状】→【柔化填充边缘】命令，就会弹出"柔化填充边缘"对话框，进行如图 3-55 所示的设置。

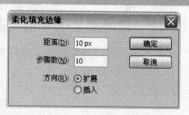

图 3-55 柔化填充边缘

单击【确定】按钮，现在可以看到图层 2 上的填充图形边缘已经被柔化，而霓虹灯效果也出现在我们面前。

[06]但是中间的白光过强，所以进行一下修改，将白光也柔化。

选中图层 1 上的线条，从菜单栏中选择【修改】→【形状】→【将线条转换为填充】命令，就会将图层 1 上的线条转换成填充，这样才能应用【柔化填充边缘】命令。

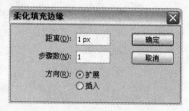

图 3-56 柔化填充边缘

选中这些填充，再一次打开"柔化填充边缘"对话框，进行如图 3-56 所示的设置（减少柔化数据）。

单击【确定】按钮，现在可以看到图层 1 上的填充图形边缘已经被柔化，而最终的霓虹灯效果也展现在我们面前。图 3-57 显示了前后的效果对比。

图 3-57 效果对比

当然，用户也可以为每个文字设置不同的颜色，从而可以创建流光溢彩的霓虹灯。在附送光盘上的 sample_cn\chapter_03\source\neon lamp2.fla 文档中，也为用户准备了如图 3-58 所示的两款霓虹灯效果。

图 3-58 两款霓虹灯效果

用户可以自己查看源文档，比照前面介绍的原理可以非常轻松地了解创建的过程。

04

Flash 动画三大基本功能
之创建补间动画

前面介绍了动画的基本原理,并且也使用 Flash 介绍和创建了逐帧动画,这是最基本的概念。而 Flash 与众不同的是,它可以创建"补间动画"(即 Tween 动画,Tween 被翻译为"补间")。用户学习 Flash 动画设计,最主要的就是学习补间动画的设计,所以,本章也是一个核心章节。

补间动画是整个 Flash 动画设计的核心,也是 Flash 动画的最大优点,它有动画补间和形状补间两种形式。

[01]动画补间(Motion Tween),在某一时间点(一个关键帧)可以设置实例、组或者文本块等对象的位置、尺寸和旋转等属性,在另一时间点(也就是另一个关键帧)可改变对象的这些属性。

[02]形状补间(Shape Tween),可在某一时间点(一个关键帧)绘制一个图形,在另一时间点(也就是另一个关键帧)改变该图形或绘制另一个图形。

对这两种补间动画,Flash 都会根据两端关键帧的情况在关键帧之间的帧上自动添加值或者图形,从而产生平滑的动作动画,这就是"补间"的来意。术语"补间"就是补足区间的简称。

补间动画的优点是能使文件所占存储空间最小,它与逐帧动画的不同是只需存储帧之间的变化而不是整个帧。

补间动画是 Flash 动画设计的核心,下面就通过例子来介绍这两种补间动画的创建方法和技巧。

在应用影片剪辑元件和图形元件创作动画时,有一些细微的差别,在本章也将进行完整的总结。

4.1　创建形状补间

形状补间是使图形对象在一定时间内慢慢由一种形态变为另一种形态(包括对象的位置、形状和颜色)。每次渐变一个图形通常能够产生最好的效果,如果一次渐变多个图形,所有图形必须在一个层上。

要切记的是,Flash 不能渐变组、元件、文本块和位图图片的形状,要对它们应用形状补间,必须先从菜单栏上选择【修改】→【分离】命令分离它们成为填充图形。

4.1.1　形状补间入门

下面来看一个简单的形状补间的创建。

[01]新建一个文档,在舞台上绘制一个矩形,并删掉边框线条,如图 4-1 所示。

图 4-1　创建矩形

[02]选中时间轴的第 15 帧，从菜单栏上选择【插入】→【时间轴】→【空白关键帧】命令创建一个空白关键帧。

保持该帧处于选中状态，在舞台上绘制一个圆形，删掉边框线条并改变填充颜色，如图 4-2 所示。

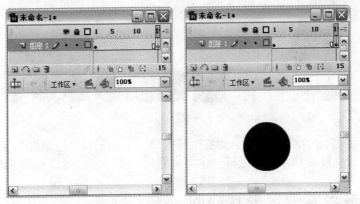

图 4-2　创建关键帧和绘制圆形

[03]重新选中时间轴的第 1 帧，从菜单栏上选择【窗口】→【属性】→【属性】命令打开"属性"面板，如图 4-3 所示。

图 4-3　"属性"面板

从"补间"下拉列表框中选择"形状"选项，这就将在第 1 帧和第 15 帧之间创建一个形状补间。现在查看时间轴，发现在第 1 帧和第 15 帧之间出现一根箭头，而背景颜色变为浅绿色，如图 4-4 所示。

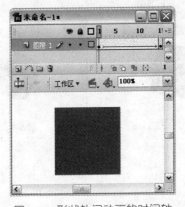

图 4-4　形状补间动画的时间轴

现在，从菜单栏上选择【控制】→【播放】命令（或者直接按【Enter】键）来测试效果，当时间轴上红色的播放指针向右移动时，舞台上的形状也在发生变化，直到由矩形变为圆形。保存该动画，如图 4-5 所示，这是中间某一帧上的显示效果和截取的若干帧。

图 4-5   形状补间动画效果

Flash 自动为中间的 13 个帧创建了平滑的过渡效果，不但形状、位置发生了变化，而且色彩也可以变化。试想，如果使用逐帧动画创建这样一个简单效果，该多麻烦呀，恐怕也做不到如此平滑！

4.1.2   加速度或者减速度形状补间

在默认情况下，补间帧以固定的速度播放。但是利用"属性"面板上的缓动选项，用户可以创建更逼真的加速度和减速度效果。

在"属性"面板上（见图 4-3），有一个"缓动"选项可以定义一个-100～100 的值用于加速度或者减速度：

[01]正值以较快的速度开始补间，越接近动画的末尾，补间的速度越慢。

[02]负值以较慢的速度开始补间，越接近动画的末尾，补间的速度越快。

现在，分别将"缓动"值定义为 50 和-50 查看效果，可以看到同样一帧之间的差别，如图 4-6 所示。

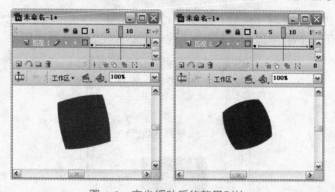

图 4-6   定义缓动后的效果对比

4.1.3   使用形提示点

创建形状补间非常简单，但要用好它确实非常难，主要是存在图形的一些不可控因素，为了控制这些看起来不可控的因素，Flash 准备了"形提示点"，这是创建形状补间的要点。

使用形提示点可以控制、实现比较复杂或者甚至看来不可能实现的形状补间，形提示点可以区分起始图形和结束图形中相对应（一一对应）的点，例如，要对一幅绘制出的脸孔制作改变表情的渐变动画，可以用形提示点来标记每个眼睛。这样，在形状补间进行时，在脸部变得无形混乱时，每个眼睛保持可识别，在变化中独立变化不至于与其他部分混淆，如图 4-7 所示。

图 4-7 形提示点

每个形提示点被标以从 A 到 Z 的字母，用来标明在起始和结束图形中它们的对应关系，最多可设置 26 个形提示点。在起始图形中形提示点呈黄色，在结束图形中为绿色，当形提示点不在曲线上时为红色。

下面使用一个最简单的例子来说明形提示点的用法和创建复杂形状补间的方法。

[01]打开前面制作的由矩形到圆的形状补间。

[02]选择形状补间的第 1 帧，从菜单栏上选择【修改】→【形状】→【添加形状提示点】命令（或者使用快捷键【Ctrl+Shift+H】），第一个形提示点便出现在图形的中间（为标有字母 a 的红色小圆圈），现在切换到选择工具，使用鼠标移动形提示点到矩形的左上角，如图 4-8 所示。

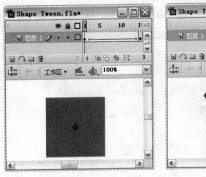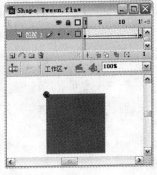

图 4-8 创建形提示点

[03]选择形状补间系列的最后一个关键帧，在该帧中会发现也有一个标以 a 的红色小圆圈，它代表结束形提示点，如图 4-9 所示。

图 4-9 设置形提示点

移动形提示点同样到圆形的左上部位置，该提示点对应于起始图形上标记的第一个点，在移动完后，可以看到红色小圆圈变为绿色，这表明形提示点设置成功，如图 4-9 所示。

[04]这时查看第一帧，发现该帧上的形提示点变为黄色。现在，按【Enter】键播放动画（根据播放的情况对形提示点位置进行进一步的调整），可以看到形状补间是杂乱无章的，这时就必须增加形提示点。

[05]重复以上步骤加入另一个形提示点，新加入的形提示点以 b 命名，将它对应放到矩形左下角，最后一帧也是如此，要看到红色小圆圈变为绿色，才能表明形提示点设置成功。最后可以增加 4 个形提示点，设置如图 4-10 所示。

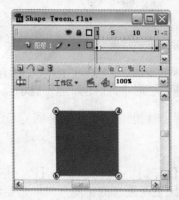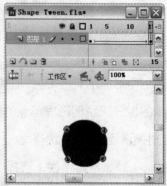

图 4-10　两个关键帧的形提示点设置

[06]这时从菜单栏上选择【控制】→【播放】命令或者按【Enter】键再观看效果，就可以看到图形渐变和最初的效果是相同的。

技巧与提示

要想得到最佳的图形渐变效果，有一定的技巧和原则，下面进行简单介绍。

[01]对复杂的图形渐变来说，可以考虑创建一些中间关键帧作为过渡图形，而后渐变它们而不是仅仅定义一个起始图形和一个结束图形。

[02]对复杂的图形渐变来说（特别是那些由清晰的线条组成的图形），也可以考虑把图形分解到不同的层上去，单独实现渐变，这样操控起来就会更容易。

[03]要确保形提示点符合逻辑，比如，一个三角形用了 3 个形提示点，它们在原三角形上有相同的顺序，并且该三角形设置渐变动画，那么经渐变后它们的顺序应保持不变（在第一个关键帧上顺序是 abc，在第二个关键帧上不能是 acb）。从左上角开始按逆时针方向设置形提示点效果最好。

[04]对于一个简单的直线形状补间而言至少需要两个形提示点，由此可以推广到其他的形状补间。

4.1.4　稍微复杂的形状补间

Shockwave 和 Flash 的关系可以说是密不可分，作为 Macromedia 公司的另一个重要的动画创作软件，Director Shockwave 也是相当强大的，在功能上绝不输于 Flash，其播放器插件 Shockwave Player 可以说完全兼容 Flash Player。

相比 Flash Player 来说，Shockwave Player 内置了预加载 LOGO 动画，相信接触过的朋友对它的印象非常深刻，下面的例子就来制作一个 Shockwave Player 内置的预加载动画。

[01]打开 shockwave_icon.fla 文件（它在附送光盘上的 sample_cn\chapter_04\resource 目录下），发现舞台上存在 Shockwave Player 的素材图形，由 9 个色彩各异的图棒构成，如图 4-11 所示：

图 4-11　Shockwave Player 图标素材

[02]按【Ctrl+A】组合键选中所有图形，从菜单栏上选择【修改】→【时间轴】→【分散到图层】命令，就可以将这 9 个图棒分散到 9 个图层上，如图 4-12 所示。

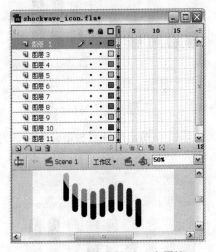

图 4-12　选定左边第一个图棒

[03]现在删掉空的图层 1，然后，使用鼠标左键选中图层 3 的第 20 帧，按住【Shift】键再用鼠标左键选中图层 11 的第 20 帧，这样，所有层的第 20 帧都处于被选定状态，如图 4-13 左图所示。

按【F6】键，就在所有层的第 20 帧都创建了关键帧，如图 4-13 右图所示。

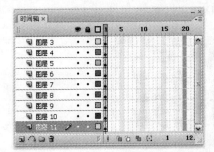

图 4-13　时间轴设置

[04]选中第 20 帧上所有的图形,从菜单栏上选择【窗口】→【对齐】命令打开"对齐"面板,单击【垂直中齐】按钮,将 9 个图棒对齐,如图 4-14 所示。

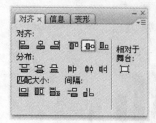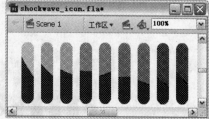

图 4-14 对齐

[05]修改图形,做成如图 4-15 所示的效果。

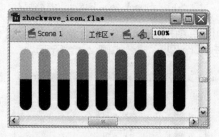

图 4-15 修改后的图形效果

要完成这样的修改,需要耐心和技巧,下面来看怎样修改。

首先选择线条工具创建一条水平直线(别忘按住【Shift】键),然后使用"属性"面板,根据图形的高和 y 值,调整直线的 y 值,这样就可以将直线置于图形的中间了,如图 4-16 所示。

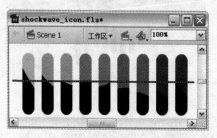

图 4-16 绘制直线并居中

查看直线将哪一个图棒分隔开了,然后使用滴管工具拾取那个图棒的颜色,使用颜料桶工具填充颜色,这样就可以完成一个图棒的修改,如图 4-17 所示。

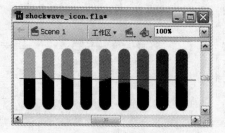

图 4-17 完成一个图棒的修改

同样的道理，在其他的层上进行修改，这样就能最终修改成全部的图形形状，如图 4-18 所示。

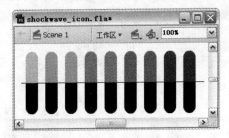

图 4-18　所有图棒完成修改

删掉所有的直线，就可以完成图形的修改了。

[06]下面还是使用【Shift】键一次创建 9 个形状补间。

使用鼠标左键选中图层 3 的第 1 帧，按住【Shift】键再用鼠标左键选中图层 11 的第 1 帧，这样，所有层的第 1 帧都处于被选定状态。

打开"属性"面板，选择形状补间，这样就一次创建 9 个形状补间，如图 4-19 所示。

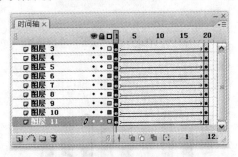

图 4-19　创建形状补间

[07]这时来查看形状补间的效果，按【Enter】键，可以看到如图 4-20 所示的效果，不是预想的那样平滑。

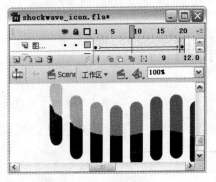

图 4-20　查看效果

这就需要使用"形提示点"来修改。

[08]选择图层 3 的第 1 帧，这是形状补间的起始帧，从菜单栏上选择【修改】→【形状】→【添加形状提示点】命令（或者使用快捷键【Ctrl+Shift+H】），连续添加 6 个形提示点，切换到选择工具，使用鼠标移动形提示点图形的关键部位，如图 4-21 左图所示。

选择形状补间的最后一个关键帧，也调整结束形提示点的位置到相应的位置，如图 4-21 右图所示。

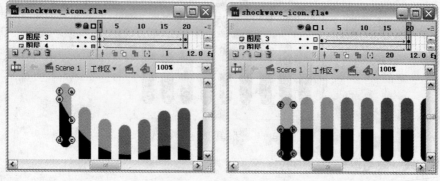

图 4-21　创建形提示点

同样，对其他 8 个图棒进行形提示点设计。

[08]将文档另存为 Shockwave_Player.fla，而后按【Enter】键，可以看到如图 4-22 所示的效果，已经非常平滑。

图 4-22　最终的完美效果

4.2　创建动画补间

另一种补间动画被称为动画补间（Motion Tween），这是 Flash 动画中最重要的一个功能。

形状补间操作的对象是图形形状；动画补间操作的对象是元件实例（虽然图形组合也可以用来创建动画补间，但从不建议这样做）。

4.2.1　动画补间入门

下面来看一个简单的动画补间的创建。

[01]新建一个文档，还是在舞台上绘制一个圆形，可以给它一个放射状的填充色。双击选中它，按【F8】键将它转换成影片剪辑元件，这同时也会在舞台上创建一个该元件的实例，如图 4-23 所示。

图 4-23　创建一个元件

[02]选中时间轴的第 15 帧，从菜单栏上选择【插入】→【时间轴】→【关键帧】命令（或者使用【F6】键）创建一个关键帧，这同时会在该帧上复制一个元件的实例。

保持该帧处于选中状态，切换到选择工具，将元件的实例移动到一个新的位置，如图 4-24 所示。

图 4-24　创建关键帧

[03]重新选中时间轴的第 1 帧，从菜单栏上选择【窗口】→【属性】→【属性】命令打开"属性"面板，如图 4-25 所示。

图 4-25　设置动画补间

从"补间"下拉列表框中选择"动画"选项，这就将在第 1 帧和第 15 帧之间创建一个动画补间。现在查看时间轴，发现在第 1 帧和第 15 帧之间出现一根箭头，而背景颜色变为浅灰色，如图 4-26 所示。

图 4-26　动画补间的时间轴状态

现在，从菜单栏上选择【控制】→【播放】命令来测试效果，当时间轴上红色的播放指针向右移动时，舞台上的对象也在发生着变化，直到移动到新的位置。如图 4-26 所示，这是中间某一帧上的显示效果。

Flash 自动为中间的 13 个帧创建了平滑的过渡效果。使用动画补间，不但元件实例的位置可以变化，而且大小等属性也可以变化。

4.2.2　使用时间轴"绘图纸外观"（洋葱皮）

也可以使用时间轴下端的辅助工具来查看动画变化的整个过程，下面单击时间轴下端的【绘图纸外观】按钮，就可以看到如图 4-27 所示的效果。

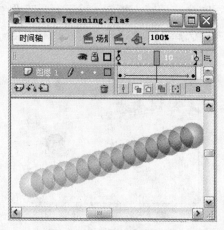

图 4-27　绘图纸外观效果

通常情况下，某一时刻在舞台上只能显示一帧的内容，为便于对象的定位和编辑动画中的关键帧，在舞台上可一次显示多帧的内容，播放头所在的帧中的内容是原样显示，而它周围帧中的内容则变得暗淡，好像被一层透明的洋葱皮纸薄膜蒙住，薄膜堆叠在帧之上离该帧越远，膜的层数越多，颜色就越淡，暗淡的帧不可编辑。

技巧与提示

从前面的例子可以看出，利用层与帧创建一个动画还是相当容易的。下面就详细介绍制作动画补间的基本技巧和方法。

使用动画补间可以让 Flash 自己改变实例、组或者文本块的属性，如位置、大小、旋转或斜切等。通过改变这些属性，从而产生动画效果；此外，Flash 还可以对实例进行颜色渐变，从而产生淡入或淡出的动画效果。要对组或文本块进行颜色渐变，需要先把它们转换为元件（如果对一个不是由元件创建的对象设置渐变动画的话，Flash 会自动将它转变为元件，并命名为 Tween1、Tween2、Tween3）。

4.2.3　创建淡入或淡出的动画效果

创建淡入或淡出的动画效果主要是设置起始帧上和结束帧元件实例的 Alpha 值，淡入或淡出的动画效果如图 4-28 所示。

图 4-28　淡入或淡出的动画

要实现这样的效果很简单，以淡入效果为例，只需选定第 1 帧上的元件实例，打开"属性"面板，从"颜色"下拉列表框中选择 Alpha 选项，再在后面的文本框中定义一个 Alpha 值，一般为 10%，如图 4-29 所示。

图 4-29　Alpha 值设置

现在再来看动画，就出现了淡入效果。淡出效果原理基本相同，只不过是为最后一帧上的元件实例定义 Alpha 值。

4.2.4　元件的变形点对补间的影响

在创建动画补间的时候要千万注意影片剪辑元件和图形元件的变形点，因为动画补间是以元件的变形点为基准进行自动渐变的。

如图 4-30 所示，同样设置的两个原地旋转动画补间，却因为动画补间的对象元件的变形点不同而有不同的效果：右边一个动画补间，对象元件的变形点位于时针底部的圆心，所以这个动画补间围绕这个圆心做原地旋转运动；左边一个动画补间，对象元件的变形点位于时针的中心部位，所以这个动画补间围绕这个中心做原地旋转运动。

图 4-30　区别影片剪辑元件和图形元件变形点

如果创建或者编辑元件，就可以在舞台上发现一个十字形光标，这就是元件的注册点，通常这个位置的坐标是坐标原点(0,0)，如图 4-31 所示。

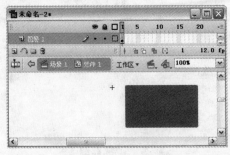

图 4-31   元件的注册点

元件本身没有变形点，它只有放到舞台上创建一个实例时才会有变形点，在舞台上，元件实例的注册点和变形点有不同的呈现，如图 4-32 左图所示。

当选中元件实例时，注册点仍呈现为十字形光标，变形点呈现为空心圆形。当一个元件被拖放到舞台上创建一个实例时，注册点相对于元件内的图形不会变化，而变形点肯定位于元件内图形的中心点位置。并且，一个实例一旦创建，注册点和变形点的相对位置永不变化。

随后，可以编辑元件，改变注册点和变形点相对于图形的位置，如图 4-32 右图所示，元件内的矩形向右移动了一段距离，其实例在舞台上呈现时就可以看到这种改变。

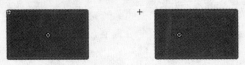

图 4-32   元件的注册点和变形点

当元件内容改变后，再拖放元件创建一个实例，那么，注册点相对于元件内的图形不会变化，但变形点肯定位于元件内图形的中心点位置。如图 4-33 所示，对比了改变前后两个不同实例的呈现。

图 4-33   元件的注册点和变形点

如果将舞台上的一个图形元素转换为元件，那么就可以使用"转换为元件"对话框中的"注册"选项自定义注册点，如图 4-34 所示。

图 4-34   转换为元件

这里的几个小正方形就是定义注册点相对于图形元素的位置的。如果选中中心一个小正方形，那么注册点就位于图形元素的中心，注意这个时候，如果将该元件拖放到舞台上创建一个实例，那么在舞台上，注册点和变形点是重合的。

在"信息"面板上，可以切换显示注册点和变形点的坐标显示，如图 4-35 所示，左图是注册点的坐标显示，右图是变形点的坐标显示。

图 4-35　注册点和变形点的坐标显示

单击"信息"面板中的【注册/变形点】按钮就可以在两种状态下切换,按钮的右下方会变成一个圆圈,表示显示的是变形点坐标。

当然,也可以使用"信息"面板改变舞台中元件实例的位置,这里的数值分别相对应的是注册点和变形点的坐标。

4.2.5　沿路径运动的补间动画

在上面的一节我们学习了怎样制作动画补间和形状补间,使两个对象可以在两点之间的直线上实现渐变,但有时需要让对象沿着一个不规则的路径运动,而不是一个简单的直线,这就需要用到一个引导,来指引对象运动,这就是"沿路径运动的补间动画"。下面就通过一个简单的实例来介绍沿路径运动的补间动画。

沿路径运动的补间动画只适用于动画补间,也就是说只适用于元件实例、组和文本块。在创建沿路径运动的补间动画时,需要用到一个名为"引导层"的层,在引导层可以绘制一个路径,可以设置渐变动画的实例、组和文本块,使它们沿着绘制的路径运动。在设置和创建引导层时,可以使多层动画补间与运动引导层连接以使得这些层上的多个对象沿同一路径运动,也可以为每层分别建立一个引导层,建立引导层后,与运动引导层连接的常规层变为被引导(Guided)层。

1.创建沿路径运动的补间动画

沿路径运动的补间动画制作起来也是非常简单的,下面就通过一个例子来看一下。首先打开附送光盘上 sample_cn\chapter_04\source 目录下的 Motion Tween2.fla 文件,查看制作完成的动画。

可以看到战斗机沿着一条曲线在飞行,在正常的动画补间下,战斗机是沿着一条直线运动到舞台右上角的,而在带有路径引导的情况下,战斗机是沿着一条曲线在飞行,比较图 4-36 的左、右两幅图就可以明显地看出来了。

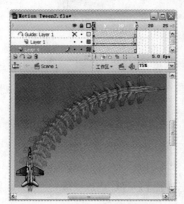 

图 4-36　没有沿曲线运动的动画和沿曲线运动的动画

在上面完成的例子中可以看到，在动画补间所在层的上面出现了一个新层，其实正是这一层的作用才使得补间动画沿着一条既定的路径运动，这个新层就称为引导层。

下面就一步讲解沿路径运动的补间动画是怎样创建的。

[01]先建立一个如图 4-36 右图所示的动画补间。

[02]在建立动画补间后，选定包含动画补间的层，而后从菜单栏中选择【插入】→【时间轴】→【运动引导层】命令，这时 Flash CS3 将在选定层上方创建一个新层，该层名称左边有一个图标，表明它是运动引导层，如图 4-37 所示。

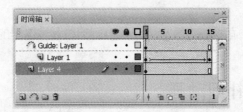

图 4-37　时间轴设置

[03]选定运动引导层，使用铅笔工具绘制一条曲线，这条曲线就称为路径。

[04]切换到选择工具，拖动动画补间层开始的第 1 帧中对象的变形点（变形点显示为一个空心圆），使它粘附到路径曲线开始位置。

同样在动画结束帧中拖动对象的变形点使它粘附到路径曲线结束位置，如图 4-38 所示。

图 4-38　将变形点粘附到路径上

[05]单击运动引导层层名右侧的眼睛图标列对应的黑点隐藏路径。

[06]按【Enter】键观看动画效果。这样一个沿着一条既定的路径运动的补间动画就创建完毕了。

技巧与提示

在创建沿着既定的路径运动的补间动画的过程中最易犯的错误是没有将对象实例的变形点粘附到路径上，要多试几次才能完成。

引导层上的路径在输出时是不会显示的，如果要在输出时显示路径，可以新建一个层，将路径放置在该层上的相同位置。

2．动画补间的设置

当创建动画补间时，还有几个可选的选项可以设置，它们都位于"属性"面板上，如图 4-39 所示。

图 4-39　动画补间的设置

[01]"缩放"选项用来实现动画补间的尺寸变化。如果你要在前后两个关键帧之间变化尺寸，就必须选定该选项，从而可以实现渐变效果。

[02]"缓动"选项可以改变动画补间的变化率。单击并拖动"缓动"文本框后边的滑块可以调整内插帧之间的变化率或者在文本框内键入一个-100～100 数值（要使动画补间从慢到快，拖动滑块向下或者在文本框中键入一个-1～-100 的值；要使动画补间从快到慢，拖动滑块向上或者在文本框中键入一个 1～100 的值）。在默认状态下，内插帧之间的变化率是恒定的，通过修改"缓动"选项可以创建一个非常自然的加速或减速效果。

[03]"旋转"选项。如果要旋转对象，就必须从"旋转"下拉列表框中选择一个选项，从而实现旋转动画效果（默认设置"无"表示不使用旋转；"自动"表示按照最少运动量原则，在能够实现该原则的方向上旋转一次；"顺时针"和"逆时针"分别表示按顺时针和逆时针旋转，而后可以在后面的文本框内键入旋转的次数）。

[04]"调整到路径"选项可以把运动渐变元素的基线定向到运动路径。

[05]"同步"选项可以确保实例在主时间轴上正常循环（如果元件中动画序列的帧数不是图形实例的帧数的整数倍，就必须使用该选项）。

[06]"贴紧"选项可以自动粘附元素的变形点到运动路径上。

4.3　图形元件和影片剪辑元件的区别

图形元件和影片剪辑元件有很大的区别，主要在以下几方面：

[01]影片剪辑元件有自己独立的时间轴，这相当于影片中的影片。影片剪辑实例可以自动扩展帧，而图形元件实例不行。

[02]影片剪辑元件和实例都可以定义程序代码，而图形元件实例不行。虽然，用户可以在图形元件的帧中定义程序代码，但是这些代码在输出 SWF 文档时将会被忽略。

[03]影片剪辑元件中可以添加和播放声音，而图形元件不行。

[04]在"属性"面板上，影片剪辑元件实例和图形元件实例的设置也不相同：影片剪辑元件实例可以应用滤镜，而图形元件实例不行；影片剪辑元件实例可以定义实例名，从而可以使用程序控制，而图形元件实例不行。影片剪辑元件实例可以应用图形混合效果，并且可以缓存为位图，而图形元件实例不行，如图 4-40 所示（前两幅图是图形元件实例，后两幅图是影片剪辑元件实例）。

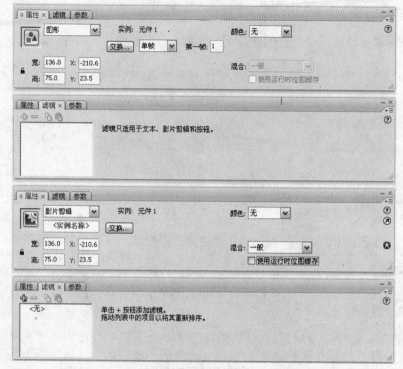

图 4-40　图形元件实例和影片剪辑元件实例的不同

 技巧与提示

当选定一个图形元件实例时，在"属性"面板中有几个特殊的选项，通过设置这几个选项，可以决定如何播放图形元件实例内的动画序列。

在 Flash 编辑状态下，图形元件实例是与放置该实例的文档或者影片剪辑元件的时间轴联系在一起的。相比之下，影片剪辑元件拥有自己独立的时间轴。因为图形元件实例使用与主文档相同的时间轴，所以在文档编辑模式下显示它们的动画。而影片剪辑元件作为一个静态的对象出现在舞台上，并不会作为动画出现在 Flash 创作环境中。

在"属性"面板中，图形元件实例有下面几个特殊的选项。

● 循环：该选项表示将会按照当前图形元件实例占用的帧数来循环包含在该实例内的所有动画序列。这也是默认的设置。

● 播放一次：该选项表示将从指定帧开始播放动画序列，直到动画结束，然后停止，仅播放一次。

● 单帧：该选项表示将显示图形元件中动画序列的一帧，并且可以在后面的文本框中指定要显示的帧号。

05

Flash 动画三大基本功能
之创建遮罩动画

遮罩是 Flash 动画创作中所不可缺少的——这是 Flash 动画设计三大基本功能中重要的出彩点。

使用遮罩，用户可以创建放大镜效果，通过这一实例，用户可以了解其工作原理，对于其他的类似效果也可从容面对。

使用遮罩配合补间动画，用户可以创建更多丰富多彩的动画效果："图像切换"、"火焰字"、"管中窥豹"等都是实用性很强的动画。并且，从这些动画实例中，用户可以举一反三，创建更多实用性更强的动画效果。

遮罩的原理非常简单，但其实现的方式多种多样，特别是与补间动画及影片剪辑元件结合起来，可以创建千变万化的形式，本章对这些形式进行了总结，从而使用户可以有的放矢，从容创建各种形式的动画效果。

5.1 遮罩的基本原理

对于聚光灯效果、孔洞效果和其他复合变换效果的产生，可以创建一个遮罩（Mask）层，在这一层可以设置各种形状的孔洞，只有该孔洞处才能显示下一层相应部分的内容，可以将多层共同置于遮罩层下产生复杂的效果，还可以使用除路径补间动画以外的任何动画使遮罩层移动，这就是遮罩。

要创建一个遮罩层，必须放一个填充形状，如果不在遮罩层上放置颜色填充对象，它将遮住与它连接层的所有对象。遮罩层上的颜色填充图案或文本块将在层上产生孔洞，它使下层对应处的内容可见，如图 5-1 所示（左图为正常情况下图形的效果，右图使用了遮罩）。

图 5-1 正常情况和遮罩

我们来看一下遮罩的创建过程。

[01]新建一个文档，从菜单栏上选择【文件】→【导入】→【导入到舞台】命令，在弹出的"导入"对话框中选择一幅图片，单击【确定】按钮就可以将该图片导入到舞台上，如图 5-2 所示。

图 5-2 导入图片

[02]单击时间轴底部的【插入图层】按钮新建一个层，保持该层在图片所在层的上边。切换到文本工具，在舞台上键入几个字 FRUIT，可以选一个字体和字号（遮罩与字体颜色无关），这时就会得到如图 5-1 左图所示的效果。

[03]此步是最关键的一步，在文字所在图层的层图标上单击鼠标右键，在弹出的快捷菜单中选择【遮罩层】命令，就会将当前层转换成遮罩层，而紧挨其下的层同时被转换成被遮罩层，这样，一个遮罩效果就创建完毕了，如图 5-1 右图所示。

原理非常简单，关键是怎样活学活用，怎样与 Flash 其他功能结合起来创建令人惊奇的效果。

下面就来介绍一些典型案例，供读者参考。

5.2　放大镜效果

首先，我们通过一个完成的例子了解放大地图的效果。打开附送光盘上 sample_cn\chapter_05\source 文件夹下的 subway.swf 文档，可以看到地图的放大镜效果，如图 5-3 所示。

图 5-3　放大镜效果

了解了效果，就可以开始创作了，步骤如下：

[01]新建一个文档，将文档幅面大小设置为 450X400，从菜单栏上选择【文件】→【导入】→【导入到库】命令，浏览到 SubwayMap.gif 图片文档，单击【打开】按钮将该图片导入到库中。

[02]按【Ctrl+F8】组合键创建一个新的影片剪辑元件，命名为 map。这时该影片剪辑元件处于编辑状态，按【Ctrl+L】组合键打开"库"面板，将刚才导入的图片从"库"面板中拖放到舞台上，如图 5-4 所示。

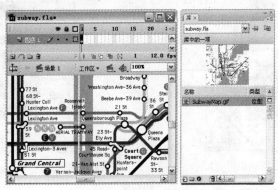

图 5-4　导入图片

　　[03]单击时间轴顶部的场景按钮回到主时间轴，从"库"面板中将新建的影片剪辑元件 map 拖放到舞台上创建一个实例。缩放它的大小，按【Ctrl+Alt+S】组合键，打开"缩放和旋转"对话框，在"缩放"文本框中键入 16，这表示将缩放成原图的 16%大小，如图 5-5 所示。

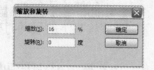

图 5-5　缩放和旋转

　　调整位置，使之与舞台相吻合，如图 5-6 所示。

图 5-6　将元件拖放到舞台上

　　[04]新建一个层，保持该层被选中，从"库"面板中将新建的影片剪辑元件 map 拖放到舞台上再创建一个实例，调整位置使它与下面图层上的对象中心点一致。锁定这两个图层以防误编辑。

　　[05]再新建一个层，在该层上绘制一个放大镜图形，如图 5-7 所示。

　　[06]新建一个层，将该层拖放至放大镜所在层之下、地图元素所在层之上，在舞台空白区域单击鼠标右键，在弹出的快捷菜单中选择【粘贴到当前位置】命令，将剪切的填充图粘贴到舞台上，如图 5-8 所示。

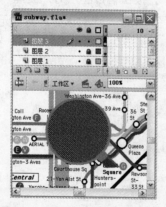

图 5-7　时间轴设置和舞台效果 1

图 5-8　时间轴设置和舞台效果 2

　　选中放大镜"镜片"部分填充，剪切该填充。

[07]在"镜片"所在层的层图标上单击鼠标右键，在弹出的快捷菜单中选择【遮罩】命令，就把该层转换成遮罩层了，现在来看效果，就会发现创建了一个地图放大镜，如图 5-9 所示。

图 5-9　放大镜效果

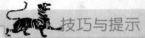技巧与提示

通过这个实例，可以总结出这样的结论：所有的放大镜效果都是这个原理，中间是一个遮罩，顶层和底层是"伪装"。

也许有读者会问，为什么要将图片放到一个影片剪辑元件中呢？直接将两幅图片放在舞台上缩放就可以了呀！

这是因为，如果放到影片剪辑元件中，Flash 等于是重用这个元件，在输出 SWF 文件时只会使用一个图片的大小；而如果是直接将两幅图片放在舞台上，那么将使用两幅图片，这样，SWF 文件就会很大。

5.3　图像切换效果

图像的切换是最常用的动画效果，从形式上可以分为几种方式，包括从左向右逐渐推出显示（或从右向左逐渐推出显示）、从左上方向右下方逐渐推出显示、从中心向四周扩展的显示、马赛克式的图像切换显示、左右半边图像上下推出显示、开门式的图像切换显示和卷轴式图像切换显示等。

5.3.1　从左向右逐渐推出显示

从左向右的显示方式是新的图像从左方开始，逐渐覆盖住当前图像的一种切换方式，如图 5-10 所示。

图 5-10　从左向右的图片切换

这样的效果很简单，它就是一个遮罩和形状补间共同协作完成的，下面来看一下创作过程。

[01]新建一个文档，从菜单栏上选择【文件】→【导入】→【导入到舞台】命令，将一幅图片（这里是一个日落的图片）导入到舞台上，如图 5-11 左图所示。

[02]新建一个层，保持该层被选中，再使用【文件】→【导入】→【导入到舞台】命令，将一幅图片（这里是一个林海的图片）导入到舞台上，调整布局，使该图片完全覆盖底层的图片，效果如图 5-11 右图所示。

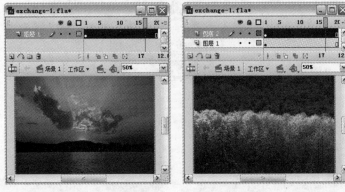

图 5-11　导入图片

[03]再新建一个层，保持该层处于选定状态，锁定其他两个层以防误编辑。切换到矩形工具，绘制一个矩形框，删去边框线条，打开"属性"面板，调整高度与图片高度相同，如图 5-12 左图所示。

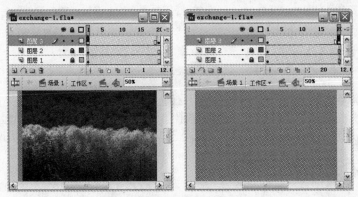

图 5-12　时间轴设置和舞台效果

调整矩形填充的位置与图片左边缘对齐，然后将其宽度设置为 1 或更低。

[04]选中该层的第 20 帧，按【F6】键创建一个关键帧，调整该帧上的矩形填充的宽度与图片宽度相同，这样就能完全覆盖图片，如图 5-12 右图所示。

[05]选中该层的第 1 帧，在"属性"面板上创建形状补间动画，从而可以动态地覆盖图片。然后要分别选中其他两层的第 20 帧，按【F5】键延长帧的显示到第 20 帧。

接下来就是创建遮罩，使形状补间动画所在层变为遮罩层，这是最关键的一步。

在形状补间动画所在图层的层图标上单击鼠标右键，在弹出的快捷菜单中选择【遮罩层】命令，就会将当前层转换成遮罩层，而紧挨其下的层同时被转换成被遮罩层。这样，从左向右逐渐推出显示图片的效果就创建完毕了，设置如图 5-13 所示。

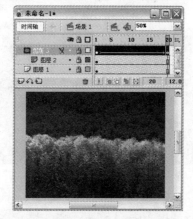

图 5-13　时间轴设置和舞台效果

现在可以按【Enter】键测试效果。

5.3.2　举一反三——其他几种图像切换

现在，已经学会了怎样创建从左向右逐渐推出显示的图像切换，那么，设置从右到左的推出显示也不会有什么问题了，只需要将形状补间动画设置为从右到左即可。

1．从左上方向右下方逐渐推出显示

从左上方向右下方逐渐推出显示的切换效果，如图 5-14 所示。

图 5-14　图片切换效果 1

新的图像从当前图像的左上角处出现并以此为基点，开始逐渐变大，直到覆盖当前图像。

这很简单，只是一个从角上向全屏的一个形状补间动画而已，现在，解除图层 3 的锁定状态，选中该层第 1 帧上的矩形填充，在"属性"面板上设置其高度为 1 或者更小的值。

重新锁定该层，再按【Enter】键测试，效果已经实现。

2．从中心向四周扩展的显示

从中心向四周扩展的显示是新的图像以一个中心为扩展点，出现在当前图像的中心位置，并开始逐渐向四周扩展，直到覆盖当前图像，如图 5-15 所示。

图 5-15   图片切换效果 2

该方式实现起来也非常简单，只需将图层 3 的第 1 帧上的矩形填充，设置得很小，移动到图片中心位置即可。

这里使用的是矩形，如果是圆形或者其他形状，原理是相同的。

3. 开门式的图像切换显示

稍微复杂一点的是开门式的图像切换显示，不过了解了原理也非常简单，如图 5-16 所示。

图 5-16   图片切换效果 3

这不过是改变了形状补间动画的变换方式而已，在前面一章介绍了可以使用形提示点实现该功能。

由于第 1 帧的矩形变得非常小，在书中不便显示，所以使用图 5-17 显示了该形状补间动画的"形提示点"。

图 5-17   使用形提示点

在实际工作中，用户应该放大显示第 1 帧的矩形调整"形提示点"。

其实，使用"形提示点"可以创造出更多的图像切换显示效果，不妨多试一下，例如，漂浮式的图像切换显示，就像一片树叶一样慢慢地向当前图像漂浮过来，并渐渐扩大，直到将当前图像覆盖住。

4．左右逐渐推出显示的图像切换显示

左右推出的显示方式是当前图像被分为左右两部分，左半部图像向上移动的同时右半部图像向下移动，这样，新的图像就逐步显示出来，如图 5-18 所示。

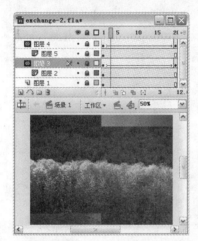

图 5-18　图片切换效果 4

这样的效果实现起来其实也很简单，它就是两套遮罩和形状补间共同协作完成的，下面来看一下创作过程。

[01]新建一个文档，从菜单栏上选择【文件】→【导入】→【导入到舞台】命令，将一幅图片（这里是一个日落的图片）导入到舞台上，如图 5-19 左图所示。

[02]新建一个层，保持该层被选中，再使用【文件】→【导入】→【导入到舞台】命令，将一幅图片（这里是一个林海的图片）导入到舞台上，调整布局，使该图片完全覆盖底层的图片，效果如图 5-19 右图所示。

图 5-19　导入图片

[03]再新建一个层，保持该层处于选定状态，锁定其他两个层以防误编辑。切换到矩形工具，绘制一个矩形框，删去边框线条，打开"属性"面板，调整高度和宽度与图片相同。

然后将矩形框平分成左右相同的两部分（别忘了使用"对齐"面板上的工具），如图 5-20 左图所示。

选中右边的矩形，剪切，新建一个层，在空白区域单击鼠标右键，在弹出的快捷菜单中选择【粘贴到当前位置】命令，将该矩形移动到新建的层上，如图 5-20 右图所示。

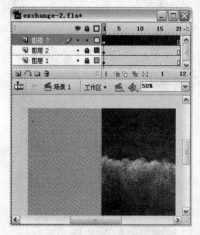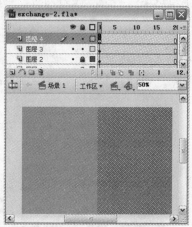

图 5-20   矩形填充的设置

[04]解开对图层 2 的锁定，复制该层上的图片。然后选中图层 3，单击时间轴底部的【插入图层】按钮，在该层之上新建一个层。

保持该层被选中，在空白区域单击鼠标右键，在弹出的快捷菜单中选择【粘贴到当前位置】命令，将该图片复制到新建的层上，如图 5-21 左图所示。

[05]选中图层 3 的第 20 帧，按【F6】键创建一个关键帧，选中该帧上的矩形，在"属性"面板上将其高改为 1。

选中图层 4 的第 20 帧，按【F6】键创建一个关键帧，选中该帧上的矩形，在"属性"面板上将其高改为 1。接着调整它的 y 值，使它到图片的底边缘处，如图 5-21 右图所示。

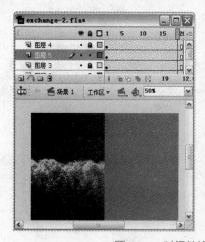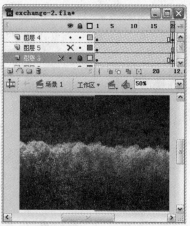

图 5-21   时间轴设置和舞台效果 1

[06]选中图层 5 的第 20 帧，按【F5】键将显示延长到该帧，同样也将其他两帧的显示延长到该帧。

然后在图层 3 和图层 4 上创建形状补间动画，如图 5-22 左图所示。

[07]在两个形状补间动画所在图层的层图标上单击鼠标右键，在弹出的快捷菜单中选择【遮罩层】命令，就会将当前层转换成遮罩层，而紧挨其下的层同时被转换成被遮罩层。这样，左右逐渐推出显示图片的效果就创建完毕了，设置如图 5-22 右图所示。

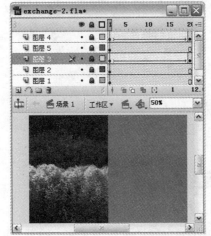

图 5-22　时间轴设置和舞台效果 2

由这一过程，也可以很容易地做出上下逐渐推出显示图片的效果来。

5．马赛克式的图像切换显示

马赛克式的图像切换方式就是图片像马赛克一样逐渐清晰，直到完全覆盖当前图像，显示另一幅图像，如图 5-23 所示。

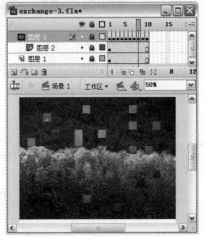

图 5-23　马赛克效果

注意到遮罩层是使用逐帧动画来实现的，实际上就是靠一点点地增加小方块来增加遮罩的范围，除此之外没有什么更好的办法，如图 5-24 所示。

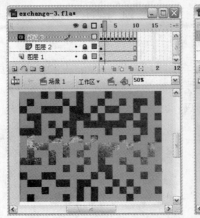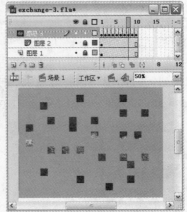

图 5-24　时间轴设置和舞台效果

这个过程很简单，用户可以自己操作一下。

5.4　被遮罩层作为动画层

在前面的例子中，只是将遮罩层作为动画层来创建复合的动画效果，这一般用于那些静态图片中。下面就来介绍两个使用被遮罩层作为动画层的动画效果。

5.4.1　火焰字

来看一下火焰字效果，如图 5-25 所示。

图 5-25　火焰字效果

可以看到火焰在文字体内燃烧，煞是好看，从中可以感受出一种怒气冲天的效果，下面开始来制作。

[01]新建一个文档，从菜单栏上选择【插入】→【新建元件】命令，在弹出的对话框中选择"影片剪辑"单选按钮，名称为 fire，如图 5-26 所示。

图 5-26　创建新元件

单击【确定】按钮，新建了一个影片剪辑元件。

[02]这个效果最主要的步骤就是创建火焰燃烧的动画。保持当前元件处于编辑状态，将把火焰燃烧的动画放在该影片剪辑中，这是一个逐帧动画，由 10 个关键帧组成，如图 5-27 所示。

图 5-27　逐帧动画的时间轴设置

这 10 个关键帧上的图形如图 5-28 所示。

图 5-28　逐帧动画

如果用户不想自己创建这个逐帧动画，在附送光盘上的文件夹下保存有该动画的元件（sample_cn\chapter_05\resource\fire.fla），可以直接拿来用。打开该文档，从"库"面板中将影片剪辑元件直接拖放到新建文档主时间轴的舞台上。

[03]不管是从外面的文档中拖放过来还是自己创建的，单击时间轴顶部的场景按钮回到主时间轴，在主时间轴的舞台上创建一个 fire 元件实例，修改大小，并复制多个实例，排列整齐（使用"对齐"面板），如图 5-29 所示。

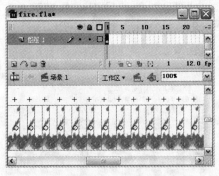

图 5-29　排列

[04]新建一个层，保持该层被选中，切换到文本工具，在舞台上键入几个文字，如图 5-30 所示。

图 5-30 时间轴设置和舞台效果 1

[05]在文字所在图层的层图标上单击鼠标右键，在弹出的快捷菜单中选择【遮罩层】命令，创建遮罩效果，但是发现这种效果离所期望的相差很远，如图 5-31 所示。

图 5-31 时间轴设置和舞台效果 2

看来，单独使用一个遮罩并不能完成效果。

[06]在文字所在图层的层图标上单击鼠标右键，在弹出的快捷菜单中选择【遮罩层】命令，取消遮罩效果，并解除对层的锁定。

复制该层上的文本，新建一个层，并将该层拖放到火焰层的下面。保持该层处于选定状态，在舞台上的空白区域单击鼠标右键，在弹出的快捷菜单中选择【粘贴到当前位置】命令，就在火焰动画下面又创建了一个文本。

在顶层的文本层的层图标上单击鼠标右键，在弹出的快捷菜单中选择【遮罩层】命令，恢复遮罩，这时就可以看到如图 5-32 所示的效果了，这正是我们所期望的。

图 5-32 时间轴设置和最终效果

在这里有一点提示，顶部的文字层是用来遮罩的，而底部的文字层是一个背景，两者的复合结果才能形成如图 5-25 所示的效果。

5.4.2　管中窥豹

虽说名为管中窥豹，其实只是神似，而非真正的在一个管子中去看一头豹子，效果如图 5-33 所示。

图 5-33　管中窥豹的效果

可以看到望远镜筒中蓝天白云飘飘，不时有鸟儿飞过，其实这也是一种管中窥豹的效果。下面开始制作。

1．创建蓝天白云背景

由于 Flash CS3 没有提供一个能够设置渐变背景色的功能，所以只能使用填充色块来制作背景图。

[01]新建一个文档，切换到矩形工具，打开"颜色"面板，设置线条颜色为空，设置填充色为一个线性渐变，填充色设置如图 5-34 左图所示。

[02]在舞台上画出一个约 300×300 的矩形，矩形画好后，切换到填充变换工具，改变填充色设置，如图 5-34 右图所示。

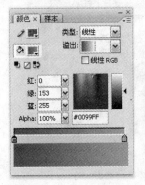

图 5-34　矩形填充设置

这样天蓝色的背景就设置好了，锁定该层以防误编辑。下面来添加几朵漂浮的云。

[03]按【Ctrl+F8】组合键新建一个影片剪辑元件，名为 Cloud1，这时，该元件处于编辑状态，设置好填充色和线条色，在舞台上绘制一片云，如图 5-35 左图所示。

按同样的步骤创建其他几个影片剪辑元件（Cloud2、Cloud3 和 Cloud4），绘制其他几个形状的云朵，打开"库"面板，可以看到这些元件，如图 5-35 右图所示。

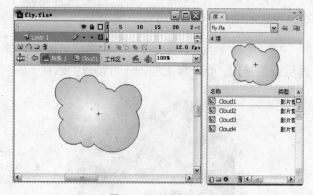

图 5-35   绘制云朵

[04]下面来创建白云飘飘的动画效果，之所以要将云朵放在元件内正是为了应用补间动画。

按【Ctrl+F8】组合键新建一个影片剪辑元件，名为 Animated Cloud1，这时，该元件处于编辑状态，从"库"面板中将元件 Cloud1 拖放到舞台上创建一个实例。

[05]单击舞台顶部的场景图标回到主时间轴，新建一个层，保持该层被选中，从"库"面板中将元件 Animated Cloud1 拖放到舞台上创建一个实例，调整该实例的位置，使它位于天空背景顶部。

在该实例上单击鼠标右键，在弹出的快捷菜单中选择【在当前位置编辑】命令，使它处于编辑状态，选中时间轴上的第 50 帧，按【F6】键在该帧创建一个关键帧，同时在该帧上原地复制一个 Cloud1 影片剪辑实例。

[06]向下移动第 50 帧上的 Cloud1 影片剪辑实例，位置要穿过天空背景下边缘。然后选中第 1 帧创建补间动画，这样就创建了一个飘过舞台的白云，这时可以按【Ctrl+Enter】组合键查看效果，如图 5-36 所示。

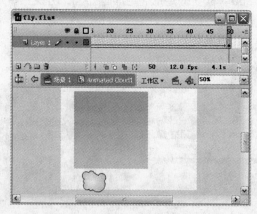

图 5-36   时间轴设置和舞台效果

[07]重复上面的步骤，分别创建影片剪辑 Animated Cloud2、Animated Cloud3 和 Animated Cloud4。为了使云彩的变化更随机一些，可以为各个影片剪辑设置不同的补间动画效果。读者对比一下 4 个影片剪辑的时间轴设置，就会明白如图 5-37 所示（从上到下依次是 Animated Cloud1、Animated Cloud2、Animated Cloud3 和 Animated Cloud4）。

05

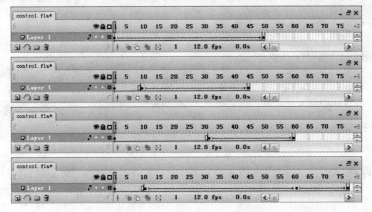

图 5-37　云朵动画时间轴设置

[08]返回主时间轴，将云彩都拖放到舞台上创建实例，并调整云彩的横向位置，随机地留一定空间，按【Ctrl+Enter】组合键观看效果，并不断调整直到满意为止，如图 5-38 所示。

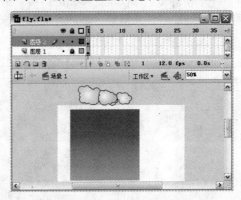

图 5-38　云朵的舞台设置

这样白云飘飘的蓝天背景就制作完毕了。

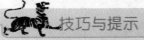技巧与提示

[01]在创建白云动画效果时，一定要注意，使白云完全能够穿过舞台。

[02]在使用和创建影片剪辑时，正确地区分影片剪辑元件和影片剪辑实例是非常重要的。一般而言，位于"库"面板中的影片剪辑称为影片剪辑元件，位于舞台上的影片剪辑称为影片剪辑实例。影片剪辑元件也就是一个"类"，影片剪辑实例也就是类的一个实例。

[03]理解帧对于应用程序的设计也是非常重要的，可以把帧作为应用程序的一个一个的状态，不管前后两个紧挨的帧上的对象是否发生了变化，事实上都是该帧所属的对象的一个状态，这一点也就是 Flash 应用程序设计的核心。

2．创建鸟儿飞过蓝天的效果

下面来创建一个鸟儿飞过蓝天的动画。

[01]按【Ctrl+F8】组合键新建一个影片剪辑元件，名为 Bird，这时，该元件处于编辑状态，我们选中第 1 帧，连续按【F7】键，创建 8 个空关键帧，依次在每帧上绘制图形，创建一个鸟儿飞翔的逐帧动画，如图 5-39 所示。

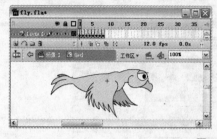

图 5-39　逐帧动画

[02]接着来创建鸟儿飞过蓝天的动画效果，这也是一个补间动画。按【Ctrl+F8】组合键新建一个影片剪辑元件，名为 Animated Bird，这时，该元件处于编辑状态，从"库"面板中将元件 Bird 拖放到舞台上创建一个实例。

[03]单击舞台顶部的场景图标回到主时间轴，新建一个层，保持该层被选中，从"库"面板中将元件 Animated Bird 拖放到舞台上创建一个实例，调整该实例的位置，使它位于天空背景的左下方。

在该实例上单击鼠标右键，在弹出的快捷菜单中选择【在当前位置编辑】命令，使它处于编辑状态，选中时间轴上第 20 帧，按【F6】键在该帧创建一个关键帧，同时在该帧上原地复制一个 Bird 影片剪辑实例。

[04]向右移动第 20 帧上的 Bird 影片剪辑实例，位置要穿过天空背景右边缘。然后选中第 1 帧创建补间动画，这样就创建了一个飞过蓝天的鸟儿，这时可以按【Ctrl+Enter】组合键查看效果，如图 5-40 所示。

图 5-40　逐帧动画与补间动画的结合

3.创建遮罩完成特效

[01]单击舞台顶部的场景图标回到主时间轴，新建一个层，将该层拖放至最顶层，在舞台上绘制一个圆形，放在蓝天背景正中央，如图 5-41 所示。

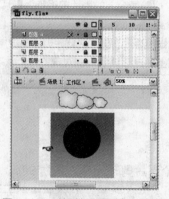

图 5-41　时间轴设置和舞台效果

[02]在图层 4 的层图标上单击鼠标右键，在弹出的快捷菜单中选择【遮罩】命令，就把该层转换成遮罩层了，同时紧挨该层的下面一个层也同时被转成被遮罩层。

现在，需要将其余的两个层也转成被遮罩层：使用鼠标左键按住图层 2 的层图标，向上拖动，看到遮罩层的层图标变暗松开鼠标，这样该层就会被转变成被遮罩层，如图 5-42 左图所示。

同样，可以将另一个层也转成被遮罩层，最后的时间轴设置如图 5-42 右图所示。

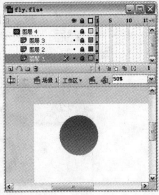

图 5-42　时间轴设置和最终效果

[03]按【Ctrl+Enter】组合键可以测试效果，可以看到如图 5-33 所示的效果。

5.5　遮罩形式的归纳总结

遮罩作为 Flash 的一个重要功能，它主要的面向对象应当是导入到影片中的图片，这些图片制作动画效果非常困难，但又不能只是用做静态背景，所以遮罩的出现使得这些静态的图片有了动态的效果，就像前面制作的图像切换就是这样的特效。

当然也不全是这样，有时为了突出表现某一点，也可以使用遮罩把其他的部分遮住而保留突出显示的部分。

5.5.1　遮罩层嵌套实现水波纹文字

水波纹文字是一个非常有代表性的遮罩层嵌套实现的 Flash 效果，如图 5-43 所示（为了能印刷出效果，在此把对比度调高了，实际制作中应该减少对比度，这样才能体现出水波纹效果）。

图 5-43　水波纹文字效果

下面来看制作过程。

[01]新建一个文档，选中矩形工具，调整填充色为#47DACB（这是水的颜色），在舞台上绘出一个矩形。

单击时间轴底部的【插入图层】按钮新建一个图层，保持该层被选中，再在舞台上绘制出另一个矩形（最好将底层的矩形复制到该层），选中矩形填充，打开"颜色"面板，调整填充颜色，要设置一个较浅的颜色，但不能与底层矩形填充颜色相差太远，这里使用#63E0D3。

[02]选中图层 2 上的矩形，按【F8】键将其转成影片剪辑元件，自动命名为"元件 1"。

[03]按【Ctrl+F8】组合键新建一个影片剪辑元件，自动命名为"元件 2"。这时，该元件处于编辑状态，选择椭圆工具，按住【Shift】键绘制一个圆形。

切换到选择工具，单击填充部分选中然后删掉它，仅留下边框线条。选中边框线条，打开"属性"面板调整线条粗细，设置为 25 左右。然后，从菜单栏上选择【修改】→【形状】→【将线条转为填充】命令，这样，就创建了一个空心圆形，如图 5-44 所示。

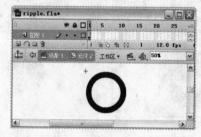

图 5-44　创建图形用做水波纹

[04]按【Ctrl+F8】组合键新建一个影片剪辑元件，自动命名为"元件 3"。这时，该元件处于编辑状态，打开"库"面板，将"元件 2"拖放到舞台上创建一个实例。

选中时间轴的第 25 帧，按【F6】键创建一个关键帧。重新选定第 1 帧上的元件实例，从菜单栏上选择【修改】→【变形】→【缩放和旋转】命令，就会弹出"缩放和旋转"对话框，进行如图 5-45 所示的设置，将大小缩放至 10%。

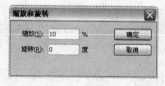

图 5-45　缩放

然后，选中第 1 帧，使用"属性"面板创建动画补间。最后的时间轴设置如图 5-46 所示。

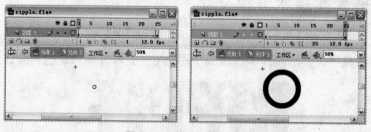

图 5-46　创建动画补间

[05]在"库"面板中双击"元件 1"，使其处于编辑状态，单击时间轴底部的【插入图层】按钮新建一个图层，保持该层被选中，从"库"面板中将"元件 3"拖放到舞台上创建一个实例，并调整到背景矩形中心的位置。然后，在该层的层图标上单击鼠标右键，在弹出的快捷菜单中选择【遮罩层】命令创建遮罩。

[06]单击时间轴顶部的场景按钮回到主时间轴编辑状态，新建一个图层，并将该层拖放到最顶层，选择文本工具，创建一个静态文本框，调整字体大小为 50，键入文字"RIPPLE"，然后在该层的层图标上单击鼠标右键，在弹出的快捷菜单中选择【遮罩层】命令创建遮罩。

现在，需要将另一个层也转成被遮罩层：使用鼠标左键按住图层 1 的层图标，向上拖动，看到遮罩层的层图标变暗松开鼠标，这样该层就会被转变成被遮罩层，时间轴设置和舞台效果如图 5-47 所示。

图 5-47　时间轴设置和舞台效果 1

现在按【Ctrl+Enter】组合键测试效果，如果觉得水波纹不够多，那么可以添加更多的波纹。

[07]在"库"面板中双击"元件 1"，使其处于编辑状态，如果图层 2 处于锁定状态，那么先解除锁定。

保持图层 2 处于选定状态，从"库"面板中再拖放几个"元件 3"到舞台上创建几个实例，并适当调整大小（使用"缩放和旋转"对话框）和位置，使其富有变化，如图 5-48 所示。

图 5-48　时间轴设置和舞台效果 2

注意，一个帧中仅能有一个元件实例进行遮罩，因此，应该选中该层上所有的元件实例，按【F8】键将其转成影片剪辑元件，自动命名为"元件 4"。

[08]将文档保存为 ripple.fla，按【Ctrl+Enter】组合键测试效果，可以看到流畅的水波纹文字了。

5.5.2　遮罩形式的种类和常见效果枚举

书法字、激光字、雕刻字，凡是与图片相关的特效可以说都有遮罩在起作用。但总结起来，遮罩的形式也不外乎以下几种。

1．使用形状或者形状补间动画作为遮罩层

只有填充图形才能作为遮罩主体，同样形状补间动画的主体也是填充图形。形状补间动画的一个最大的特点就是可以控制变化的方式，可以设置形提示点，也可以设置变化的加速度，这就使得这种变化具有不规则性和突然性，就有利于制作一些矢量难于表现的效果，例如，使用一幅火焰图片和形状补间动画作为遮罩层可以表现火苗的跳动。

2．使用动画补间作为遮罩层

动画补间的特点就是变化非常规则，可以让它变大变小，也可以让它沿着路径变化，但它不会出现不规则的变化，使用这种变化作为遮罩往往是为了突出显示某一对象。可以想象这样一幅图，如图5-49 所示在漆黑的夜里，探照灯在反复地照射，猛然光束留在了某一物体上。这就是典型的图片作背景的遮罩效果。

图 5-49　典型的遮罩效果

在使用这种遮罩效果时，为了突出遮罩的部分，往往使用一幅深颜色的同样图案作为背景，位图是无法在 Flash CS3 中改变明暗度的，只有把位图转换成影片剪辑元件。

这样，在不同的两个层上放置两个位图影片剪辑元件，位置重合，并改变它们的明暗度，上面的稍亮，下面的较暗。上面包含较亮位图影片剪辑元件的层才被遮罩，而下面包含较暗位图影片剪辑元件的层是普通层，作为背景。

这样就可以衬托出探照灯所揭示的效果了。

3．遮罩层嵌套

使用形状补间作为遮罩层和动画补间作为遮罩层是两种最基本的形式，但是二者也可以混用，由于一个被遮罩的对象只能有一个遮罩层，所以要混合使用只能是二者嵌套使用。当然，由于形状补间不能嵌套动画补间，所以只能是动画补间嵌套形状补间动画，动画补间也可以嵌套动画补间。

遮罩层嵌套使用比较复杂，需要自己的亲身实践才能体会到实际的效果，但有一点是非常清楚的，无论遮罩层上的对象嵌套发生多少层，但只有能显示出来的部分才能是遮罩。

4．遮罩多层

被遮罩层只能有一个遮罩层，但遮罩层可以遮盖多个被遮罩层。遮罩多层使用起来非常简单，只需把要遮罩的层置于遮罩层之下，而后把该层改变属性为被遮罩层。

被遮罩层必须是连续的，如果几个位于同一遮罩层下的被遮罩层有一个是常规层，那么该层和它下面的层都将被改变为常规层。

5．交互式遮罩

使用 Flash CS3 脚本语言可以建立交互式的遮罩效果，例如，可以使用鼠标拖动一个望远镜的镜筒，从镜筒中可以看到被遮罩的不同部分；也可以使用脚本语言把不位于遮罩层上的对象设置为遮罩对象，这就使得交互设计更有特点了。

06

Flash 动画增强特效
——使用滤镜和图形混合功能

　　当一个影片剪辑元件被放置在舞台上时，就创建了一个该元件的实例，使用"属性"面板可以完成对影片剪辑实例的处理。

　　修改实例的大小和位置，为实例定义实例名，更改实例的颜色和透明度，应用混合模式，还可以为实例添加滤镜。

　　选定一个元件实例，打开"属性"面板，就可以对该实例实施处理了。

6.1　更改实例的颜色和透明度

　　每个元件实例都可以有自己的色彩效果，包括颜色和透明度，使用"属性"面板可以更改实例的这些色彩效果，并且，"属性"面板中的设置也可以改变放置在元件内的位图。

　　如果影片剪辑元件包含多个帧，但对该元件的实例应用色彩效果时，Flash 会将效果应用于该元件实例的每一帧。

　　如图 6-1 所示的"属性"面板内的"颜色"下拉列表框中相应的功能如下。

图 6-1　「属性」面板处理元件实例

　　[01]亮度：该选项用来调节图像的相对亮度或暗度，度量范围为从黑（-100%）到白（100%）。拖动"亮度"后的文本框的滑块，或者在文本框中键入一个值来调节亮度。图 6-2 显示了应用亮度的效果（从左到右依次为：原图、50%、-50%）。

图 6-2　实例的亮度对比

　　[02]色调：该选项用相同的色相为实例着色。首先应该为色调指定一个颜色，然后使用"属性"面板中的色调滑块设置色调百分比，从透明（0%）到完全饱和（100%），如图 6-3 所示。

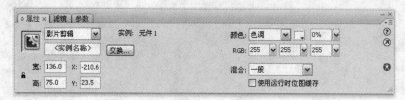

图 6-3　设置色调

可以使用两种方法指定颜色：在 RGB 各自的文本框中键入红、绿和蓝色的值；或者单击“颜色”下拉列表框后的色块按钮，然后从弹出窗口中选择一种颜色。

色调就像是为对象覆盖了一个有透明度的填充色块。

[03]Alpha：该选项用来调节实例的透明度，从透明（0%）到完全不透明（100%）。

[04]高级：该选项用来分别调节实例的红、绿、蓝和透明度的值。对于在诸如位图这样的对象上创建和制作具有微妙色彩效果的动画时，该选项非常有用。

在“颜色”下拉列表框中选择“高级”选项，就会在旁边出现【设置】按钮，单击该按钮就会弹出“高级效果”对话框，如图 6-4 所示。

图 6-4　高级效果设置

使用左侧的控件可以按指定的百分比降低颜色或透明度的值，使用右侧的控件可以按常数值降低或增大颜色或透明度的值。

当前的红、绿、蓝和 Alpha 的值都乘以百分比值，然后加上右侧控件中的常数值，产生新的颜色值。例如，如果当前红色值是 100，把左侧的滑块设置到 50% 并把右侧滑块设置到 100，就会产生一个新的红色值 150((100×0.5)+100=150)。

技巧与提示

“高级效果”对话框中的高级设置执行函数$(a×y+b)=x$，其中，a 是文本框左侧设置中指定的百分比，y 是原始位图的颜色，b 是文本框右侧设置中指定的值，x 是生成的效果（RGB 介于 0～255 之间，Alpha 透明度介于 0～100 之间）。

技巧与提示

当在特定帧内改变实例的颜色和透明度时，Flash 会在播放该帧时立即进行这些更改。要进行渐变颜色更改，必须使用补间动画。当补间颜色时，要在实例的开始关键帧和结束关键帧键入不同的效果设置，然后补间这些设置，以便让实例的颜色随着时间逐渐变化。

补间动画可以逐渐地更改实例的颜色或透明度。

6.2　应用滤镜基础

使用“滤镜”面板，也可以对选定的对象应用一个或者多个滤镜，能应用滤镜的对象只能是文本、按钮或者影片剪辑。

对象每添加一个新的滤镜，在"滤镜"面板中，就会将其添加到该对象所应用的滤镜的列表中。可以对 个对象应用多个滤镜，也可以删除以前应用的滤镜。

6.2.1　应用投影

投影滤镜可以模拟对象向一个表面投影的效果，或者在背景中剪出一个形似对象的洞，来模拟对象的外观。投影的效果如图 6-5 所示。

图 6-5　投影滤镜效果

选择要应用投影的影片剪辑或文本对象，在"滤镜"面板上单击【+】（添加滤镜）按钮，然后在弹出的下拉菜单中选择【投影】命令，就会在右侧显示投影的"滤镜"选项卡，如图 6-6 所示。

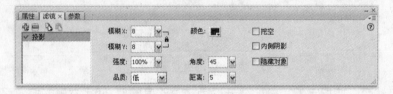

图 6-6　投影滤镜设置

在"滤镜"选项卡上可以编辑滤镜设置：

[01]拖动"模糊 X"和"模糊 Y"滑块，可以设置投影的宽度和高度。

[02]单击"颜色"框弹出"颜色"窗口，在该窗口中可以设置阴影颜色。

[03]拖动"强度"滑块可以设置阴影暗度：数值越大，阴影就越暗。

[04]"品质"下拉列表框用来选择投影的质量级别。把质量级别设置为"高"就近似于高斯模糊。建议把质量级别设置为"低"，以实现最佳的播放性能。

[05]可以在"角度"文本框中键入一个值来设置阴影的角度，或者单击角度选取器，然后拖动角度盘。

[06]"距离"选项用来设置阴影与对象之间的距离。

[07]选中"挖空"复选框将挖空（即从视觉上隐藏）原对象，并在挖空图像上只显示投影，效果如图 6-7 所示。

图 6-7　挖空模式

[08]选择"内侧阴影"复选框，在对象边界内应用阴影，效果如图 6-8 所示。

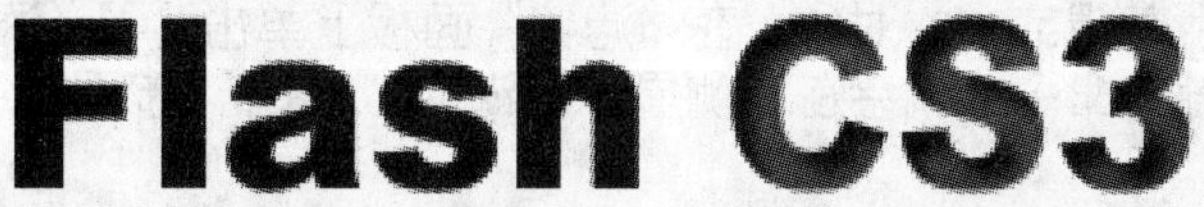
Flash CS3

图 6-8　内侧投影

[09]选中“隐藏对象”复选框隐藏对象，并只显示其阴影。使用“隐藏对象”选项可以更轻松地创建逼真的阴影，效果如图 6-9 所示。

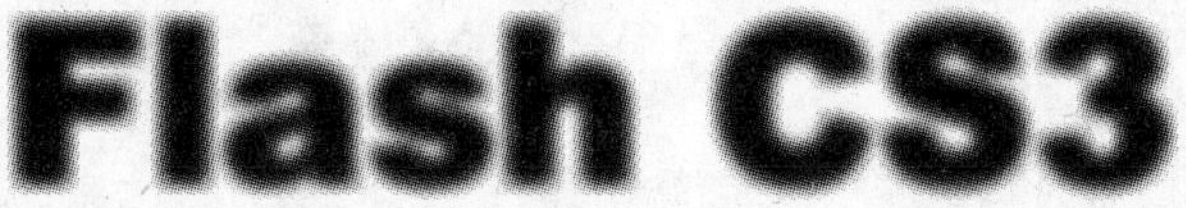
Flash CS3

图 6-9　隐藏对象

6.2.2　创建倾斜投影

使用“投影”滤镜的“隐藏对象”选项，可以通过倾斜对象的阴影来创建更逼真的外观。要达到此效果，需要创建影片剪辑、按钮或文本对象的副本，然后对副本应用投影，再使用任意变形工具倾斜对象副本的阴影。

[01]选择要倾斜阴影的影片剪辑或文本对象。

[02]从菜单栏上选择【编辑】→【直接复制】命令，这样可以直接复制原影片剪辑或者文本对象，新对象位于原对象的右下方。

[03]选择对象副本，然后使用任意变形工具使其倾斜。

[04]对影片剪辑或者文本对象的副本应用“投影”滤镜，然后选中“隐藏对象”复选框。对象副本随即在视图中隐藏，只剩下倾斜的阴影。

[05]调整“投影”滤镜设置和倾斜投影的角度，直到获得想要的外观为止，如图 6-10 所示。

Flash CS3

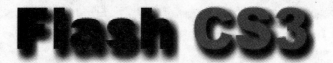

图 6-10　倾斜投影

6.2.3　应用模糊

模糊滤镜可以柔化对象的边缘和细节。将模糊应用于对象，可以让它看起来好像位于其他对象的后面，或者使对象看起来好像是运动的，模糊的效果如图 6-11 所示。

Flash CS3

图 6-11　模糊滤镜效果

选择要应用模糊的影片剪辑或文本对象，在"滤镜"面板上单击【+】（添加滤镜）按钮，然后在弹出的下拉菜单中选择【模糊】命令，就会在右侧显示模糊的"滤镜"选项卡，如图 6-12 所示。

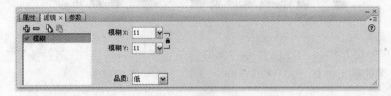

图 6-12　模糊滤镜设置

在"滤镜"选项卡上可以编辑滤镜设置。

[01]拖动"模糊 X"和"模糊 Y"滑块，设置模糊的宽度和高度。

[02]"品质"下拉列表框用来选择模糊的质量级别。把质量级别设置为"高"就近似于高斯模糊。建议把质量级别设置为"低"，以实现最佳的播放性能。

6.2.4　应用发光

使用发光滤镜，可以为对象的整个边缘应用颜色，发光的效果如图 6-13 所示。

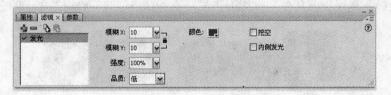

图 6-13　发光滤镜效果

选择要应用发光的影片剪辑或文本对象，在"滤镜"面板上单击【+】（添加滤镜）按钮，然后在弹出的下拉菜单中选择【发光】命令，就会在右侧显示发光的"滤镜"选项卡，如图 6-14 所示。

图 6-14　发光滤镜设置

在"滤镜"选项卡上可以编辑滤镜设置：

[01]拖动"模糊 X"和"模糊 Y"滑块，设置发光的宽度和高度。

[02]单击"颜色"框，打开"颜色"窗口，然后设置发光颜色。

[03]拖动"强度"滑块，设置发光的清晰度。

[04]"品质"下拉列表框用来选择发光的质量级别。把质量级别设置为"高"就近似于高斯模糊。建议把质量级别设置为"低"，以实现最佳的播放性能。

[05]选中"挖空"复选框挖空（即从视觉上隐藏）原对象，并在挖空图像上只显示发光。使用带"挖空"选项的发光滤镜，效果如图 6-15 所示。

Flash CS3

图 6-15　挖空设置

[06]选择"内侧发光"复选框，在对象边界内应用发光，效果如图 6-16 所示。

Flash CS3

图 6-16　内侧发光设置

6.2.5　应用斜角

应用斜角就是向对象应用加亮效果，使其看起来凸出于背景表面。可以创建内斜角、外斜角或者完全斜角，斜角的效果如图 6-17 所示。

Flash CS3

图 6-17　斜角滤镜效果

选择要应用斜角的影片剪辑或文本对象，在"滤镜"面板上单击【+】（添加滤镜）按钮，然后从弹出的下拉菜单中选择【斜角】命令，就会在右侧显示斜角的"滤镜"选项卡，如图 6-18 所示。

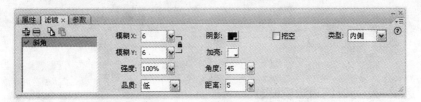

图 6-18　斜角滤镜设置

在"滤镜"选项卡上可以编辑滤镜设置：

[01]拖动"模糊 X"和"模糊 Y"滑块，可以设置斜角的宽度和高度。

[02]单击"阴影"框和"加亮"框，从弹出的调色板中选择斜角的阴影和加亮颜色。

[03]拖动"强度"滑块可以设置斜角的不透明度，而不影响其宽度：数值越大，斜角就越暗。

[04]"品质"下拉列表框用来选择斜角的质量级别。把质量级别设置为"高"就近似于高斯模糊。建议把质量级别设置为"低"，以实现最佳的播放性能。

[05]可以在"角度"文本框中键入一个值来设置斜边投下的阴影角度，或者单击角度选取器，然后拖动角度盘。

[06]"距离"选项用来设置斜角与对象之间的距离。

[07]选中"挖空"复选框将挖空（即从视觉上隐藏）原对象，并在挖空图像上只显示斜角，效果如图 6-19 所示。

图 6-19　挖空设置

6.2.6　应用渐变发光

应用渐变发光，可以在发光表面产生带渐变颜色的发光效果。渐变发光要求选择一种颜色作为渐变开始的颜色，该颜色的 Alpha 值为 0。无法移动此颜色的位置，但可以改变该颜色。渐变发光的效果如图 6-20 所示。

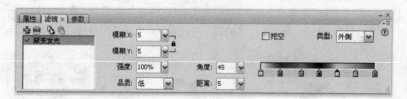

图 6-20　渐变发光效果

选择要应用渐变发光的影片剪辑或文本对象，在"滤镜"面板上单击【+】（添加滤镜）按钮，然后在打开的下拉菜单中选择【渐变发光】命令，就会在右侧显示渐变发光的"滤镜"选项卡，如图 6-21 所示。

![图 6-21 渐变发光滤镜设置]

图 6-21　渐变发光滤镜设置

在"滤镜"选项卡上可以编辑滤镜设置：

[01]拖动"模糊 X"和"模糊 Y"滑块，设置发光的宽度和高度。

[02]拖动"强度"滑块，设置发光的不透明度，而不影响其宽度。

[03]拖动角度盘或键入值，更改发光投下的阴影角度。

[04]拖动"距离"滑块，设置阴影与对象之间的距离。

[05]选中"挖空"复选框挖空（即从视觉上隐藏）原对象，并在挖空图像上只显示渐变发光。

[06]指定发光的渐变颜色。渐变包含两种或多种可相互淡入或混合的颜色，选择的渐变开始颜色称为 Alpha 颜色。

[07]"品质"下拉列表框用来选择渐变发光的质量级别。把质量级别设置为"高"就近似于高斯模糊。建议把质量级别设置为"低"，以实现最佳的播放性能。

6.2.7　应用渐变斜角

应用渐变斜角可以产生一种凸起效果,使得对象看起来好像从背景上凸起,且斜角表面有渐变颜色。渐变斜角要求渐变的中间有一个颜色,颜色的 Alpha 值为 0。您无法移动此颜色的位置,但可以改变该颜色。渐变斜角的效果如图 6-22 所示。

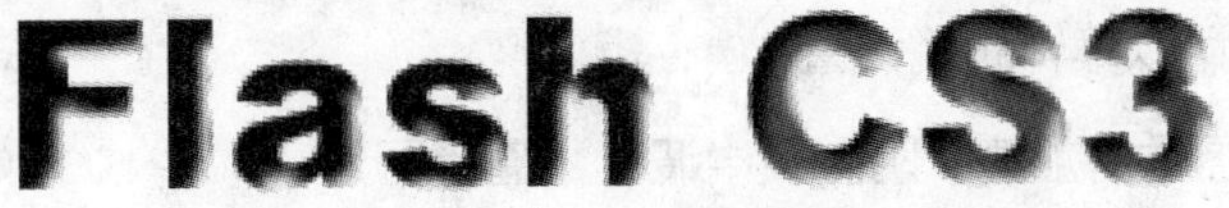

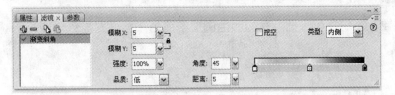

图 6-22　渐变斜角滤镜效果

选择要应用渐变斜角的影片剪辑或文本对象,在"滤镜"面板上单击【+】(添加滤镜)按钮,在下拉菜单中选择【渐变斜角】命令,就会在右侧显示渐变斜角的"滤镜"选项卡,如图 6-23 所示。

图 6-23　渐变斜角滤镜设置

在"滤镜"选项卡上可以编辑滤镜设置:

[01]拖动"模糊 X"和"模糊 Y"滑块,设置斜角的宽度和高度。

[02]要设置"强度",请键入一个值以影响其平滑度,而不影响斜角宽度。

[03]要设置"角度",请键入一个值或者使用弹出的角度盘来设置光源的角度。

[04]选中"挖空"复选框挖空(即从视觉上隐藏)原对象,并在挖空图像上只显示渐变斜角。

[05]指定斜角的渐变颜色。渐变包含两种或多种可相互淡入或混合的颜色。中间的指针控制渐变的 Alpha 颜色,可以更改 Alpha 指针的颜色,但是无法更改该颜色在渐变中的位置。

最多可添加 15 个颜色指针,这样可以创建最多能够转变 15 种颜色的渐变。

6.2.8　应用调整颜色

使用"调整颜色"滤镜,可以调整所选影片剪辑、按钮或者文本对象的亮度、对比度、色相和饱和度,调整颜色的效果如图 6-24 所示。

Flash CS3

图 6-24　调整颜色滤镜效果

选择要应用调整颜色的影片剪辑或文本对象,在"滤镜"面板上单击【+】(添加滤镜)按钮,然后在下拉菜单中选择【调整颜色】命令,就会在右侧显示"滤镜"选项卡,如图 6-25 所示。

图 6-25   调整颜色滤镜设置

在"滤镜"选项卡上可以编辑滤镜设置：

[01]"对比度"调整图像的加亮、阴影及中调。数值范围：-100～100。

[02]"亮度"调整图像的亮度。数值范围：-100～100。

[03]"饱和度"调整颜色的强度。数值范围：-100～100。

[04]"色相"调整颜色的深浅。数值范围：-180～180。

[05]单击【重置】按钮，可以把所有的颜色调整重置为 0，使对象恢复原来的状态。

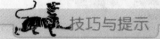技巧与提示

如果只想将"亮度"控制应用于对象，请使用位于"属性"面板中的颜色控制。与应用滤镜相比，使用"属性"面板中的"亮度"选项，性能更好。

6.2.9   创建和应用预设滤镜库

当用户对一个对象应用多个滤镜时，也就是创建了一个滤镜集，这时可以将滤镜集及每个滤镜的设置保存为预设库，以便轻松应用到影片剪辑和文本对象（当今应用一个滤镜时，也可以将该滤镜设置保存为预设库）。

预设库是用一个 XML 格式的配置文件来完成的，因此，也可以向其他用户提供滤镜配置文件，共享滤镜预设库。

此配置文件的路径是：

```
C:\Documents and Settings\<用户名>\Local Settings\Application Data\Adobe\Flash CS3\<语言>\Configuration\Filters\filtername.xml
```

1．创建预设滤镜库

当为一个对象应用了多个滤镜时，在"滤镜"面板上再次单击【+】（添加滤镜）按钮，然后在下拉菜单中选择【预设】→【另存为】命令，就会弹出"将预设另存为"对话框，如图 6-26 所示。

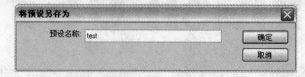

图 6-26   另存预设滤镜

键入一个名字作为预设库的标识，单击【确定】按钮，这样，一个预设库就创建完毕了。

2．应用预设滤镜库

当创建了一个预设滤镜库后，就可以为对象应用该滤镜库了。

选定一个要应用滤镜的对象，在"滤镜"面板上单击【+】（添加滤镜）按钮，然后在下拉菜单中选择【预设】→【预设滤镜库名称（这里为 test）】命令即可，如图 6-27 所示。

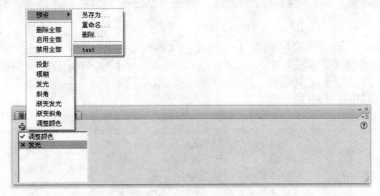

图 6-27　应用预设滤镜

当然，也可以删除或重命名任何预设滤镜库。

技巧与提示

将滤镜预设应用于对象时，Flash 会将当前应用于所选对象的所有滤镜替换为预设中使用的滤镜。

要启用或禁用对象应用的滤镜，单击该滤镜名称旁的"启用"或者"禁用"图标即可。

要启用或禁用对象应用的所有滤镜，可以在"滤镜"面板上单击【+】（添加滤镜）按钮，然后在下拉菜单中选择【启用全部】或者【禁用全部】命令即可。

要删除某一个滤镜，选定该滤镜，单击顶部的减号按钮即可。如果要删除全部滤镜，在"滤镜"面板上单击【+】（添加滤镜）按钮，然后在下拉菜单中选择【删除全部】命令即可。

6.3　滤镜综合应用

通常情况下，综合应用几个滤镜才会产生较好的效果，这与 Photoshop 滤镜的功能基本相同。

6.3.1　水晶字

下面来使用滤镜制作水晶字效果，制作过程非常简单，而且文字内容可以随意修改。

[01]首先，新建一个文档，在工具箱中选择文本工具，挑选自己喜欢的一种填充色（本例使用 #00CC33），在舞台上键入 Glass。

切换到选择工具，选中舞台上的文本框，打开"属性"面板，依个人爱好选择字体、字号等选项（本例使用 Splash 字体，字号为 96），如图 6-28 所示。

图 6-28　定义文本框

[02]保持文本框被选中，从菜单栏中选择【窗口】→【属性】→【滤镜】命令，打开"滤镜"面板，为该文本框添加滤镜效果。单击【+】（添加滤镜）按钮，然后在下拉菜单中选择【斜角】命令，就会在右侧显示斜角的"滤镜"选项卡。

对于"阴影"选项，选择比文字稍淡一点的颜色（本例使用#44FF73）；对于"加亮"选项，选择比文字再稍淡一点的颜色（本例使用#B5FFC8）；从"品质"下拉列表框中选择斜角的质量级别。把质量级别设置为"高"就近似于高斯模糊；其他可以选择默认设置（但"距离"选项要根据文字的字号进行调整），最后的设置如图 6-29 所示。

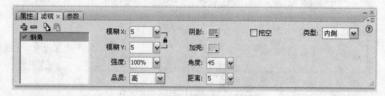

图 6-29　斜角滤镜设置

[03]现在，一个基本的水晶字效果就已经显现出来了，如图 6-30 所示。

图 6-30　滤镜设置效果

下面可以再添加一些效果使它更完美，单击【+】（添加滤镜）按钮，然后在下拉菜单中选择【投影】命令，就会在右侧显示投影的"滤镜"选项卡。

对于"颜色"选项，选择比文字稍暗一点的颜色（本例使用#0BD43D，或者与文字相同的颜色也可以，最好接近于文字颜色）；拖动"模糊 X"和"模糊 Y"滑块，设置模糊的宽度和高度都为 12；其他可以选择默认设置（但"距离"选项要根据文字的字号进行调整），最后的设置如图 6-31 所示。

图 6-31　投影滤镜设置 1

[04]"投影"滤镜默认的是外侧阴影效果，下面要再添加一个"投影"滤镜，目的是设置内侧阴影效果。

单击【+】（添加滤镜）按钮，然后在下拉菜单中选择【投影】选项，就会在右侧显示投影的"滤镜"选项卡。

对于"颜色"选项，设置与前一个滤镜相同；此处"模糊 X"和"模糊 Y"要设置为 5；选定"内侧阴影"复选框，其他可以选择默认设置（但"距离"选项要根据文字的字号进行调整），最后的设置如图 6-32 所示。

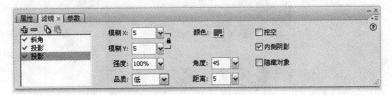

图 6-32　投影滤镜设置 2

[05]最后，得到完美的水晶字效果，如图 6-33 所示。

图 6-33　水晶字效果

保存该文档为 Glass-1.fla。

[06]也可以加上边缘轮廓，新建一个图层，将文本复制到该层的相同位置（使用右键快捷菜单中的【粘贴到当前位置】命令），按【Ctrl+B】组合键两次，将文本分离成填充图形，选择墨水瓶工具，选择一个较暗一点的颜色。描边填充图，而后将填充图形删去，这样就可以得到如图 6-34 所示的效果。

图 6-34　描边后的水晶字效果

另存该文档为 Glass-2.fla。

6.3.2　翡翠字

再来看怎样使用滤镜创建翡翠字，也非常简单。

[01]打开前面创建的 Glass-1.fla 文档，另存为 Glass-3.fla。新建一个图层，将所有文本在该图层都创建一个副本，并且在相同位置（使用右键快捷菜单中的【粘贴到当前位置】命令）。

选中图层 2 上的文本，在"属性"面板上单击"属性"标签回到文本基本属性选项页，单击"颜色"图标，在弹出的对话框中设置 Alpha 值为 50%。这样，该图层下的图形都可以半透明的显示。

[02]首先锁定这两个图层，以防误编辑。新建一个图层，将该层拖放至其他两个图层中间。

保持该层被选中，选择刷子工具，选择颜色为白色，并在底部的选项卡中调整刷子的宽度，选一个最细的。

然后在舞台上开始"点和刷"，注意，在这里"点和刷"出来的都是"翡翠"，所以要尽量随机、任意，最后，可以看到如图 6-35 所示的效果。

图 6-35　点、刷"翡翠"

[03]这时，用户应该可以看到"翡翠字"的效果了，注意，"点和刷"出来的都是"翡翠"，有的已经超出边界，所以，应该加一个遮罩，将"翡翠"限制在固定的区域内。

新建一个图层，将该图层拖放至图层 3 之上，将文本在该图层都创建一个副本，并且位置相同，按【Ctrl+B】组合键两次，将文本分离成填充图形。

最后，在该层的层图标上单击鼠标右键，从弹出的快捷菜单中选择【遮罩层】命令，就会将当前层转换成遮罩层，而紧挨其下的层同时被转换成被遮罩层，这样，就将"翡翠"限制在固定的区域内了，翡翠字的效果也就完全出来了，时间轴设置和效果如图 6-36 所示。

图 6-36　最终的效果和时间轴设置

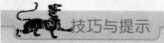技巧与提示

现在，可以再打开第 8 章"实例实作演练——综合效果实现"中所介绍的实例，看一下这些实例是如何使用滤镜的。

也可以为后面创建的"礼花缤纷"的例子添加滤镜以增加效果。

6.4　应用滤镜创建补间动画

使用滤镜，可以为文本、按钮和影片剪辑增添有趣的视觉效果，并且经常用于将投影、模糊、发光和斜角应用于图形元素。如果用户熟悉 Adobe Photoshop 的话，那么对滤镜的这些功能应该相当熟悉了。Flash 不但可以创建这些滤镜效果，它所独有的一个功能是可以使用补间动画让应用的滤镜动起来，这是 Photoshop 做不到的。

　　例如，如果创建一个具有投影的动物精灵，可以在时间轴中将投影位置从起始帧移到终止帧，来模拟光源从对象一侧移到另一侧的效果，如图 6-37 所示，这是一个滤镜补间动画。

图 6-37　滤镜补间动画

　　也可以为滤镜自定义缓动，如图 6-38 所示。

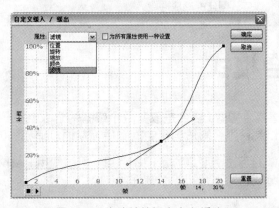

图 6-38　为滤镜补间自定义缓动

　　可以在时间轴中让滤镜效果动起来。由一个补间接合的不同关键帧上的各个对象，都有在中间帧上补间的相应滤镜的参数。如果某个滤镜在补间的另一端没有相匹配的滤镜（相同类型的滤镜），则会自动添加匹配的滤镜，以确保在动画序列的末端出现该效果。

　　如果补间一端缺少某个滤镜，或者滤镜在每一端以不同的顺序应用，Flash 会执行以下操作以防补间动画不能正常运行：

　　[01]如果将补间动画应用于已应用了滤镜的影片剪辑，则在补间的另一端插入关键帧时，该电影剪辑在补间的最后一帧上自动具有它在补间开头所具有的滤镜，并且层叠顺序相同。

　　[02]如果将影片剪辑放在两个不同帧上，并且对于每个影片剪辑应用了不同滤镜，此外，两帧之间又应用了补间动画，则 Flash 首先处理所带滤镜最多的影片剪辑。然后，Flash 会比较分别应用于第一个影片剪辑和第二个影片剪辑的滤镜。

　　如果在第二个影片剪辑中找不到匹配的滤镜，Flash 会生成一个不带参数并具有现有滤镜的颜色的"虚拟"滤镜。

　　[03]如果两个关键帧之间存在补间动画，当将滤镜添加到关键帧中的对象时，Flash 会在到达补间

另一端的关键帧时自动将虚拟滤镜添加到影片剪辑；当从关键帧中的对象删除滤镜时，Flash 会在到达补间另一端的关键帧时自动从影片剪辑中删除匹配的滤镜。

[04]如果补间动画起始处和结束处的滤镜参数设置不一致，Flash 会将起始帧的滤镜设置应用于插补帧。一些参数在补间起始和结束处设置不同时，则出现不一致的设置，如：挖空、内侧阴影、内侧发光及渐变发光的类型和渐变斜角的类型。

例如，如果使用投影滤镜创建补间动画，在补间的第一帧上应用挖孔投影，而在补间的最后一帧上应用内侧阴影，则 Flash 会更正补间动画中滤镜使用的不一致现象。在这种情况下，Flash 会应用补间第一帧所用的滤镜设置，即挖空投影。

技巧与提示

应用于对象的滤镜类型、数量和质量会影响 SWF 文件的播放性能。对象应用的滤镜越多，为正确显示创建的视觉效果，Flash Player 要处理的计算量也就越大。因此，建议对于一个给定对象，只应用有限数量的滤镜。

每个滤镜都包含控件，可以调整所应用滤镜的强度和质量。在运行速度较慢的计算机上，使用较低的设置可以提高性能。如果在一系列不同性能的计算机上创建播放内容，或者不能确定观众可使用的计算机的计算能力，请将质量级别设置为低，以实现最佳的播放性能。

6.5　使用混合模式

使用混合模式，可以创建复合图像。复合是改变两个或者两个以上重叠对象的透明度或者颜色相互关系的过程。使用混合，可以混合重叠影片剪辑中的颜色，从而创造独特的效果。

混合模式也为对象和图像的不透明度增添了控制尺度。可以使用 Flash 混合模式来创建突出显示或阴影，以透显下层图像的细节或者对不饱和的图像涂色。

混合模式包含以下元素：

- 混合颜色，它是应用于混合模式的颜色。
- 不透明度，它是应用于混合模式的透明度。
- 基准颜色，它是混合颜色下的像素的颜色。
- 结果颜色，它是基准颜色的混合效果。

6.5.1　了解 Flash 中的混合模式

由于混合模式取决于将混合应用于的对象的颜色和基础颜色，因此必须实验不同的颜色，以查看结果。

Flash CS3 提供以下混合模式：

- 正常模式，在该模式下，正常应用颜色，不与基准颜色有相互关系。
- 图层模式，在该模式下，可以层叠各个影片剪辑，而不影响其颜色。
- 变暗模式，在该模式下，只替换比混合颜色亮的区域，比混合颜色暗的区域不变。

- 色彩增殖模式，在该模式下，将基准颜色复合以混合颜色，从而产生较暗的颜色。

- 变亮模式，在该模式下，只替换比混合颜色暗的像素。比混合颜色亮的区域不变。

- 滤色模式，在该模式下，将混合颜色的反色复合以基准颜色，从而产生漂白效果。

- 叠加模式，在该模式下，进行色彩增值或滤色，具体情况取决于基准颜色。

- 强光模式，在该模式下，进行色彩增值或滤色，具体情况取决于混合模式颜色。该效果类似于用点光源照射对象。

- 差异模式，在该模式下，从基准颜色减去混合颜色，或者从混合颜色减去基准颜色，具体情况取决于哪个的亮度值较大。该效果类似于彩色底片。

- 反色模式，在该模式下，是取基准颜色的反色。

- Alpha 模式，在该模式下，应用 Alpha 遮罩层。

技巧与提示

Alpha 混合模式要求将图层混合模式应用于父级影片剪辑。不能将背景剪辑更改为 Alpha 模式并应用它，因为该对象将是不可见的。

擦除模式，在该模式下，删除所有基准颜色像素，包括背景图像中的基准颜色像素。

技巧与提示

擦除模式要求将图层混合模式应用于父级影片剪辑。不能将背景剪辑更改为擦除模式并应用它，因为该对象将是不可见的。

6.5.2　应用混合模式

对于影片剪辑，可以使用"属性"面板将混合应用于所选影片剪辑。在舞台上选择要应用混合模式的影片剪辑实例。在"属性"面板上，可以先使用"颜色"下拉列表框来调整影片剪辑实例的颜色和透明度。

然后可以从"属性"面板的"混合"下拉列表框中选择影片剪辑的混合模式，如图 6-39 所示。

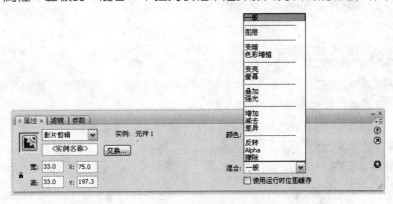

图 6-39　应用混合模式

　　将带有该混合模式的影片剪辑放置在要修改外观的图形对象之上，这时，就会将混合效果应用到该图形对象。

　　图 6-40 所示的例子说明了不同的混合模式如何影响图像的外观。

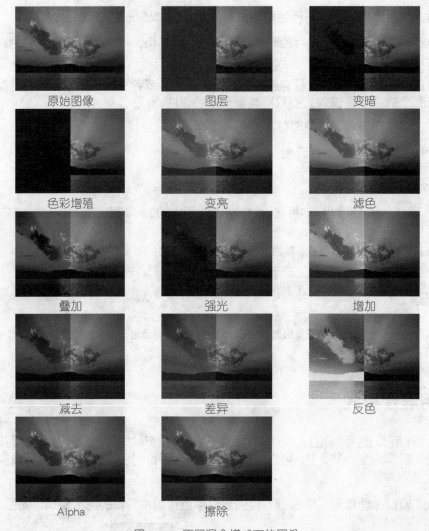

图 6-40　不同混合模式下的图像

技巧与提示

　　请注意，一种混合模式可产生的效果会很不相同，具体情况取决于基础图像的颜色和应用的混合模式的类型。

　　请验证所选混合模式是否适合于期望获得的效果。

　　可能需要实验影片剪辑的颜色设置和透明度设置及不同的混合模式，才能获得想要的效果。有关调整影片剪辑的颜色的信息，请参阅更改实例的颜色和透明度。

　　而且，在发布和输出 SWF 时，多个图形元件会合并为一个形状。因此，不能对不同的图形元件应用不同的混合模式。

第 2 篇

动画创作实战演练篇

在学习了创建 Flash 动画的几个基本功能后，进行必要的实例练习是十分有必要的，虽然本书在前面的讲解中也穿插了大量实例。

Flash 动画说到底就是"遮罩+补间动画+逐帧动画"与元件（主要是影片剪辑）的混合物，通过这些元素的不同组合，从而可以创建千变万化的效果。

本篇包含 5 个章节：

第 7 章：实例实作演练——绘图和基本动画效果实现

第 8 章：实例实作演练——综合效果实现

第 9 章：实例分析演练

第 10 章：使用第三方软件添加 3D 动画效果

第 11 章：使用第三方软件添加文字特效

07

实例实作演练
——绘图和基本动画效果实现

本章精选了一些实例用于练习和加深对 Flash 动画三大基本功能的理解。

7.1　妙用补间动画和路径创建馅饼图

学习目标：学习元件变形点对补间动画的影响、学习制作原地旋转的补间动画、学习增强的帧操作、学习分离元件实例，以及学习图形的旋转。

有些事情看似非常烦琐，却也非常简单。例如，制作一个 60°、30°角的馅饼图，需要使用椭圆工具绘出一个正圆，而后使用直线工具绘出一条直线，令人讨厌的频繁地调整角度、位置和长度；再使用直线工具绘出另一条直线，还是令人讨厌的调整角度、位置和长度，经历了几十步才能制作出一个完整的馅饼图来。更不要说有时要制作出很多种角度的馅饼图。

现在利用 Flash CS3 强大的功能，可以轻松地制作出各种各样角度的馅饼来。下面就来实地制作一个 60°角的馅饼和一个 30°角的馅饼：

[01]新建一个文档，在舞台上使用椭圆工具绘制出一个正圆形来（在使用椭圆工具时按住【Shift】键可以绘出标准的圆形来），设置图形的宽和高皆为 150，即半径为 75。

[02]从菜单栏上选择【插入】→【新建元件】命令，在弹出的对话框中选择"图形"单选按钮，单击【确定】按钮新建一个图形元件。

这时，该图形元件处于编辑状态，使用直线工具绘制出一条竖直的直线来（在使用直线工具时同样按住【Shift】键），调整直线的高度为 160（要大于圆形的直径）。

[03]单击时间轴顶部的场景图标返回主时间轴，新建一个层，打开"库"面板把刚才建立的图形元件拖放到舞台上创建一个实例。

打开"对齐"面板，依次单击【水平中齐】按钮和【垂直中齐】按钮，该实例的位置应与圆形的一条直径重合，该实例的变形点应与圆心重合，设置如图 7-1 所示。

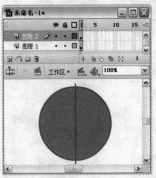

图 7-1　对齐设置

[04]注意到 60°角和 30°角的最大公约数是 30，圆周 360°共能分成 12 个 30°角。于是在第 13 帧按【F6】键新建一个关键帧，这时该关键帧上有同样的一个图形元件实例。

重新选定第 1 帧，在"属性"面板上为该帧创建一个动画补间，但是动画补间由于开始和结尾帧上的对象处于同一位置，所以动画并没有动起来，需要使用前面一节讲到的知识，在"属性"面板上从"旋转"选项对应的下拉列表框中选择"顺时针"选项，这样直线就可以顺时针旋转了。

[05]单击层的名称处,选定该层所有帧,而后在帧上单击鼠标右键,在弹出的快捷菜单中选择【转换为关键帧】命令就可以把动画补间中间的部分全部转变为关键帧,如图 7-2 所示。

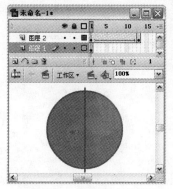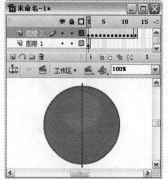

图 7-2　将动画补间中的帧转化成关键帧

[06]选定第 1 帧上的实例,按【Ctrl+B】组合键分离它成为图形。然后选定并复制该图形,并单击层名右边第一个黑点使该层不可视。

[07]选定正圆形所在帧,在舞台空白区域上单击鼠标右键,在弹出的快捷菜单中选择【粘贴在当前位置】命令,这样就把刚才的线条复制到该帧的同一位置上了。

同样,将图层 2 的第 2 帧上的元件实例也分离成图形执行同样的操作,这时就可以看到两条直线夹一个 30°角的馅饼图,可以把它拖出来形成一个完美的 30°角的馅饼图。

用同样的操作还可以创建 60°角的馅饼图,效果如图 7-3 所示。

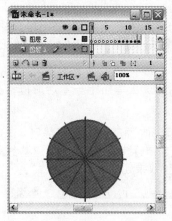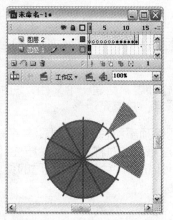

图 7-3　创建馅饼

技巧与提示

在创建直线时,要保持直线长度略大于圆周半径,只有这样才能确保分割开圆形。

直线线条底端的位置必须位于变形点的原点,这样才能让直线实例以底端为轴心旋转。

直线实例的底端必须位于圆的圆心,这样直线实例就相当于圆的半径。

在分割圆时,可以挑选适合使用的两帧以形成不同的夹角。也可以把所有的直线分离后都复制到圆上,这样就可以任意分割不同的角度了(30、60、90、120 等),如图 7-4 左图所示。

右键菜单上的【粘贴在当前位置】命令是非常重要的一个编辑工具，一定要记牢，而且还要灵活地使用它。

除了制作上面角度的馅饼外，也可以更进一步创建15°、45°等角度的馅饼，如图7-4右图所示。

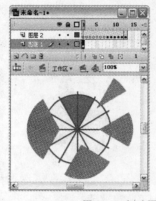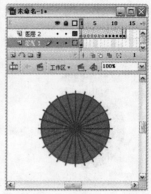

图 7-4   创建更多角度的馅饼

使用鼠标左键双击圆上的线条就可以选定所有的线条了，这时，可以复制线条使用【粘贴在当前位置】命令，而后旋转15°即可。

7.2   综合运用设计功能绘制灯笼

学习目标：学习任意变形工具的使用，学习参考线的使用，更要注意怎样将任意变形工具与参考线配合起来。

下面我就用一个绘制灯笼的范例来介绍 Flash CS3 的绘图功能，本书不是介绍怎样进行美术创作的，所以，在这里不会介绍手绘的知识，本节中介绍的绘制灯笼的方法也不是靠手绘的，它综合运用了 Flash CS3 的基本工具。

[01]启动 Flash 创作环境，新建一个文档，使用矩形工具拉出一个矩形框，打开"颜色"面板，选择放射状填充，设置颜料，并填充矩形。

在填充完图形后删除顶部和底部的边框，并在矩形内添加一些垂直线条。这些垂直线条将作为灯笼的"龙骨"，因此，要注意左右对称。所以，按住【Shift】键，依次选中这些线条，在"对齐"面板上单击【水平居中分布】按钮，颜色设置和最后的舞台效果如图7-5所示。

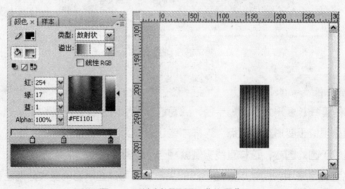

图 7-5   绘制矩形和"龙骨"

[02]从菜单栏上选择【视图】→【标尺】命令显示标尺，从标尺边缘处拉出参考线，如图 7-6 所示。

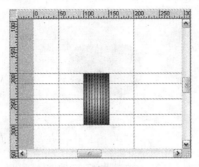

图 7-6　使用参考线

此时需注意，如果图形顶部和底部线条不平齐，就按住鼠标左键在舞台上拉出一个矩形，选中不平齐的部分，然后删除即可。平齐后，要在"属性"面板上调整尺寸和位置，最好是整数，与参考线能较好地结合在一起使用。

[03]选中图形，切换到任意变形工具，并且在底部的功能面板中选择"封套"方式。

按住左侧中间的一个方形句柄，向左拖动，到达参考线交叉位置；同样右侧也进行这样的自由变换，最后的效果如图 7-7 所示。

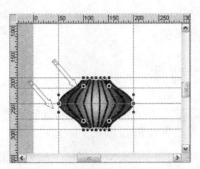

图 7-7　第一次拉扯方向线控制点

[04]不要间断，一气呵成，关键点在这一步，注意图 7-7 特别标示的方向线控制点，按住扯动到参考线交叉位置，如图 7-8 所示。

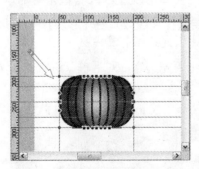

图 7-8　第二次拉扯方向线控制点

其他的几个也按同样的方式，这时可以看到，一个非常标准的灯笼体做成了。

[05]加上一些修饰，最终的效果如图 7-9 所示。

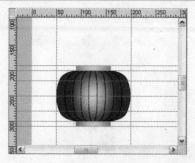

图 7-9　加一点修饰

　　然后可以加上"穗",只是画几个线条,或者为灯笼体加上一些花纹。当加花纹的时候,也可以使用上面介绍的这些原理,用户可以自己操作练习一下。

　　这个范例与前面"屋檐"的范例异曲同工,都是任意变形工具的基本使用方法。另外,在应用任意变形时,使用参考线加以配合是准确定位的保障。

7.3　雷达扫描效果

　　学习目标:学习制作质感背景、学习元件变形点对补间动画的影响、学习制作原地旋转的补间动画、学习帧的操作,以及学习遮罩的动态实现。

7.3.1　制作金属质感雷达背景

　　[01]创建一个新文档,切换到椭圆工具,先来做雷达的背景。设置边框线条颜色为白色,填充色为黑色,按住【Shift】键绘出一个差不多大小的正圆形。

　　鼠标双击填充,选中边框和填充,打开"属性"面板,设置宽和高均为 100。

　　[02]选择边框线条,按【Ctrl+X】组合键剪切掉线条,新建一个层,选中该层第一帧,在舞台上单击鼠标右键,在弹出的快捷菜单中选择【粘贴到当前位置】命令,将边框线条移到该层相同位置。

　　打开属性面板,将边框线条的宽和高均设置为 98,线条粗细为 0.25。

　　[03]选中边框线条,从菜单栏中选择【修改】→【形状】→【将线条转换为填充】命令,就会将线条转换成填充,这样才能应用【柔化填充边缘】命令。

　　选中这些填充,再次打开"柔化填充边缘"对话框,进行如图 7-10 所示的设置。

图 7-10　柔化填充边缘

　　单击【确定】按钮,现在可以看到图层 2 上的图形填充边缘已经被柔化,这样,一个十分质感的雷达背景就制作完毕了,最终的效果如图 7-11 左图所示(放大的图形更容易看清楚效果)。

[04]然后，可以添加一个十字刻度线条。应该新建一个层，将线条放在该层上，这样有利于图形的组织。

在新层上绘制十字刻度线条，然后将该层拖放到图层 2 之下，这样边框线可以盖住边缘有可能漏出的十字线条毛边，从而效果也更好一些（舞台效果如图 7-11 右图所示，最好将层锁上以防误编辑）。

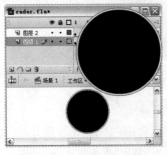

图 7-11 雷达背景

7.3.2 创建元件和修改元件变形点

[01]按【Ctrl+A】组合键选中舞台上所有的图形，按【Ctrl+C】组合键复制。然后，按【Ctrl+F8】组合键新建一个图形元件，命名为 radar。

这时，该元件处于编辑状态，按【Ctrl+V】组合键粘贴，将所有图形复制到舞台上，这样做的目的是制取一个扇形。

现在，就完全可以使用鼠标选中一个 1/4 扇形（如果中间小方框内的部分不能选中，那么按住【Shift】键使用鼠标单击），按【Ctrl+X】组合键剪切掉扇形。

然后，删去舞台上的其他图形后按【Ctrl+V】组合键将扇形粘贴到舞台上，这样，一个 1/4 扇形就轻松而得。

[02]现在，为扇形定义一个线性填充，打开"颜色"面板，进行如图 7-12 所示的设置（注意 Alpha 设置，雷达的透明"扇尾"就是这个 Alpha 设置实现的）。

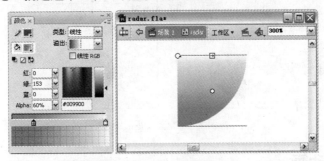

图 7-12 为扇形设置填充色

然后选择填充变形工具，进行如图 7-12 所示的更改，主要是将白色移动到扇形的一边。

[03]单击时间轴顶端的【场景 1】按钮回到主时间轴，按【Ctrl+L】组合键打开"库"面板，就会看到图形元件 radar。

在图层 2 之上新建一个层，选中 radar 并将它拖放到舞台上，这时会发现，该元件的变形点在中心，如图 7-13 所示（注意变形点所在的那个空心圆）。

图 7-13　扇形和变形点

　　我们在前面的章节介绍过，如果进行自转的话，将会形成如图 7-9 所示的动画效果，而需要的是如图 7-14 所示的动画效果。

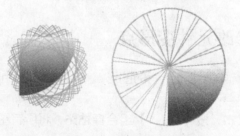

图 7-14　变形点不同的补间动画效果

　　现在需要将元件变形点移动到扇形的圆心上，在"库"面板中选中 radar，从右键菜单中选择【编辑】命令使该元件处于编辑状态，选择扇形，在"属性"面板上观察它的宽和高，将它的 x 和 Y 值设置为宽和高的 1/2，这样，该元件的变形点就回到了扇形的圆心上，如图 7-15 所示（注意变形点的变化）。

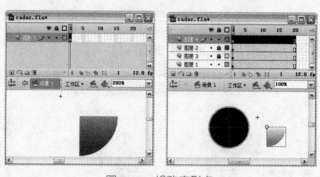

图 7-15　修改变形点

7.3.3　创建补间动画

　　[01]单击时间轴顶端的【场景 1】按钮回到主时间轴，现在移动 radar 元件，让它的变形点与背景的圆心重合，然后选中该层第 20 帧，按【F6】键创建一个关键帧。

　　重新选中该层第 1 帧，在"属性"面板上设置第 1 帧到第 20 帧的动画补间，并设置旋转为"顺时针" 1 次，如图 7-16 所示。

图 7-16　设置补间动画

接着，选中其他几个层的第 20 帧，按【F5】键将显示延长到第 20 帧，最后的设置如图 7-17 所示。

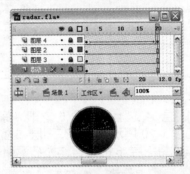

图 7-17　时间轴设置和舞台效果

现在，可以保存文档（文件名为 radar.fla），然后按【Ctrl+Enter】组合键测试，这时，发现背景不太完美，黑色太重，可以修改一下。这个步骤请读者自己完成，源文档位于文件夹下，可以参考。现在来看一下最终的效果对比（图 7-18 所示的下面的 3 个图形是最终的效果）。

图 7-18　最终的效果的对比

7.3.4　增强雷达扫描的效果

有时一架飞机经过时，雷达就会侦测到它，并在屏幕上显示一个亮点，使用 Flash 遮罩，用户可以很容易地实现这个功能。

[01]将 radar.fla 文档打开，另存为 radar2.fla，现在使用鼠标单击图层 4 前面的层图标，这样能够选中该层上所有的帧。

在帧上单击鼠标右键，在弹出的快捷菜单中选择【复制帧】命令就可以将该层的所有帧都复制了，如图 7-19 左图所示。

[02]新建一个层，将该层置于图层 4 之上，使用同样的方法选定所有的帧，在帧上单击鼠标右键，在弹出的快捷菜单中选择【粘贴帧】命令就可以将刚才复制的内容都粘贴到该帧，并且每帧的内容与原来的帧完全相同，如图 7-19 右图所示。

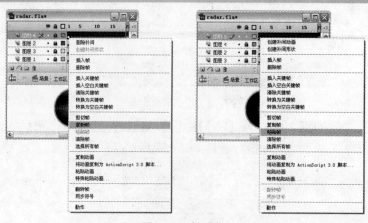

图 7-19　帧操作

[03]再新建一层，将该层拖放到图层 4 之上，图层 5 之下。保持当前层被选中，现在可以画一个小飞机或者一枚导弹放在舞台上，如图 7-20 所示。然后在图层 5 的层图标上单击鼠标右键，在弹出的快捷菜单中选择【遮罩】命令，这样就将图层 6 的内容作为被遮罩层了，如图 7-20 所示。

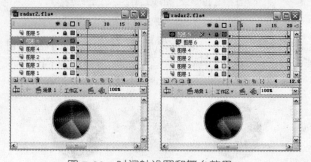

图 7-20　时间轴设置和舞台效果 1

[04]现在保存文档，按【Ctrl+Enter】组合键测试，可以看到，每当导弹与扇形区交汇的时候，导弹就会显示出来。

[05]下面再增强一下操作，都知道导弹是正在飞行的，目前做的是静态的，所以，接下来就让导弹飞起来。

单击图层 6 上的"锁"解除该层的锁定，调整导弹的位置至左下方；然后选中该层的第 20 帧，调整该帧上导弹的位置至右上方，如图 7-21 所示。

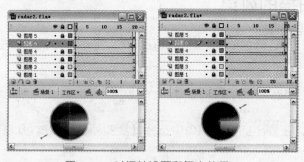

图 7-21　时间轴设置和舞台效果 2

打开属性面板，设置第 1 帧到第 20 帧的形状补间动画，现在来看一下效果，可以看到，当导弹飞过雷达监视范围时，就能被显示出来，可以显示两次，如图 7-22 所示。

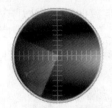
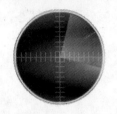

图 7-22　最终的动画效果

7.4　神奇百叶窗和波光粼动

学习目标：学习复合的遮罩动画。

7.4.1　神奇百叶窗

百叶窗效果使得图片的渐隐渐显就像是透过百叶窗来观看，如图 7-23 所示（竖形百叶窗和横式百叶窗）。

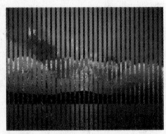

图 7-23　百叶窗效果

这样的效果其实很简单，它就是通过一个复合遮罩和形状补间共同协作完成的，下面来看一下创作过程。

[01]新建一个文档，从菜单栏上选择【文件】→【导入】→【导入到舞台】命令，将一个图片（这里是一个日落的图片）导入到舞台上，如图 7-24 所示。

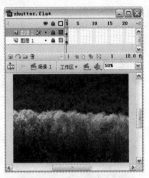

图 7-24　导入图片的设置

[02]新建一个层，保持该层被选中，再选择【文件】→【导入】→【导入到舞台】命令，将一幅图片（这里是一个林海的图片）导入到舞台上，调整布局，使该图片完全覆盖底层的图片，效果如图 7-24 所示。

[03]再新建一个层，保持该层处于选定状态，锁定其他两个层以防误编辑。切换到矩形工具，绘制一个矩形框，删去边框线条，打开"属性"面板，调整高度为 20，宽度与图片相同，如图 7-25 所示。

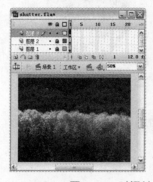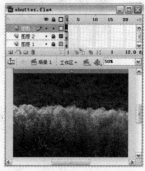

图 7-25　时间轴设置和舞台效果

选中矩形填充，按【F8】键将其转换成一个图形元件，元件名为 shutter ani，这时，舞台上会自动创建一个该元件的实例，如图 7-25 所示。

[04]在该元件实例上单击鼠标右键，在弹出的快捷菜单中选择【在当前位置编辑】命令，就会使该元件处于编辑状态，分别选中该层第 10 帧和第 20 帧，按【F6】键创建两个关键帧，调整第 10 帧上矩形填充的高度，设置一个小于 1 的值，如图 7-26 所示。

[05]分别选中该层第 10 帧和第 20 帧，在"属性"面板上创建形状补间动画，从而可以动态地覆盖图片，如图 7-26 所示。

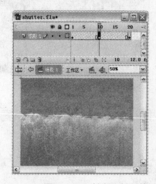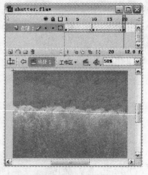

图 7-26　补间动画的时间轴设置和舞台效果

[06]单击时间轴顶端的场景图标回到主时间轴编辑状态，添加多个 shutter ani 元件实例，如图 7-27 所示。

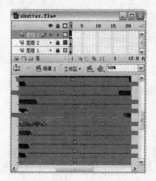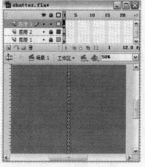

图 7-27　对齐

打开"对齐"面板，单击【水平中齐】按钮和【垂直居中分布】按钮使元件实例覆盖整幅图片，如果有漏出图片的地方就再添加元件实例，最后的布局如图 7-27 所示。

[07]保持选中所有的 shutter ani 元件实例，按【F8】键将其转换成一个影片剪辑元件，元件名为 shutter ani，这时，舞台上会自动创建一个该元件的实例。

在舞台上双击该元件实例使它处于编辑状态，选中该层第 20 帧，按【F5】键扩展帧，这是因为图形元件实例不能自动扩展帧，时间轴布局如图 7-28 所示。

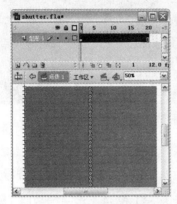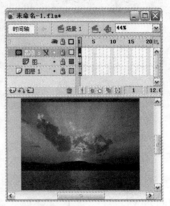

图 7-28　时间轴设置和舞台效果

[08]单击时间轴顶端的场景图标回到主时间轴编辑状态，在图层 3 的层图标上单击鼠标右键，在弹出的快捷菜单中选择【遮罩层】命令，就会将当前层转换成遮罩层，而紧挨其下的层同时被转换成被遮罩层，时间轴设置如图 7-28 所示。

按【Ctrl+Enter】组合键，可以查看百叶窗效果。通过修改 shutter ani 元件中第 1 帧和第 20 帧上矩形的高度，可以调节扇叶的大小，从而达到更好的视觉效果。

如果想要创建横式百叶窗，只需对竖形百叶窗稍加修改即可：在主时间轴上选中 shutter 元件实例，从菜单栏上选择【修改】→【变形】→【顺时针旋转 90 度】命令将其旋转 90°，如果宽度不够，就打开 shutter 元件添加 shutter ani 元件实例。这样，横式百叶窗就创建完毕了。

技巧与提示

如果想给百叶窗加上窗户，那么该怎样做呢？前面讲过放大镜的实例，也介绍了复合遮罩，用户可以试着自己做一下（在附送光盘上的 sample_cn\chapter_07\source 目录下，提供了两种方式完成这一范例），效果如图 7-29 所示。

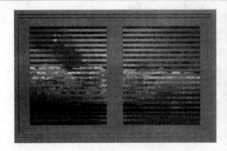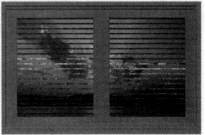

图 7-29　给百叶窗加上窗户

7.4.2　波光粼动

先看一下完成的例子，打开位于附送光盘上 sample_cn\chapter_07\source 目录下的 reflection.swf 影片，可以看到，Flash CS3 的标志耸立在岸边，倒映在水中闪动，仿若真实镜头。其实这是用背景图片加遮罩效果合成所致，如图 7-30 所示。

图 7-30　完成的例子

下面就来动手制作该效果。

[01]新建一个文档，调整文档的属性，幅面大小为 800×248，这也是将要导入的背景图片的大小。

从菜单栏上选择【文件】→【导入】→【导入到舞台】命令，将一幅图片（附送光盘上 sample_cn\chapter_07\resource\bg.png）导入到舞台上，如图 7-31 所示。

图 7-31　导入图片

锁定背景层以防误编辑。

[02]新建一个图层，使用文本工具建立一个静态文本框，键入文字"Flash CS"，设置文字颜色为红色（#FF3300），字体为 Arial Black，字体大小为 50。

调整文本框的位置，使其能够"耸立"在岸边，如图 7-32 所示。

图 7-32　创建文本

[03]选中文本框，连续按两次【Ctrl+B】组合键将文字分离成填充图，然后按【Ctrl+C】组合键复制该填充图。

将填充图颜色使用颜料桶工具改为白色，选中该填充图，从菜单栏上选择【修改】→【形状】→【柔化填充边缘】命令，在弹出的对话框中进行如图 7-33 所示的设置来柔化边缘以创建灯光效果。

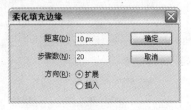

图 7-33　柔化填充边缘

单击【确定】按钮柔化填充图。然后在舞台上的空白区域单击鼠标右键，在弹出的快捷菜单中选择【粘贴在当前位置】命令，把红色填充图覆盖在白色填充图上，这样就会创建边缘背景灯光效果，如图 7-34 所示。

图 7-34　柔化和填充效果

[04]再新建一个图层，复制图层 2 上面的 Flash CS 图形到该层，在弹出的快捷菜单中选择【修改】→【变形】→【垂直翻转】命令，垂直翻转文字图形，并移动到倒影位置，使用颜料桶工具将红色文字颜色变得稍暗一些（#761801），如图 7-35 所示。

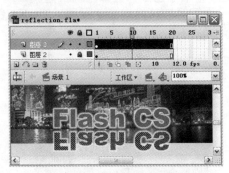

图 7-35　文本设置

[05]按【Ctrl+F8】组合键创建一个新的图形元件，命名为 line，这时该元件处于编辑状态，使用矩形工具绘制出一个矩形，删掉边框，设置高度为 3，宽度为 800（这也是背景图片的宽度）。

重复这样的操作，绘制更多的矩形填充，但矩形线条框要稍微有些不同，主要是高度要有些变化，宽度要相同，并使用"对齐"面板工具排列整齐，如图 7-36 所示。

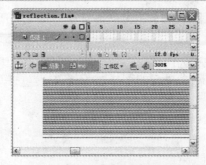

图 7-36 绘制线条状填充

[06]单击时间轴顶部的场景图标，返回到主时间轴的编辑状态，新建一个图层，并将该图层拖放至最顶层。

打开"库"面板，将图形元件拖放到舞台上创建一个实例，调整位置，使其覆盖背景图片中的河流部分。

[07]分别选中该层第 10 帧和第 20 帧，按【F6】键创建两个关键帧，调整第 10 帧上的元件实例位置，稍向下移动一个像素（使用【F5】键）。

使用"属性"面板，在第 1 帧和第 10 帧分别创建动画补间，然后，分别将下面的 3 个层的显示延长到第 20 帧，如图 7-37 所示。

图 7-37 时间轴设置和舞台效果

[08]选中图层 4，在层图标上单击鼠标右键，在弹出的快捷菜单中选择【遮罩层】命令，就会将当前层转换成遮罩层，而紧挨其下的层同时被转换成被遮罩层，时间轴设置如图 7-38 所示。

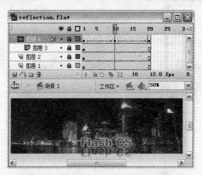

图 7-38 时间轴设置和最终舞台效果

现在大功告成，可以使用【Ctrl+Enter】快捷键预览效果了。

从"波光粼动"和"神奇百叶窗"这两个实例可以看出，相同的原理，只需稍加变化就可以创作出不同的效果，这就是 Flash 的真正魅力。

7.5　逐帧动画和补间动画的结合

现在，打开前面创建的逐帧动画 dog.swf，可以看到，狗一直在原地跑，想让它向前跑，这就涉及逐帧动画与补间动画的结合，这也是逐帧动画与补间动画在结合方面的一个最具特征的地方，下面就来看一下怎样制作。

[01]打开 dog.fla 文档，单击层图标，这样可以选择该层上所有的帧。在选定的帧上单击鼠标右键，在弹出的快捷菜单中选择【剪切帧】命令将所有帧剪切。

[02]按【Ctrl+F8】组合键创建一个新的影片剪辑元件，命名为 dog，这时该元件处于编辑状态，单击层图标，选择该层上所有的帧，在选定的帧上单击鼠标右键，在弹出的快捷菜单中选择【粘贴帧】命令将所有帧粘贴过来，这样，就使用该影片剪辑元件承载了逐帧动画，如图 7-39 所示。

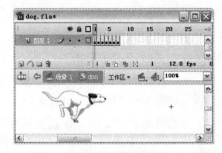

图 7-39　逐帧动画

[03]单击时间轴顶部的场景按钮，回到主时间轴的编辑状态，从菜单栏上选择【文件】→【导入】→【导入到舞台】命令，浏览附送光盘上 sample_cn\chapter_01\resource 目录下的 bg.jpg 图片文件，单击【确定】按钮将其导入到舞台，将使用该图片作为狗奔跑的背景环境。

新建一个图层，将影片剪辑元件 dog 拖放到舞台上，并调整位置，如图 7-40 所示。

[04]注意到狗奔跑的逐帧动画由 7 帧组成，所以，在创建补间动画时，应当考虑使用 7 的倍数，这里，选择图层 2 的第 14 帧，按【F6】键创建关键帧。

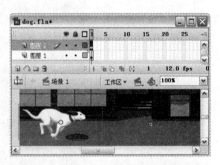

图 7-40　创建元件

延长图层 1 的显示也到第 14 帧，调整图层 2 的第 14 帧上的对象到背景右侧。

打开"属性"面板，设置补间动画。如图 7-41 所示。

[05]使用快捷键【Ctrl+Enter】预览效果，可以看到狗向前奔跑。

逐帧动画和补间动画结合的最重要点就是：补间动画的帧数最好是逐帧动画的倍数。

图 7-41　补间动画

7.6　彗尾效果（洋葱皮效果）

响尾蛇导弹是美军主力的战斗机挂载空对空武器，具有很强的攻击能力，在导弹发射时能够看到它画出的一条美丽的弧线，弧线非常优美，而且留下淡淡的身形，但很快就消失了，由于飞行速度太快，往往不能清楚地看到它的轨迹。当然，可以在制作响尾蛇导弹飞行动画时使用"绘图纸外观"功能看到它的细节，但是在播放时却不能。试对比图 7-42 的两幅图，看哪一幅更有特点呢？

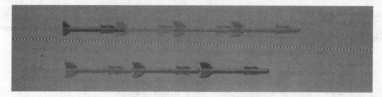

图 7-42　绘图纸外观效果

很明显下面的一幅图与现实更符合，可以非常直观地欣赏到响尾蛇导弹的轨迹，这就是彗尾效果。制作此效果的操作步骤如下：

[01]导弹的图形位于附送光盘上 sample_cn\chapter_07\resource 目录下的 rattlesnake.fla 文件中，双击该文件就可以打开它。

[02]新建一个文档，设置文档属性，背景为天蓝色。按【Ctrl+L】组合键打开"库"面板，从顶部的下拉列表框中选择 rattlesnake.fla 就可以打开该文件的库，如图 7-43 所示。

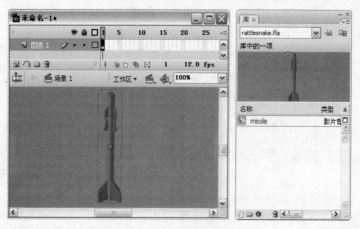

图 7-43　操作库面板

将"库"面板中的影片剪辑元件 missle 拖放到当前文档的舞台上即可，如图 7-43 所示。

[03]选中舞台上的实例，从菜单栏上选择【修改】→【变形】→【缩放和旋转】命令打开对话框，进行如图 7-44 所示的设置。

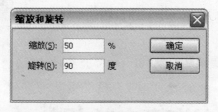

图 7-44　缩放和旋转

单击【确定】按钮就把对象缩放了 50%，并旋转 90°。

[04]选择第 15 帧，按【F6】键创建关键帧，并水平调整导弹元件实例的水平位置，向右移动到边缘处。

打开"属性"面板，选定第 1 帧，使用"属性"面板创建动画补间，时间轴效果如图 7-45 所示。

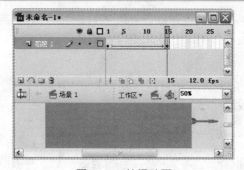

图 7-45 补间动画

[05]单击该层的层图标选中所有的帧，在选定的帧上单击鼠标右键，在弹出的快捷菜单中选择【复制帧】命令将所有帧复制。

新建一个层，单击该层的层图标选中所有的帧，在选定的帧上单击鼠标右键，在弹出的快捷菜单中选择【粘贴帧】命令将所有帧粘贴到当前层。重复这个操作，再新建一个层，如图 7-46 所示。

图 7-46 补间动画和时间轴设置

[06]单击图层 2 的层图标选中所有的帧，将鼠标指针移动到选定的帧上，按住左键向右移动 4 个帧，然后松开，这样就把整个显示向右移动了 4 个帧。

对图层 3 执行同样的操作，不同的是这次移动 8 个帧，最后的时间轴效果如图 7-47 所示。

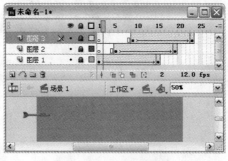

图 7-47 时间轴设置

这样做的目的是使运动能顺次接上，这个方法也经常运用在其他的表现过程的动画中（如给一个慢镜头）。

[07]下面来修改动画补间，目的是创建淡入的效果。

选择图层 2 第 5 帧上的元件实例（这是动画补间的开始），打开"属性"面板，在"颜色"下拉列表框中选择 Alpha 选项，其后会对应出现一个文本框，键入数字 0%，这表示将该元件实例的 Alpha 值设置为 0%（完全透明）。

同样，选择该层第 19 帧上的元件实例（这是动画补间的结束），设置它的 Alpha 值为 50%。这样就创建了一个淡入的动画补间效果。

对图层 3 执行同样的操作，再做一个淡入效果。

将图层 2 和图层 1 的显示都延长至第 23 帧，与图层 3 一致，如图 7-48 所示。

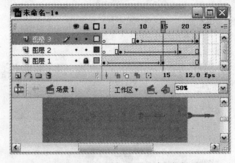

图 7-48　时间轴设置和舞台效果

[08]按【Ctrl+Enter】组合键测试看到导弹的一次发射，留下淡淡的轨迹，也就创建了一个简单的彗尾效果。

技巧与提示

彗尾效果的实现多是通过时间延迟来完成的，具体到 Flash 动画中，就是通过时间轴的延迟来实现，在同类效果中，也有通过位置的改动来实现的聚集和发散特效，如图 7-49 所示。

图 7-49　聚集和发散效果

08

实例实作演练——综合效果实现

本章精选了一些实例用于练习和加深对 Flash 动画三大基本功能的理解，但更注重于三大功能的结合。

8.1　地球自转和卫星绕地球旋转

先看一下完成的例子，打开附送光盘上 sample_cn\chapter_08\source 目录下的 earth.swf 影片，可以看到仿佛是在空间站观看地球——地球不停地自转，并且可以透视背光面地自转，有一颗人造卫星围绕着地球旋转，如图 8-1 所示。

图 8-1　完成的例子

下面就来动手制作该效果。

8.1.1　创建地球自转

[01]新建一个文档，选择椭圆工具，调整填充颜色为#0082D7（天蓝色），按住【Shift】键，在舞台上绘出一个正圆形，然后删去边框线条，如图 8-2 所示。

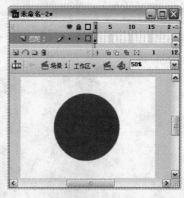

图 8-2　绘制圆

锁定背景层以防误编辑。

[02]按【Ctrl+F8】组合键创建一个新的图形元件，命名为 global，这时该元件处于编辑状态，从菜单栏上选择【文件】→【导入】→【导入到舞台】命令，浏览到附送光盘上 sample_cn\chapter_08\resource 目录下的 global.png 图片文件，单击【确定】按钮将其导入到舞台，这是一个七大洲的图片。

在舞台上创建一个该图片的副本，并排列整齐，如图 8-3 所示。

图 8-3　导入图片的设置

注意两幅图片之间的间隔，那是"大西洋"。

最后，分别选择图片将其转化为矢量图（从菜单栏上选择【修改】→【位图】→【转换位图为矢量图】命令）。在转换完毕后，按【Ctrl+A】组合键选图形，填充一个纯色。

[03]单击时间轴顶部的场景按钮回到主时间轴，新建一个图层，解除对图层 1 的锁定，复制圆形填充，在图层 2 上的相同位置建立一个该填充的副本（使用右键菜单中的【粘贴到当前位置】命令）。

然后，打开"颜色"面板，设置一个放射状的填充色填充圆，然后选择填充变形工具调整填充的光源位置（注意，太阳是从东边出来的），如图 8-4 所示。

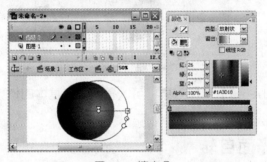

图 8-4　填充色

[04]新建一个图层，保持该图层位于最顶层。打开"库"面板，将图形元件 global 拖放到舞台上创建一个实例，调整大小和位置，使之能与"地球"切合，如图 8-5 所示。

图 8-5　调整图片位置

选中该层第 31 帧，按【F6】键创建一个关键帧；分别选中图层 1 和图层 2 的第 31 帧，按【F5】键将图形显示延长到该帧。

调整图层 3 的第 31 帧上图形的水平位置，向右移动，直到图形元件 global 中的第一幅地图也到达与第 1 帧上第二幅地图相同的位置，如图 8-6 所示。

图 8-6 调整位置

[05]打开"属性"面板,创建第 1 帧到第 31 帧的补间动画,并将"图层 3"设置为遮罩层,如图8-7 所示。

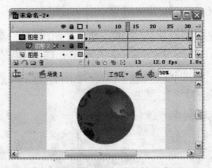

图 8-7 时间轴设置和舞台效果

现在,使用快捷键【Ctrl+Enter】预览效果,可以看到一个基本的地球自转效果,将当前文档保存为 earth.fla。

8.1.2 创建地球背光面自转

下面来创建背光面的自转效果,首先将文档另存为 earth2.fla。

[01]保持文档处于编辑状态,按住【Shift】键单击图层 3 和图层 2 的层图标,这样可以选择这两个层上所有的帧。

在选定的帧上单击鼠标右键,在弹出的快捷菜单中选择【复制帧】命令将所有帧复制。

在图层 3 新建一个层,单击该层的层图标选中所有的帧,在选定的帧上单击鼠标右键,在弹出的快捷菜单中选择【粘贴帧】命令将所有帧粘贴到当前层,这将会创建两个层,这等同于图层 3 和图层 2 的副本,如图 8-8 所示。

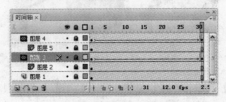

图 8-8 时间轴设置

[02]解除对图层 2 的锁定,来修改圆形填充的颜色,打开"颜色"面板,给圆形填充一个较暗一些的填充色,如图 8-9 所示。

图 8-9 调整填充色

解除对图层 3 的锁定，修改一下第 1 帧到第 31 帧的补间动画，目的是实现反方向移动。

这很简单，使用"属性"面板交换第 1 帧和第 31 帧上图形的 x 坐标就可以了，这需要首先记下它们的原始坐标值。

现在，使用快捷键【Ctrl+Enter】预览效果，可以看到一个完整的地球自转效果，效果如图 8-10 所示。

图 8-10 范例效果

8.1.3 增加一些修饰

下面来增加一下修饰，目的是使动画更有动感，首先将文档另存为 earth3.fla。

[01]保持文档处于编辑状态，新建一个图层，保持该层位于最顶层，在该层也创建一个圆形填充的副本（使用右键菜单中的【粘贴到当前位置】命令），打开"颜色"面板，给圆形填充一个新的放射状填充色，如图 8-11 所示。

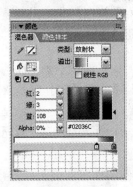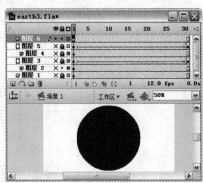

图 8-11 调整填充色

可以看到右下角的色泽较暗，这就显得更有层次感，也符合光线的原理。

[02]再新建一个图层，将该层拖放至最底层，在该层也创建一个圆形填充的副本（使用右键菜单中的【粘贴到当前位置】命令），打开"颜色"面板，给圆形填充一个纯色#FFFFFF。

现在需要把其他图层锁定才能操作该层上的图形，锁定其他图层后，选中该层上的圆形填充，从菜单栏上选择【修改】→【形状】→【柔化填充边缘】命令，在弹出的对话框中进行如图 8-12 所示的设置。

图 8-12 柔化填充边缘

由于与背景色相同，所以现在并看不出效果，从菜单栏上选择【修改】→【文档】命令，在"文档属性"对话框上设置背景色为黑色，这时，使用快捷键【Ctrl+Enter】预览效果，可以看到经过修整的地球自转效果，如图 8-13 所示。

图 8-13 范例效果

8.1.4　添加卫星绕地球旋转效果

下面来创建卫星绕地球旋转效果，首先将文档另存为 earth4.fla。

[01]保持文档处于编辑状态，按【Ctrl+F8】组合键创建一个新的图形元件，命名为 satellite，这时该元件处于编辑状态，从菜单栏上选择【文件】→【导入】→【导入到舞台】命令，浏览到附送光盘上 sample_cn\chapter_08\resource 目录下的 satellite.png 图片文件，单击【确定】按钮将其导入到舞台，这是一个卫星的图片。

[02]单击时间轴顶部的场景按钮回到主时间轴，新建一个图层，拖放该层至最顶层，从"库"面板中将元件 satellite 拖放到舞台上创建一个实例，并选择该层的第 31 帧，按【F6】键插入关键帧。

使用"属性"面板在该层创建第 1 帧到第 31 帧之间的补间动画。在该层的层图标处单击鼠标右键，在弹出的快捷菜单中选择【添加引导层】命令，然后在这个层里画一个椭圆形，删去填充色，仅留下边框。再用橡皮擦工具把这个圆擦去一段，使之变为不封闭的椭圆形。

最后，调整第 1 帧和第 31 帧上元件 satellite 的位置和角度（使用任意变形工具），并将卫星元件的变形点分别放在椭圆线的两端点上，使之粘附到路径上，如图 8-14 所示。

图 8-14 补间动画效果

并且，选中第 1 帧，在"属性"面板上选中"调整到路径"复选框。这样，卫星围绕地球旋转时将会严格按照路径的角度变换。

至此，用 Flash 制作卫星围绕地球旋转的动画就完成了。如果可以灵活运用这些技巧，还可以制作出更加靓丽的动画。

例如，可以将路径曲线复制到另一个层上，调整线条颜色的 Alpha 值，然后，再发布影片，就可以看到如图 8-1 所示的效果了。

8.2 使用自定义缓动创建滑板效果

用户可以创建补间动画，并且可以定义固定加速度或者减速度的缓动设置，但是在以前的设置中加速度或者减速度是不可更改的。现在，在 Flash CS3 中，也可以自定义变加速度的缓动设置。

例如，在如图 8-15 所示的滑板动画中，当企鹅从一端的最高点向下滑时，这一过程是不断加速的；但是当来到另一端的上坡路段时，是减速的。显然，这一过程无法使用一个补间动画来完成，但是，使用自定义的缓动设置，这一过程可以顺畅地完成。

并且，由于有了自定义的缓动设置，还可以使用一个补间动画来完成"往返"式的动画效果。

图 8-15 滑板效果

下面，来看怎样使用自定义的缓动设置来完成这一动画效果。

8.2.1 创建滑板动画

[01]新建一个文档，调整文档舞台幅面大小为 550×260。由于 Flash 不能定义渐变色作为背景，所以，要使用一个矩形填充来完成背景。

选择矩形工具，调整填充颜色为一个线性填充，在舞台上绘出一个矩形，然后删去边框线条，与舞台幅面大小相同，如图 8-16 所示（这表现的是一个冬季的天空）。

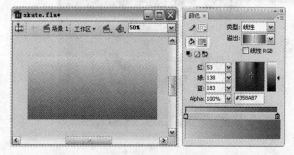

图 8-16   背景色设置

[02]新建一个层，从菜单栏上选择【文件】→【导入】→【导入到舞台】命令，将一幅图片（这是一个滑道的图片）导入到舞台上。

调整位置，使之与天空背景融合到一起，如图 8-17 所示。

图 8-17   背景图片

[03]按【Ctrl+F8】组合键新建一个影片剪辑元件，命名为 skate，这时该元件处于编辑状态，可以绘制一个滑板和企鹅（或者其他的东西），如图 8-18 所示。

图 8-18   调整变形点

单击时间轴顶部的场景按钮回到主时间轴，新建一个图层，拖放该层至最顶层，从"库"面板中将元件 skate 拖放到舞台上创建一个实例。

这时，发现变形点位于实例的中心，而需要将变形点调整到滑板底部中间位置，这样才好设置补间动画。

双击元件实例使它处于编辑状态，全选"滑板和企鹅"，向上调整它们的 Y 坐标，然后返回主时间轴查看变形点。通过不断地反复调整，最终使变形点位于滑板底部中间位置。

[04]选中该层的第 80 帧，按【F6】键插入关键帧。并使用"属性"面板在该层创建第 1 帧到第 80 帧之间的补间动画。

在该层的层图标处单击鼠标右键，在弹出的快捷菜单中选择【添加引导层】命令，然后在这个层里贴合滑道画一个轨道线。

最后，调整第 1 帧和第 80 帧上元件 skate 实例的位置和角度（使用任意变形工具），并将实例的变形点分别放在椭圆线的两端点上，使之粘附到路径上，如图 8-19 所示。

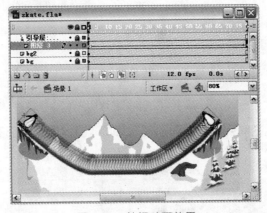

图 8-19　补间动画效果

8.2.2　为滑板动画追加自定义缓动

补间动画创建完毕后，可以按【Enter】键测试一下效果，会发现这是一个平滑的、匀速的沿路径运动的动画，并且从一端到另一端仅会同方向地运行一次，并不会往返运动。

下面开始为补间动画添加自定义缓动设置，这将会实现变速度和往返运动。

[01]选中补间动画第 1 帧，单击"缓动"选项旁边的【编辑】按钮，就会弹出"自定义缓入/缓出"对话框，如图 8-20 所示。

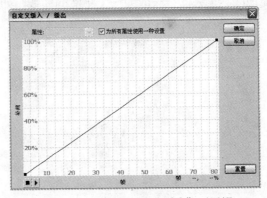

图 8-20　"自定义缓入/缓出"对话框

　　该对话框显示了一个表示运动程度随时间而变化的坐标图。水平轴表示帧，垂直轴表示变化的百分比（即一个补间动画从开始帧到结束帧之间运动过程的百分比）。

　　[02]在"自定义缓入/缓出"对话框中，单击对角线上水平轴坐标为第 25 帧、垂直轴坐标大约在 30% 处的那一点。只需单击一次，就会向线上添加一个新控制点，如图 8-21 所示。

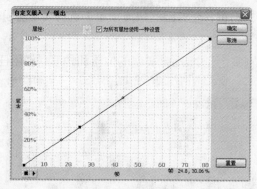

图 8-21　创建新控制点

　　[03]按住控制点，将此线拖动到坐标图的顶端（100%处），但保持它的水平轴坐标为第 25 帧，现在此线是一条复杂的曲线，如图 8-22 所示。

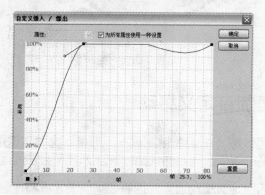

图 8-22　将控制点拖动到坐标图的顶端

　　[04]回顾一下钢笔工具的使用方法。向右拖动水平新控制点的右顶点手柄，直至它不能拖动；向左拖动左顶点手柄，直至它不能拖动。这会使线段成为一个平滑的曲线，如图 8-23 所示。

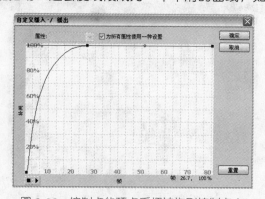

图 8-23　控制点的顶点手柄被拖到控制点上

[05]同样，在第 55 帧创建一个控制点，并按住控制点，将此线拖动到坐标图的底端，但保持它的水平轴坐标为第 55 帧，如图 8-24 所示。

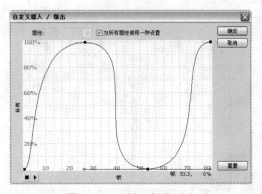

图 8-24 在第 8 帧拖动点

拖动顶点手柄，使其成为平滑的曲线。现在，已创建了一个复杂的缓动曲线，可以使用"自定义缓入/缓出"对话框中的【播放】按钮在舞台上实时预览动画。

现在应该清楚的是，曲线的斜率就是补间动画的加速度。当控制点位于 100%时就可以完成一次补间过程。现在，滑板的动画已不是简单的单方向补间动画。

[06]单击【确定】按钮关闭该对话框，使设置生效，现在，就已经创建了一个往返运动，并且是变速度的滑板动画了。可以使用"绘图纸外观"功能看到它的细节，如图 8-25 所示（可以与图 8-19 进行对比，看一下有何不同）。

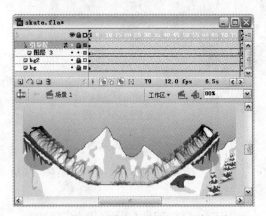

图 8-25 自定义缓动后的补间动画舞台效果

8.2.3 增加修饰效果

在动画完成后，用户一般还需进行修改润色，添加一些点缀。

[01]新建一个图层，拖放该层至最顶层，来创建一个太阳。这使用边缘柔化就可以完成。

使用椭圆工具绘制一个圆形，删去边框，将填充色设置为白色，然后应用一次边缘柔化就可以创建太阳高照的效果，参考图 8-15。

[02]也可以在该层上绘制几个企鹅或者其他动物以作为点缀，这都可以参考图 8-15。

[03]接下来，我们来创建小红旗标志，并且有阳光照射下的阴影效果。

按【Ctrl+F8】组合键新建一个图形元件，命名为 flag，这时该元件处于编辑状态，可以绘制一个小红旗（或者其他东西），如图 8-26 所示。

图 8-26   绘制一个小红旗作为图形元件

[04]单击时间轴顶部的场景按钮回到主时间轴，新建一个图层，拖放该层至最顶层，从"库"面板中将元件 flag 拖放到舞台上创建一个实例。并且，调整到合适的位置。

[05]接下来，再拖放一个元件 flag 到舞台上创建一个实例，保持该实例被选中，在"属性"面板中，从"颜色"下拉列表框中选择"高级"选项，单击旁边的【设置】按钮，就会打开"高级效果"对话框，设置该对象的颜色效果，如图 8-27 所示。

图 8-27   为元件实例设置颜色的高级效果

将 RGB 颜色全部设置为 0%，表示去掉所有的颜色，转成黑色；然后设置透明度使颜色柔化，与背景能够融合。

使用自由变换工具调整大小和旋转，然后放置到小红旗阴影位置。

复制这两种实例，多创建几个小红旗及其阴影，参考图 8-15。

[06]现在，可以按【Ctrl+Enter】组合键查看动画的效果了。

09

实例分析演练

Flash CS3 自带了很多非常有特点、而且颇具代表性的例子，大家可以看看这些动画是如何创建的，可以从下面的网址下载这些范例（Adobe 的知识网站）：

```
http://livedocs.adobe.com/flash/9.0/main/samples/Samples.zip(约 9MB)
http://livedocs.adobe.com/flash/9.0/main/samples/Flash_ActionScript3.0_samples
.zip(约 8MB)
```

时间轴特效是 Flash CS3 预建的动画，可将它们应用到文本、图形、位图和按钮，从而轻松地为可视元素添加动作。例如，可以使用时间轴特效使文本弹跳起来、淡入或淡出，以及产生爆炸效果。

您可能认为这些动画是十分强大而神秘的。但是，当真的理解工作原理后，这其实很简单。

9.1 补间、遮罩及它们的结合

形状补间一般用于动态效果中不规则变化时，动画补间和形状补间的结合就会创造出更好的效果。

9.1.1 阴影和逐帧动画的变异

解压缩下载的范例文件，打开 Samples\Graphics\AnimatedDropShadow 目录下的 drop_shadow_monkey.fla 文档，可以看到如图 9-1 所示的设置和效果。

图 9-1 动画效果

发现这里仅有 3 个层，按【Ctrl + Enter】组合键测试效果，可以看到猴子荡来荡去的效果，而阴影也会随着移动。

关闭测试窗口，分别选中猴子和阴影，在"属性"面板上可以看到是同一个影片剪辑 monkey1，但对阴影进行了颜色处理和滤镜处理，并且进行了变形，如图 9-2 所示。

图 9-2 元件实例的设置

双击其中一个影片剪辑，可以看到它的时间轴设置，如图 9-3 所示。

图 9-3　时间轴设置和舞台效果

从时间轴设置可以看出，最底层是一个形状补间完成的"绳"荡来荡去的效果，其余的层，可以看出都是动画补间，每一个动画补间就是猴子身体的一个部位的动态效果。整个动画通过各个部位动画补间的配合来完成，这也是很多这样类似"骨骼运动"动画共同遵循的原理。

打开 Samples\Graphics\AnimatedDropShadow 目录下的 drop_shadow_dog.fla 文档，可以看到几乎相同的时间轴设置，如图 9-4 所示。

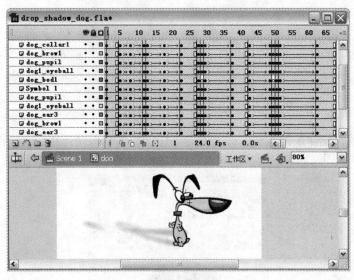

图 9-4　时间轴设置和舞台效果

9.1.2　元件和补间动画的结合形成逐帧动画

最有代表性的人跑动的动画也是这样完成的，例如图 9-5 所示的动画设置与效果。

图 9-5 时间轴设置、舞台效果和图形的组成

我们发现，使用影片剪辑元件来包含一个完整动画功能是非常有利于重用的，而这也是 Flash 动画的优点。

如果能够访问如下两个网址，就能够看到动物的行走也可以使用相同的原理来实现：

```
http://www.youtube.com/watch?v=lgd7JscyFJk
http://www.youtube.com/watch?v=3Njz8VBX9i4
```

如图 9-6 所示。

图 9-6 动物的行走

并且，使用影片剪辑元件来包含一个完整的动画功能也非常有利于组织。例如，可以轻易地加入一个遮罩层来完成特殊的效果，如图 9-7 所示。

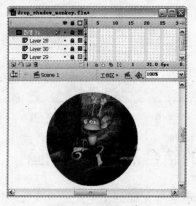

图 9-7 遮罩效果

9.2 使用和分析内置时间轴特效

Flash CS3 内置的时间轴特效是一组内置的动画，可将它们应用到文本、图形、位图和按钮，从而轻松地为可视元素添加动画。当用户为对象应用时间轴特效时，Flash 将会创建一个图层并将对象移至此新图层。对象放置于特效图形元件内，而且特效所需的所有补间和变形都位于此新创建的图层上的图形实例中。

此新图层自动获得与特效相同的名称，而且其后会附加一个数字，代表在文档内的所有特效中应用此特效的顺序。

当用户添加时间轴特效时，具有该特效名称的文件夹将添加到库，它包含在创建该特效中所使用的元素。

9.2.1 变形动画的创建和原理

变形特效用来创建一种位置和形状变化的效果，有一些设置的参数可以选择，可以调整选定元素的位置、缩放比例、旋转、Alpha 值和色调。

使用变形特效可以产生淡入/淡出、放大/缩小及左旋/右旋特效，它也可以与其他特效组合应用创建更为复杂的效果。

新建一个文档，在舞台上放置一个图形，如图 9-8 所示，这是 Flash CS3 的精灵宠物（用户可以从前面的例子文档中复制过来，并分离成图形）。

图 9-8 创建一个图形

按【Ctrl+G】组合键将其组合在一起，并选定该对象。从菜单栏上选择【插入】→【时间轴特效】→【变形/转换】→【变形】命令，就可以打开"变形"对话框，如图 9-9 所示。

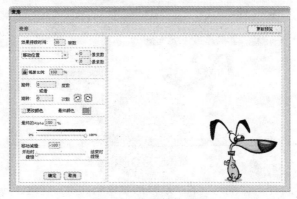

图 9-9 变形特效设置

变形特效有一些设置的参数可以选择，在参数设置完毕后可以单击【更新预览】按钮查看新设置的特效。

[01]效果持续时间，以帧为单位，表示使用多少帧来完成动画。

[02]在列表框中选择移动位置，可以按 x, y 偏移量值（以像素为单位）将对象移动到一个特定位置。

[03]在列表框中选择更改位置方式，可以按 x, y 偏移量值（以像素为单位）改变位置变化的方式。

[04]缩放比例（锁定以便以百分比为单位平均应用更改；取消锁定以便以百分比为单位单独应用 x 和/或 y 轴更改）。

[05]旋转（以度数为单位）。

[06]旋转次数（逆时针、顺时针）。旋转和旋转次数都是用来定义对象在动画过程中是否旋转，以及旋转的次数。旋转和旋转次数是联动的。

[07]是否更改颜色（选择/取消选择），以应用色调。可以选择一个最终颜色（十六进制 RGB 值）。

[08]最终 Alpha 值（以百分比为单位）。

[09]移动减慢，这相当于补间动画中的缓动选项。

单击【确定】按钮以应用变形动画效果，这时来看时间轴，发现舞台上的对象已经被转换成了元件（注意，元件实例和成组对象视觉上的区别就在于，元件实例中心有一个空心圆，这是该实例的变形点），并且，时间轴也被扩展到了第 30 帧，如图 9-10 所示。

图 9-10　应用变形特效后时间轴和图形的变化

在元件实例上单击鼠标右键，在弹出的快捷菜单上选择【在当前位置编辑】命令，就可以编辑该元件了（注意，双击的方式不能打开舞台上自动创建的元件实例），如图 9-11 所示。

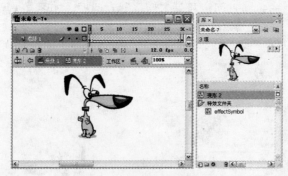

图 9-11　应用变形特效后

从时间轴上来看，该元件是一个图形元件；从帧形状来看，我们创建了一个动画补间。打开库面板，可以看到变形动画自动创建了两个图形元件，正是使用这两个图形元件，才会形成这样的特效。

选中时间轴上第 1 帧，在属性面板上可以看到动画补间的设置；分别选中第 1 帧和第 30 帧上的对象，可以看到 effectSymbol 元件实例的颜色选项也被更改了，这样就形成了色彩动画效果。

从这样一个分析过程中我们也可以看出，万变不离其"宗"，无论何种特效（包括变形动画），其实都是 Flash 三大功能的应用，下面我们将应用和分析其他的时间轴特效，使读者有更加深入的了解。

9.2.2　转换动画的创建和原理

转换特效也是用来创建一种位置和形状变化的效果，它可以使用淡变、擦除或两种特效的组合向内擦除或向外擦除选定对象，从而创建动画效果。

使用转换特效可以产生淡入/淡出、放大/缩小及左旋/右旋特效，它也可以与其他特效组合应用创建更为复杂的效果。

新建一个文档，还是在舞台上绘制一个 Flash CS3 的精灵宠物，按【Ctrl+G】组合键将其组合在一起，并选定该对象。

从菜单栏上选择【插入】→【时间轴特效】→【变形/转换】→【转换】命令，就可以打开"转换"对话框，如图 9-12 所示。

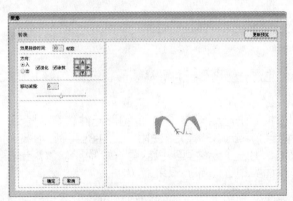

图 9-12　变形特效设置

变形特效也有一些设置的参数可以选择。

[01]效果持续时间，以帧为单位，表示使用多少帧来完成动画，与前面变形动画的功能一样。输入多少帧，就会在时间轴上创建多少帧。

[02]方向选项，顾名思义，用来定义动画中对象的移动方向。它有几个子选项：

● 选中单选按钮"入"，将会创建一个从舞台外边进入到舞台的动画效果；

● 选中单选按钮"出"，将会创建一个从舞台内移动到舞台外部的动画效果；

● "淡化"复选框用来创建淡入淡出的效果；

● "涂抹"复选框用来创建对象推出推入的效果；

● 方向框内的按钮用来定义移动相对于舞台的方向。

[03]移动减慢，也是相当于补间动画中的缓动选项。

单击【更新预览】按钮查看新设置的效果，单击【确定】按钮时设置生效，查看时间轴，可以得到相同的结果。

使用同样的方法查看，将元件置于编辑状态，我们来查看该元件的时间轴，如图 9-13 所示。

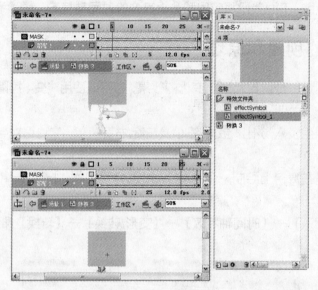

图 9-13　应用变形特效后

从时间轴上来看，该元件也是一个图形元件；从帧形状来看，我们创建了一个动画补间，其中一个是作为遮罩层。

打开库面板，可以看到转换动画自动创建了 3 个图形元件，在"特效文件夹"下，包含有两个图形元件：一个图形元件用来包含 Flash CS3 精灵，使用该元件的实例，在时间轴上创建了一个补间动画，该动画实现了淡入淡出的效果；另一个元件其实包含有一个矩形，该矩形在舞台上创建一个补间动画，并且遮罩下面的补间动画，从而实现了涂抹的效果。

选中时间轴上第 1 帧，在属性面板上可以看到动画补间的设置；分别选中第 1 帧和第 30 帧上的对象，可以查看元件实例的属性。

从分析过程中我们可以看出，这也是应用 Flash 三大功能的动画，相信读者已经有更加深入的了解了。

9.2.3　分离动画的创建和原理

分离特效又称为爆炸特效，它产生对象发生爆炸的错觉。用来创建文本或复杂对象组（元件、形状或视频片断）的元素裂开、自旋和向外弯曲。

分离特效相对于前两个动画特效要相对复杂一些，它自动创建的元件比较多。

新建一个文档，还是在舞台上绘制一个 Flash CS3 的精灵宠物，按【Ctrl+G】组合键将其组合在一起，并选定该对象。

从菜单栏上选择【插入】→【时间轴特效】→【效果】→【分离】命令，就可以打开"分离"对话框，如图 9-14 所示。

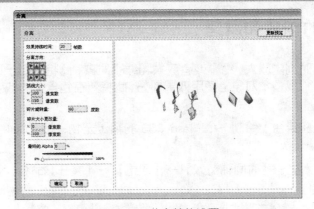

图 9-14　分离特效设置

分离特效也有一些设置的参数可以选择：

[01]效果持续时间，以帧为单位。

[02]分离的方向（左上方、正上方、右上方、左下方、正下方和右下方）。

[03]弧度大小，以像素为单位的 x, y 偏移量，实际是表示碎片溅出的夸张程度。

[04]碎片旋转量，当对象被分离成碎片后，每个碎片会有一个单独的动画，动画肯定是一个补间动画，其中可以改变末尾帧上碎片的角度，这个选项就是来定义该角度的。

[05]碎片大小，同样也是来更改末尾帧上碎片的大小属性。

[06]最终 Alpha 值也是来更改末尾帧上碎片的 Alpha 值。

单击【更新预览】按钮查看新设置的效果，单击【确定】按钮时设置生效，查看时间轴，可以得到相同的结果。

使用同样的方法查看，将元件置于编辑状态，我们来查看该元件的时间轴，如图 9-15 所示。

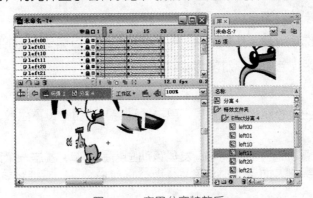

图 9-15　应用分离特效后

从时间轴上来看，该元件也是一个图形元件；从帧形状来看，其实创建了很多个动画补间，每一个补间动画都是 Flash CS3 精灵身上的一块"肉"组成的动画。

打开库面板，可以看到自动创建了很多个图形元件，每个图形元件就是 Flash CS3 精灵身上的一块"肉"。

9.2.4　展开动画的创建和原理

展开特效可以在一段时间内放大、缩小或者放大和缩小对象，此特效对于组合在一起或者在影片剪辑或图形元件中组合的两个或多个对象上使用效果最好，此特效在包含文本或字母的对象上使用效果也非常好。

新建一个文档，还是在舞台上绘制一个 Flash CS3 的精灵宠物，按【Ctrl+G】组合键将其组合在一起，并选定该对象。

从菜单栏上选择【插入】→【时间轴特效】→【效果】→【展开】命令，就可以打开"展开"对话框，如图 9-16 所示。

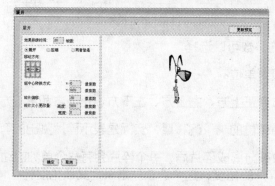

图 9-16　展开特效设置

展开特效是通过变换对象的缩放来实现动画效果的，肯定也是一个补间动画，它也有一些设置的参数可以选择。

[01]效果持续时间，以帧为单位。

[02]"展开"就是由小变大；"压缩"就是由大变小；"两者皆是"就是先由小变大，再由大变小回到原样。

[03]移动方向，相对于舞台而言。

[04]组中心转换方式选项用来定义末尾帧上图形对象的中心点偏离原图的距离。

[05]碎片偏移，用来定义与原图形对象相差的距离。

[06]碎片大小更改量，将会按高度和宽度更改末尾帧上图形对象的大小。

单击【更新预览】按钮查看新设置的效果，单击【确定】按钮时设置生效，查看时间轴，可以得到相同的结果。

如果使用同样的方法查看元件的时间轴，发现该动画特别简单，就是一个简单的补间动画，只不过补间动画的对象不是元件实例，而是成组对象。了解了这一点，就不难理解该特效选项了。

9.2.5　投影动画的创建和原理

投影动画特效可以在选定元素下方创建阴影。

新建一个文档，还是在舞台上绘制一个 Flash CS3 的精灵宠物，按【Ctrl+G】组合键将其组合在一起，并选定该对象。

从菜单栏上选择【插入】→【时间轴特效】→【效果】→【投影】命令，就可以打开"投影"对话框，如图 9-17 所示。

图 9-17　投影特效设置

投影特效也有一些设置的参数可以选择。

[01]颜色，用以定义投影的颜色。

[02]Alpha 透明度，用以定义投影的透明度。

[03]阴影偏移，也是投影相对于对象的距离。

这个原理特别简单，只是应用了对象元件的颜色属性，这里就不再多介绍了。

9.2.6　模糊动画的创建和原理

模糊特效通过更改对象在一段时间内的 Alpha 值、位置或比例创建运动模糊特效。

新建一个文档，还是在舞台上绘制一个 Flash CS3 的精灵宠物，按【Ctrl+G】组合键将其组合在一起，并选定该对象。

从菜单栏上选择【插入】→【时间轴特效】→【效果】→【模糊】命令，就可以打开"模糊"对话框，如图 9-18 所示。

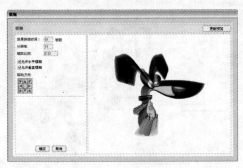

图 9-18　模糊特效设置

模糊特效也有一些设置的参数可以选择。

[01]效果持续时间，以帧为单位。

[02]分辨率，也就是步进数。

[03]缩放比例，就是相对于原图的缩放比例。

[04]允许水平模糊和允许垂直模糊，分别定义水平和垂直方向上是否允许模糊。

[05]移动方向，相对于舞台而言，可以是四面八方。

单击【更新预览】按钮查看新设置的效果，单击【确定】按钮时设置生效，查看时间轴，可以得到相同的结果。

使用同样的方法查看，将元件置于编辑状态，我们来查看该元件的时间轴，如图 9-19 所示。

图 9-19　应用模糊特效后

查看时间轴和对象属性可以看出，这其实就是创建了多个淡入淡出的补间动画，非常简单。

9.2.7　分散式直接复制

分散式直接复制可以复制对象一定的次数（在设置中输入）。第一个元素是原始对象的副本。对象将按一定的增量发生改变，直至最终对象反映设置中输入的参数为止。

新建一个文档，还是在舞台上绘制一个 Flash CS3 的精灵宠物，按【Ctrl+G】组合键将其组合在一起，并选定该对象。

从菜单栏上选择【插入】→【时间轴特效】→【帮助】→【分散式直接复制】命令，就可以打开"分散式直接复制"对话框，如图 9-20 所示。

图 9-20　分散式直接复制特效设置

分散式直接复制特效用来创建一种位置和形状变化的效果，有一些设置的参数可以选择，在参数设置完毕后可以单击【更新预览】按钮查看新设置的特效。

[01]副本数量定义复制多少次。

[02]偏移距离，定义每个副本相对于原图形的距离。

[03]偏移旋转，用来定义副本的旋转角度。

[04]偏移起始帧，表示过多少帧才复制一次。

[05]可以按 x, y 缩放比例进行指数级缩放，以增量百分比为单位；也可以按 x, y 缩放比例进行线性缩放。

[06]更改颜色，最终副本具有此颜色值，中间副本向该值逐渐过渡。

[07]最终的 Alpha 值，也是表示最终副本具有此透明度，中间副本向该值逐渐过渡。

单击【更新预览】按钮查看新设置的效果，单击【确定】按钮使设置生效，查看时间轴，可以得到相同的结果。

使用同样的方法查看，将元件置于编辑状态，我们来查看该元件的时间轴，如图 9-21 所示。

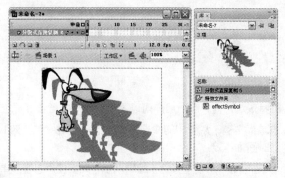

图 9-21　应用分散式直接复制特效后

可以看出，这就是一个逐步增加图形对象的动画，是逐帧动画的一种形式，改变的是元件实例的颜色属性。

9.2.8　复制到网格

复制到网格用来按列数直接复制选定对象，然后乘以行数，以便创建元素的表格。

新建一个文档，还是在舞台上绘制一个 Flash CS3 的精灵宠物，按【Ctrl+G】组合键将其组合在一起，并选定该对象。

从菜单栏上选择【插入】→【时间轴特效】→【帮助】→【复制到网格】命令，就可以打开"复制到网格"对话框，如图 9-22 所示。

图 9-22　复制到网格的设置

复制到网格有一些很简单的设置参数可以选择。

[01]行数和列数。

[02]行间距和列间距（以像素为单位）。

这个是本章中最简单的效果了，在此就不再多介绍了。

技巧与提示

当对一个对象应用了时间轴特效后，选定自动创建的特效元件，在"属性"面板上便会出现"编辑"按钮，如图 9-23 所示。

图 9-23   编辑时间轴特效

单击该按钮，就会弹出相应的特效对话框，然后用户可以重新设置，并单击【确定】按钮以应用新设置。

也可以在特效元件实例上单击鼠标右键，从弹出的快捷菜单上选择【时间轴特效】命令下的子菜单命令进行相应的编辑工作，也可以删除时间轴特效。

对于舞台上的特效元件实例，双击鼠标并不能使其处于编辑状态，只能使用右键菜单中的【编辑】命令来实现。

当使用【编辑】命令后，就不能再使用特效对话框来编辑特效元件实例了。并且，在应用编辑时，会弹出警告对话框，如图 9-24 所示。

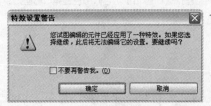

图 9-24   "特效设置警告"对话框

单击【确定】按钮就可以进入元件的编辑状态。

10

使用第三方软件添加
3D 动画效果

目前，Flash CS3 创作环境还未支持直接的 3D 创作，所以必须使用第三方的工具来进行 3D 创作，然后在 Flash CS3 创作环境中编辑。

实际上，使用第三方软件创建一些特殊的 3D 效果是个不错的主意，这些第三方软件由于专注于这个领域，很多软件都非常专业，并且简单易用。

当 Vecta3D-MAX 这一软件刚刚问世时，就可以使用 POSER（一款专门用于创建人物和动物的 3D 建模软件）创建 3D 模型，并使用 Vecta3D-MAX 将其转化成 Flash 动画。Vecta3D-MAX 可以算是 Flash 3D 动画的开始。

当前最强大的 Flash 3D 工具当属 SWIFT 3D，虽然它也可以建模，但还是建议用户使用更强大的建模工具，然后使用 SWIFT 3D 做后期加工。

如果用户想创建强大的文字 Flash 3D 动画，那么 Xara3D 是个不错的选择。

本章介绍了这 3 个颇具代表性的 Flash 3D 软件，但是不要忘记，这些软件都只不过是将 3D 图形转化成 SWF 文件，当前几乎所有的 3D 软件都可以完成该功能。

10.1   在 Flash 中怎样使用 3D 动画

在 Flash 中创建 3D 动画效果一直是很多创作人员所期望的，从 Flash 3 开始就一直在期待。但是，Adobe 的 Flash 创作环境一直不支持直接的 3D 创作，运行环境也不支持 3D 动态渲染，这都归于 Flash Player 的运算能力有限。

要在 Flash 中添加 3D 动画效果，必须使用 Flash 逐帧动画来实现，通过矢量图的视觉效果来呈现 3D 效果。例如，如图 10-1 所示的 3D 效果，就是使用逐帧动画实现的（完成的效果位于附送光盘上 sample_cn\chapter_10\resource 文件夹下）。

图 10-1   逐帧动画实现的 3D 效果

要实现这种效果，有两种方式：一种是手工绘制，一帧一帧地绘图，这样非常麻烦，很少有用户这样做；另一种方式就是在 3D 应用软件中建好模型，然后渲染好，并导入到 Flash 当中。

比较知名的 3D 应用软件包括 3D MAX 和 POSER 等。但是这些软件很早以前一般只能建模，不能输出成 SWF 格式，于是一些第三方插件就应运而生。

在这一章要介绍的就是怎样利用这些第三方插件在 Flash 中添加 3D 动画效果，这些插件比较著名的是 SWIFT 3D、Vecta3D、Xara3D 及 Adobe Dimensions。

10.2　使用 Xara3D 创建 3D 动画

Xara3D 是一套容易使用的工具，让用户能为文字加上三维效果。可以指定文字的颜色、字形、大小及 3D 成型等级。文字也能从任何视野旋转，也可以自任何角度射入光线，并可自定义光线的颜色及亮度。

Xara3D 能输出成 GIF、JPEG、BMP、PNG 及 SWF 等文件格式，另外，Xara3D 也能制作并输出成动画 GIF 文件或 AVI 电影文件。其余的特色包括透明的 GIF 支持、WMF 及 EMF 文件输入支持、可设定的渐变等。可以从 http://www.xara.com/products/xara3d/ 下载 Xara3D 的试用版，并安装该软件。

[01]启动 Xara3D 进入程序操作界面，如图 10-2 所示。

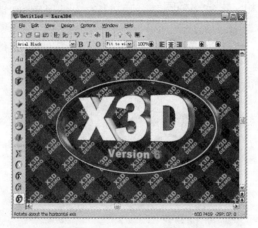

图 10-2　Xara3D 界面

[02]单击左侧工具栏中的文本工具按钮，打开 Text options（文本选项）对话框，在这里键入"X"，并选择字体为 GeographicSymbols（如果没有安装该字体，必须安装一个），如图 10-3 所示。

图 10-3　文本选项

[03]单击【OK】按钮回到主操作界面，可以看到新的文字效果，要先改一下背景颜色，最好与用户 Flash 文档中的背景颜色相同，这样在创作过程中才能看出效果。

单击左侧工具栏中颜色工具按钮，就会在右侧打开"Color options"面板，如图 10-4 所示。

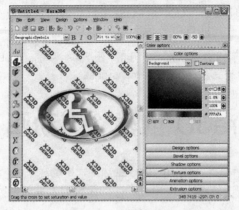

图 10-4　设置颜色 1

在下拉列表框中选择"Background"选项，然后定义一个白色背景。

[04]也可以在下拉列表框中选择其他的选项，定义边框和文本的颜色，这里选择"Border and Text,side"选项，这表示边框和文本全部相同，然后选择一种颜色，如图 10-5 所示。

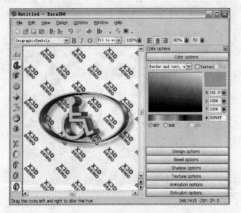

图 10-5　设置颜色 2

[05]单击左侧工具栏中的设计工具按钮，打开"Design options"面板，来定义边框的形状，这里在第 2 个下拉列表框中选择"Diamond"选项，将边框转成菱形，如图 10-6 所示。

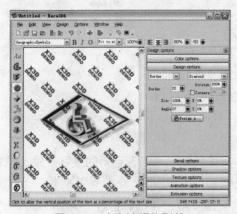

图 10-6　定义边框的形状

[06]单击左侧工具栏中 Bevel 工具按钮，打开"Bevel options"面板，定义文本和边框的斜面，如图 10-7 所示。

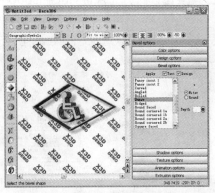

图 10-7　定义斜面

在组合列表框中有多种斜面可供选择，并且可以自定义斜面的深度，选择"Bumpy"选项。

[07]单击左侧工具栏中阴影工具按钮，打开"Shadow options"面板，定义文本和边框的阴影，如图 10-8 所示。

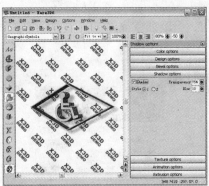

图 10-8　定义阴影

阴影的设计只有透明度和模糊范围两个选项，可以自由选择这两个的组合。

[08]单击左侧工具栏中的材质工具按钮，打开"Texture options"面板，为文本和边框定义材质，选中"Texture"复选框，单击【Load Texture】按钮可以加载一幅图片作为材质，图 10-9 显示了为边框定义了材质后的效果。

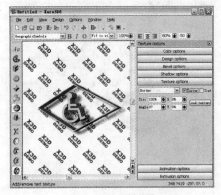

图 10-9　赋材质

取消选择"Texture"复选框就可以将材质删除。

[09]单击左侧工具栏中动画工具按钮，打开"Animation options"面板，为文本和边框定义动画效果。

"Animation options"面板有很多选项，可以定义帧频、动画样式，也可以加载一个预定的样式，如图 10-10 所示。

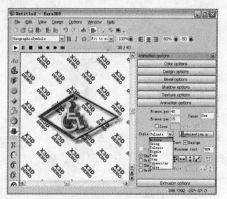

图 10-10   定义动画效果

单击【Animation picker】按钮，可以在 Xara3D 的预建库中挑一个样式，如图 10-11 所示，挑选"Rotate2bWave"样式。

图 10-11   选择预定义的动画效果

[10]单击左侧工具栏中的挤压工具按钮，打开"Extrusion options"面板，可以为文本和边框定义挤压的宽窄，如图 10-12 所示。

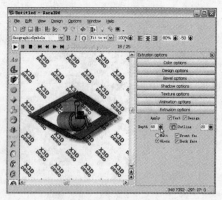

图 10-12   挤压设置

使用默认的 20 即可。

[11]以上设置完成后，就可以将动画输出成 SWF 文档了，在输出时要注意的是，Xara3D 可以输出两种不同的 SWF 文档：一种是使用矢量图形表示的逐帧动画，一种是使用位图图形表示的逐帧动画。

使用矢量图形表示的逐帧动画文件比较大，而且效果不如使用位图图形表示的逐帧动画，因为输出成矢量图形时，阴影和材质都会被删除。

当输出使用位图图形表示的逐帧动画时，每一帧都是一个带有 Alpha 效果的 PNG 图片，也就是说，这样的 3D 动画可以覆盖在任何的对象之上，就像在 Flash 创建的矢量对象。

[12]在将动画输出成 SWF 文档后，就可以在 Flash CS3 中导入了。启动 Flash CS3 程序，新建一个文档，从菜单栏中选择【文件】→【导入】→【导入到舞台】命令，浏览到 SWF 文档，单击【导入】按钮，就会在主时间轴上创建一个逐帧动画，如图 10-13 所示。

图 10-13 导出动画

除此之外，用户还可以创建更多形式的 3D 动画，如图 10-14 所示。

图 10-14 不同形式 3D 动画效果

10.3 了解使用 Vecta3D-MAX 创建 3D 动画

Vecta3D-MAX 可以说是最早的为 Flash 开发的 3D 转换工具，它唯一的用途就是将 3DS 模型转换成 SWF 格式文件。用户应该了解一下这个软件，它也是最容易上手的 Flash 3D 工具了。

Vecta3D-MAX 分为 3DS 的插件版本和独立发行的版本，它可以自动处理多个对象而不需要把所有对象聚合以后再进行操作，可以完成复杂的渲染任务，可以同时输出 SWF 和 AI 文件。

下面，以 Vecta3D-MAX 独立发行版本为例进行一下简单的使用介绍。

[01]当安装完毕 Vecta3D-MAX Standalone 后启动软件，从菜单栏上选择【File】→【Open】命令打开对话框，找到一个 3DS 文件，按【确定】按钮打开该文件，如图 10-15 所示。

图 10-15   Vecta3D 界面

[02]使用【View】菜单下的工具，用户可以对模型进行旋转、缩放、调整中心点和定义样式，当然，这些并不是最主要的。

[03]在 Vecta3D-MAX 中，用户可以选择"边框线"、"填充"和"边框线和填充"3 种模式渲染模型，并且可以定义透视图和渲染的精细程度，这些都可以在"Render Settings"选项区下设置。

[04]除此之外，用户也可以设置光源，先从菜单栏上选择【Shaded】→【Render】命令使模型处于遮光渲染状态下，然后从菜单栏上选择【Render】→【Lighting Settings】命令，就可以打开"Lighting Settings"对话框设置光源，如图 10-16 所示。

图 10-16   光源设置

可以看到，光源的方向、强度、填充设置简洁明了，只需进行简单的调整，并且结果可以在视图中立即显现出来。

[05]如果需要渲染当前视图，只需单击"Single"选项组中的【Preview Still】按钮即可，如果需要渲染并保存当前视图为 SWF 文件，只需单击"Single"选项组中的【Save】按钮即可。

[06]用户也可以创建动画，让模型围绕着某个轴旋转。可以定义两个轴：一个是模型的轴，使用"Object"选项下的 x、y、z 子选项就可以完成，这将会让模型围绕着自己的中心旋转。另一个是场景的轴，使用"World"选项下的 x、y、z 子选项就可以完成，这将会让模型围绕着自己的场景旋转。

当然，两个轴也可以同时设置，从而完成较复杂的动画。

虽然 Vecta3D-MAX 在使用上存在着生成文件过大、画面有瑕疵的问题，但是从整体上讲还是相当优秀的。当创建了 SWF 文件后，用户可以导入到 Flash 软件当中进行修改和编辑。

10.4　使用 Swift 3D 创建 3D 动画

Swift 3D 的出现是 Flash 3D 动画发展史上的一个重要事件，它是专门为 Flash 设计的，其强大的矢量及位图渲染功能使初学者及专业人士都可以制作出精良的 3D 矢量动画。

它提供了良好的用户界面，即便是非 3D 专业人士也能轻松上手。可以从 http://www.erain.com/ 下载，并安装该软件，当前有很多个版本，在此使用的版本是 Swift 3D 4.0，其他版本也都大同小异，不影响读者学习。

启动 Swift 3D 4.0，可以看到如图 10-17 所示的软件界面。

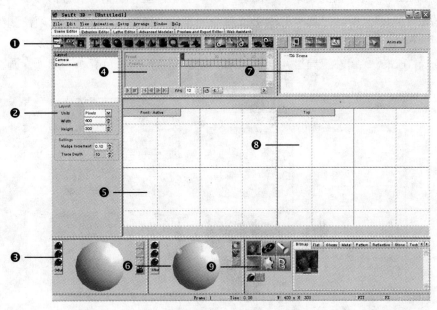

图 10-17　Swift 3D 界面

Swift 3D 的软件界面由这几部分组成：①工具栏；②属性工具；③跟踪球；④时间轴；⑤场景 1；⑥打光工具；⑦对象层次表；⑧场景 2；⑨预置库。

下面，通过创建一个 3D 效果来看怎样使用 Swift 3D。

10.4.1　建模

使用 Swift 3D 的第一步是建立模型，这与其他 3D 软件区别不大，下面将创建一个简单的文字模型。

[01]在工具栏中选择文本工具，这将自动在场景中添加一个文本 Text，并且自动切换到文本属性工具，如图 10-18 所示。

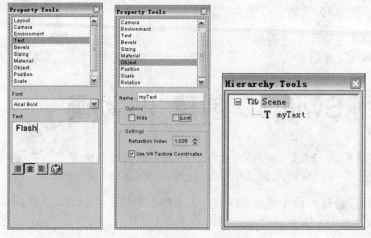

图 10-18   文本对象设置

在文本框中键入 Flash 取代原有的文本，可以看到场景中的模型也进行了相应改变。

[02]在"Property Tools"（属性工具栏）面板顶部的列表框中选择"Object"选项，调整对象的名称，将模型命名为 myText，在对象层次表可以看到该对象，如图 10-18 所示。

[03]在"Property Tools"（属性工具栏）面板顶部的列表框中选择"Layout"选项，调整场景的大小，如图 10-19 所示。

图 10-19   设置选项

[04]也可以选择"Environment"项，调整背景色、光源颜色和环境颜色（也可以单击"预置库"中的【Show Environments】按钮，使用环境预置库来设置）。

注意到场景中的模型超出了场景的边缘，选择"Sizing"选项，调整模型的大小，调整到场景能够显示整个模型，如图 10-19 所示。

10.4.2   修改模型

下面对模型进行修改，设置光源、斜面和轴线等。

[01]在"预置库"中单击【Show Bevels】按钮，将会出现预置的 Bevels 库，如图 10-20 所示。

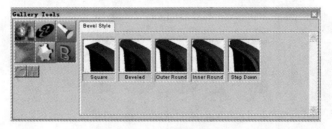

图 10-20　使用预置的斜面

斜面库包含了 5 种常用的斜面样式，拖动"Outer Round"图标到场景中的模型上就可以设置该种类型的斜面。

在"Property Tools"（属性工具栏）面板顶部的列表框中选择"Bevels"选项，可以调整预置的斜面，如图 10-21 所示。

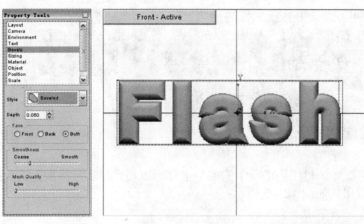

图 10-21　调整斜面

现在可以看到场景中的模型效果，如图 10-21 所示。

[02]在"预置库"中单击【Show Lightings】按钮，将会出现预置的光源库。制作优秀 3D 动画，光效是至关重要的。光效能够在 3D 动画中渲染故事气氛，模拟纵深立体感，以及描绘真实的三维场景。

Swift 3D 包含了 50 个高质量的光源，分为动画（Animated）、色彩（Colors）、气氛（Mood）和固定（Stationary）4 个种类，如图 10-22 所示。

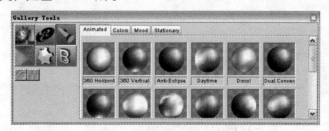

图 10-22　使用预置光源

拖动 Stationary 类中的"Halo"图标到场景中的模型上就可以设置该种预置光源。设置完灯光后，现在可以看到场景中的模型效果，如图 10-23 所示。

图 10-23 应用光源后的效果

[03]在"预置库"中单击【Show Materials】按钮，将会出现预置的材质库，为模型赋材质。
Swift 3D 包含了丰富的材质库，种类非常多，如图 10-24 所示。

图 10-24 预置材质库

拖动 Wood 类中的第 4 个材质到场景中的模型上就可以将该材质赋给模型。设置完材质后，现在可
以看到场景中的模型效果，如图 10-25 所示。

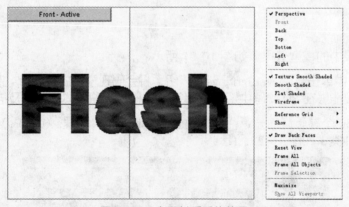

图 10-25 应用材质后的效果

此时，应该使用场景左上角的视图按钮切换到各种视图下，目的是查看是否有漏掉的"曲面"没有
赋材质。

在"Property Tools"属性工具栏顶部的列表框中选择"Material"选项，也可以为模型赋材质，如
图 10-26 所示。

使用该属性工具，可以为曲面、斜面、边线赋材质，双击底部的图片，就可以打开"Edit Material"
（编辑材质）对话框，如图 10-26 右图所示。

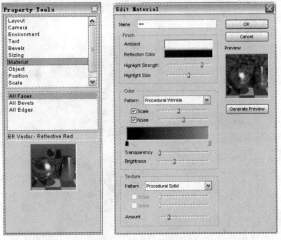

图 10-26　材质的设置

[04]在设置完材质后，还可以对模型进行调整。

在"Property Tools"（属性工具栏）面板顶部的列表框中选择"Position"选项，可以调整对象的坐标位置（也可以在场景上移动，但这里可以进行微调），如图 10-27 所示。

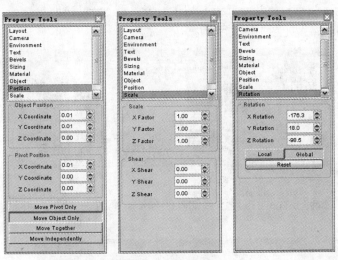

图 10-27　设置选项

在（属性工具栏）面板顶部的列表框中选择"Scale"选项，可以调整对象的变换（缩放和斜切），并且可以沿着 3 个坐标轴分别变换，如图 10-27 所示。

在（属性工具栏）面板顶部的列表框中选择"Rotation"选项，可以调整对象的旋转。可以让对象沿自身的轴旋转（单击【Local】按钮），也可以让对象沿着场景的轴旋转（单击【Global】按钮），如图 10-27 所示。

[05]也可以在"Property Tools"（属性工具栏）面板顶部的列表框中选择"Camera"选项，调整镜头的距离，如图 10-28 所示。

这些设置都可以在跟踪球和打光工具中表现出来，如图 10-28 所示。

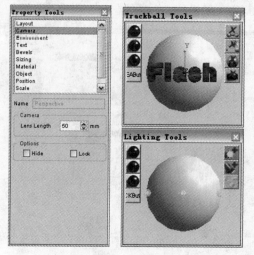

图 10-28   打光工具

10.4.3   创建和输出动画

Swift 3D 的一个巨大特色就是预置了强大的动画库，在"预置库"中单击【Show Animations】按钮，将会出现预置的动画库，如图 10-29 所示。

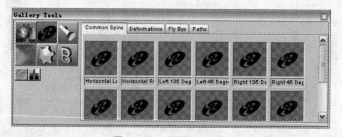

图 10-29   预置动画库

随便单击一个预置动画图片都可以显示该动画的预览。拖放一个动画给模型，这时查看时间轴，如图 10-30 所示。

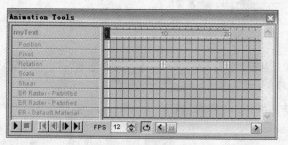

图 10-30   动画时间轴

可以看到时间轴中有动画轨迹，单击播放按钮会移动播放头进行播放，在场景中也可以预览到动画效果。

待前面的这些都设置完毕后，切换到工具栏上方的"Preview and Export Editor"选项卡，如图 10-31 所示。

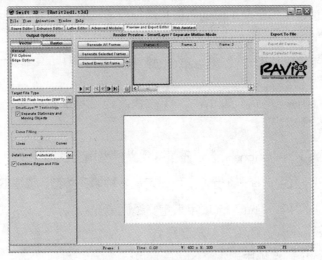

图 10-31　预览和导出界面

　　Swift 3D 可以将动画输出成逐帧的形式，但逐帧动画也有两种类型：一种是矢量图形组成的逐帧动画（对应于【Vector】按钮）；另一种是位图图形组成的逐帧动画（对应于【Raster】按钮）。

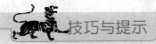 技巧与提示

　　用户首先应该清楚的一点是，如果在模型中应用了位图材质，那么在矢量图形组成的逐帧动画中将会被忽略掉。因此，这种情况下只能应用 Raster 模式。

1．输出矢量

　　矢量输出可以有多种格式供选择，最佳的方式是输出为 SWFT 格式，这是 Swift 3D 专为 Flash 定义的输出格式，如图 10-32 所示。

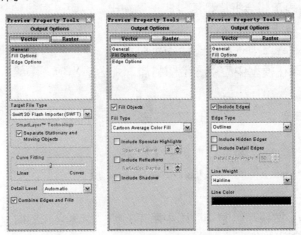

图 10-32　矢量输出设置选项

　　SWFT 格式有一个专有技术，它可以将静态对象和运动对象分离。

　　也可以调整曲面的平滑程度（Curve 越多，渲染的图形就越精细，但文件也会增大）。

同样，Detail Level 也是用来定义图形的质量和精细程度，细节越多，渲染的图形就越精细，但花费的时间和文件都会增大。

选择"Combine Edges and Fills"复选框，表示将会把边缘和填充渲染在一起；否则，边缘和填充是独立的。

当然也可以选择其他的输出格式，如 SWF、AI、EPS、SVG 等矢量格式。

1）填充选项

从顶部列表框中选择"Fill Options"选项还可以定义模型填充的渲染。

在"Fill Type"下拉列表框中选择一个选项，可以定义多种填充类型，越往下的列表项渲染就越精细。

● "Include Specular Highlights"选项用来定义镜面高光。

● "Include Reflections"选项用来包含倒影。

● "Reflection Depths"选项用来定义倒影的深度。

2）边缘选项

从顶部列表框中选择"Edge Options"选项还可以定义模型边缘的渲染。

在"Edge Type"下拉列表框中选择一个列表项，可以选择渲染边框线条（Outline），也可以选择整个网格线条（Entire Mesh）。

● "Include Hidden Edges"选项将会同时渲染模型背面的线条。

● "Include Detail Edges"选项可以减少网格线条。

● "Detail Edge Angle"选项用来定义渲染器对边缘的敏感度。

此外，还可以定义线条粗细和颜色。

2．输出位图

单击【Raster】按钮，表示将会把模型渲染成位图输出，也可以有多种格式，如图 10-33 所示。

位图的设置比较简单，就是定义颜色的压缩级和图形保真，当然是质量越好，文件就越大。如果在模型中应用了位图材质，那么输出位图渲染是用户不二的选择。

这里，即使是设置成 SWF，也等于是在文档中导入位图创建逐帧动画。

3．渲染和输出

使用【Generate All Frames】按钮和【Generate Selected Frames】按钮可以渲染和预览动画效果。

【Generate All Frames】按钮可以渲染动画中所有的帧，这将会花的时间较长，因为需要一帧一帧地渲染。

用户也可以选择一个帧，单击【Generate Selected Frames】按钮单独渲染该帧。

图 10-33　位图输出设置

第三个按钮【Select Every Nth Frame】用来定义每隔 *N* 个帧渲染一次，这将会作为一个关键帧，从而可以在输出之前减少不必要的帧，以减小文件大小。

如图 10-34 所示，这是单击【Generate All Frames】按钮渲染动画中所有的帧后的效果。

图 10-34　渲染

一旦预览过后，可以使用右侧的两个按钮输出动画。【Export All Frames】按钮可以输出所有的帧，【Export Selected Frames】按钮将会输出"Preview Editor"上选定的当前帧。

10.4.4　导入 Flash

当输出动画后，用户就可以使用 Flash 的导入功能将动画帧导入到舞台上的时间轴，这将会构成一个逐帧动画。

如果输出的是连续图片，那么，当使用 Flash 的导入功能时，也会将图片作为连续的帧来处理。

如果要导入 SWFT 文件，将 C:\Program Files\Electric Rain\Swift 3D\Version 4.00\Flash Importer 目录下的文件 Swift3DImporter.dll 复制到 C:\Program Files\Adobe\Flash CS3\[语言]\Configuration\Importers 目录下，重启 Flash CS3 就可以使设置生效。

10.4.5　使用现有的 3D 模型

使用 Swift 3D，用户也可以使用现有的 3D 模型创建动画。Swift 3D 可以将现有的 3D 模型导入到文档中修改，并且，在导入过程中，现有 3D 模型的光源和材质都会被保留。特别是带有位图纹理的 3DS 文件，它能准确地匹配纹理到相关联的物体上，这对用户来说是很方便的。

从菜单栏上选择【File】→【New from 3DS】命令，打开导入 3DS 对话框，选择一个 3DS 文件，单击【Import】按钮就会使用该 3DS 文件创建一个新的 Swift 3D 文档。

例如，可以使用位于 C:\Program Files\Ideaworks3D\Vecta3D\Examples\eagle 目录下的 Eagle_00.3DS 文件，如图 10-35 所示。

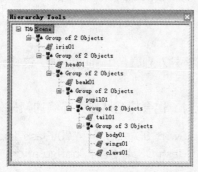

图 10-35　导入 3D 模型

　　如果要调整整个模型，需要将模型块组合起来，按住【Shift】键，依次选择模型块，一次能多选几个就多选几个，然后从菜单栏上选择【Arrange】→【Group】命令将这几个模型块成组。

　　在对象层次表上选择一个未成组的模型块，按住【Shift】键，在场景中单击刚刚成组的模型块，然后从菜单栏上选择【Arrange】→【Group】命令将这两个对象成组。

　　重复这样的操作，直到将模型块全部成组为一个对象，在对象层次表上可以看到结果，如图 10-36 所示。

　　现在，用户可以在场景中旋转模型，或者使用属性工具调整，最后的效果如图 10-37 所示。

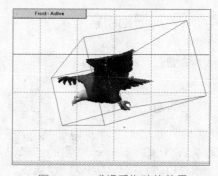

图 10-36　模型成组　　　　　　　　　　　　　　　　图 10-37　成组后拖动的效果

　　然后，用户就可以将该模型输出成一个单帧的图片。

　　重复上述操作，将 C:\Program Files\Ideaworks3D\Vecta3D\Examples\eagle 目录下的其他 3D 模型都输出成单帧的图片，而后导入到 Flash 文档中就可以创建一个完整的动画，如图 10-1 所示。

技巧与提示

　　限于本书的篇幅，在此就不再详细介绍怎样建模了，用户可以参考 3DS MAX 或者 Maya 的文档。

11

使用第三方软件添加文字特效

同创建 3D 功能的第三方软件一样，也同时诞生了很多用来制作文字特效的第三方软件，包括 Mix-FX、Wild FX、FlaX 和 SWiSHmax 等，这些软件既简单易用，效果还十分突出。

这些 Flash 文字特效的第三方软件有许多，评价它们强弱的标准有两点：一是预建特效的多少；二是这些特效中有没有中意的那一款。

本章将介绍两种具有代表性的 Flash 文字特效工具：FlaX 和 SWiSHmax（Mix-FX 和 Wild FX 也非常棒，但由于不支持中文，所以，在这里就不多介绍了）。

11.1   使用 FlaX 创建文本特效

FlaX 是为 Flash 开发的一种文字特效辅助工具，内置数百种特效，并且可以自定义。FlaX 软件可以到其网站下载，网址是：www.FlaXfx.com。

安装完毕，启动 FlaX，可以看到它是由一个主窗口和 3 个浮动面板（"Text Properties"面板、"Movie Properties"面板和"Fx Properties"面板）构成的，主窗口和各个浮动面板都可以在桌面上自由灵活地移动，运用起来非常方便自如，如图 11-1 所示。

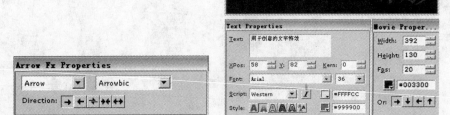

图 11-1   FlaX 界面

下面就来看怎样使用 FlaX 创建文本特效。

[01]首先在"Movie Properties"（影片属性）面板上设置影片动画的属性，在该面板上，用户可以设置影片文件的宽度（Width）、高度（Height）、帧频及背景颜色等。底部 4 个箭头按钮是预制好的标准 Banner，非常简便。

另外，用户也可以通过调整主窗口的宽度和高度来改变动画文件的宽度和高度。

[02]在"Text Properties"（文本属性）面板中键入文本，并设置文本的属性。

"Text"框就是用来输入要创建特效动画的文本的。

"X"和"Y"就是文字在主窗口中的 X 坐标和 Y 坐标上的位置，也可以通过直接在主窗口上拖动字体的方法来改变字体的位置；"Kern"选项用来调节字间距。

下面的选项用来定义字体和字体大小、斜体等。

注意，"Style"选项用来为文本定义不同的样式，根据不同的样式，可以设置不同的颜色。有纯色、线性渐变色、空心、带边框的纯色、带边框的线性渐变色及随机颜色，如图 11-2 所示。

用于创意的文字特效

用于创意的文字特效

用于创意的文字特效

用于创意的文字特效

用于创意的文字特效

用于创意的文字特效

图 11-2　文本效果

[03]最重要的一步就是选择文字动画效果，这可以使用"Fx Properties"（Fx 属性）面板来完成。

在这个属性面板中，左边的下拉列表框用来选择动画效果的类型，右边的下拉列表框则可为选择的动画类型选择一种形式，下部的调节杆和 Direction(方向)按钮可以让我们调整动画的参数及运动的方向等。

不同的动画形式对应的参数调节杆和动画方向按钮等选项会不同，该面板会根据选择的动画类型的不同而各有不同，图 11-3 所示的是两个不同的动画设置选项。

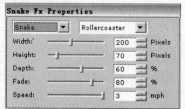

图 11-3　两个不同的动画设置选项

[04]设置好的文本和动画会立即在 FlaX 的主窗口中显示和预览，它遵循所见即所得（WYSIWYG）的理念，这一点做得非常好，如图 11-4 显示了一款动画效果。

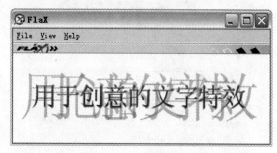

图 11-4　预览

用户也可以创建图片作为背景。从主窗口菜单栏中选择【View】→【Background Pic Properties】命令就可以打开背景属性对话框，如图 11-5 所示。

图 11-5　插入图片作为背景

使用该对话框，用户可以选择一幅图片作为背景，并且可以变换图片大小以适应整个窗口，效果如图 11-6 所示。

图 11-6　插入背景后

用户也可以为影片添加背景声音。从主窗口菜单栏中选择【View】→【Sound Properties】命令就可以打开声音属性对话框，如图 11-7 所示。

图 11-7　插入 MP3 音频

使用该对话框，用户可以选择一个 MP3 文件导入到影片中，作为背景声音，但 MP3 文件大小不应超过 100KB。

[05]最后，就可以输出动画影片了。从主窗口菜单栏中选择【File】→【Export as SWF】命令就会打开输出设置对话框，如图 11-8 所示。

图 11-8　输出设置

在该对话框中，用户可以设置全屏功能和固定背景色，这样使用 HTML 代码也不能对背景色进行修改了。

最重要的是可以设置 HTML 链接，当用户单击时可以链接到一个网页，选中"Html Link"复选框可以实现该功能。

对于一些特殊字符，也可以在该对话框中定义，不过这是为该软件的一个缺陷而设计的。

单击【保存】按钮就可以把当前设计的文字效果输出为 SWF 文件格式，创建的文本特效动画就可以浏览了。

从主窗口菜单栏中选择【File】→【Create Projector】命令还可以将文本特效动画转化成 EXE 的可执行文件。

11.2   使用 SWiSHmax 创建文本特效

FlaX 非常简单便捷，但它有一个缺陷：创建的 SWF 文档不能被导入到 Flash 创作环境中，当用户需要将文字特效作为动画影片的一个组件时，这显得尤为不便，SWiSHmax 就可以解决用户的这些不便。

SWiSHmax 也是非常方便的 Flash 文字特效制作工具，它提供了超过 150 种可选择的预设动画效果，如爆炸、漩涡、3D 旋转及波浪等，而且也支持中文，遵循"所见即所得"原则，能直接预览，并可导出为 SWF 文档格式，而且其中许多特效可以相互结合，以获得更加丰富的效果。

用户可以从这个网址下载该软件：http://www.swishzone.com/。

[01]启动 SWiSHmax，会弹出一个"你想要做什么"对话框，其中有 3 个选项，分别是"新建一个空影片"、"从模板新建一个影片"及"继续一个存在的影片"，在这里选择"新建一个空影片"，如图 11-9 所示。

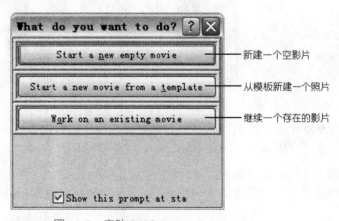

图 11-9   启动 SWiSHmax

[02]下面会看到一个四周带有控制柄的矩形，这就是动画场景，通过调整控制柄可以设置动画幅面，也可以在影片选项卡中进行设置。在影片选项卡中除了可以设置动画幅面外，还可以设置动画背景的颜色、动画播放速率，以及控制动画是否循环播放，假如需要动画循环播放就取消对"影片结束时停止播放"复选框的选中。

[03]在工具面板中选择"文本"工具，在场景中单击鼠标创建文本框，右侧的面板会自动切换到"Text"选项卡，在选项卡底部的文本框中键入文字，也可以设置文字的字体、字号、颜色、粗体和斜体等选项，甚至还可以设置垂直文本和翻转文本，如图 11-10 所示。

图 11-10 文本设置选项

[04]在舞台上可以看到最终的文字设置效果，如图 11-11 所示。

图 11-11 舞台和时间轴

注意到，SWiSHmax 也有时间轴，也有场景等选项，因为它也是一个完整的 Flash 创作环境，但这里仅仅介绍其文本特效功能。

[05]选中舞台上的文本，单击时间轴左上角的【Add Effect】（添加效果）按钮，在弹出的菜单中选择自己喜欢的动画效果，然后单击工具栏中的【播放】按钮可以预览动画效果，图 11-12 所示的是一个彩虹波浪文字。

用于创意的文字特效

图 11-12 彩虹波浪文字

[06]当前是系统默认的动画效果，如果想要调整动画的参数，可以在时间轴上双击该效果，弹出设置对话框，在该对话框中设置参数，然后预览，直到满足效果要求。单击【More Options】按钮可以有更多的设置选项卡，如图 11-13 所示。

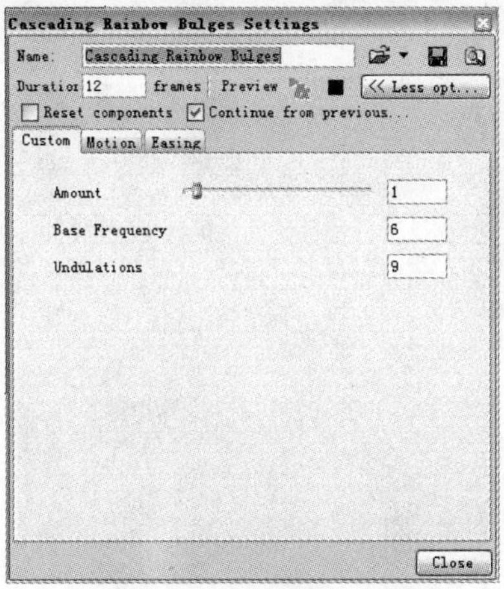

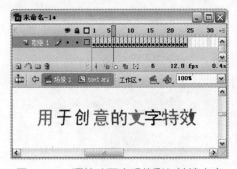

图 11-13　动画参数设置

[07]现在文字动画效果设置好了，下面的工作就是导出 Flash 动画为 SWF 文件，从菜单栏上选择【File】→【Export】→【SWF】命令，从弹出的菜单上定义一个文件名就可以创建一个 SWF 文件，这样一个文本特效影片就创建完毕了。

[08]如果用户想在 Flash CS3 中使用该效果，启动 Flash CS3 软件，按【Ctrl+F8】组合键创建一个影片剪辑元件，这时该元件处于编辑状态，从菜单栏上选择【文件】→【导入】→【导入到舞台】命令，找到文本特效的 SWF 文件，单击【确定】按钮就会将文本特效导入到该影片剪辑元件中，如图 11-14 所示。

图 11-14　逐帧动画表现的彩虹波浪文字

这样，用户就可以在 Flash CS3 软件中使用该影片剪辑作为文本特效，编辑和设置更强的功能了（注意到文字的一些缺陷，应该用"橡皮擦"工具修改一下）。

第 3 篇

交互式动画创作篇

Flash 动画的一个巨大特点是它可以编写代码实现交互功能，并且使用程序代码可以动态创建更为绚丽的动画效果，这些效果如果使用传统的逐帧动画和补间动画则非常麻烦。这些知识对于动画设计人员是非常有益的。

本篇包含 3 章，首先帮助用户建立对 Flash 程序首要的、基础的正确认知。然后，介绍了使用 ActionScript 编写 Flash 程序的基本知识，并且在随后的章节提供了大量的实用范例供用户参考和使用。这将为用户以后深入学习 Flash 开发奠定基础。

第 12 章：为使用 ActionScript 创建交互式动画建立首要的、基础的正确认知

第 13 章：使用 ActionScript 脚本创建交互式动画

第 14 章：交互式动画实例实作演练

12

为使用 ActionScript 创建交互式
动画建立首要的、基础的正确认知

ActionScript（脚本语言）是 Flash 的交互语言，学习 ActionScript 程序语言，最重要的就是要牢记：Flash 是基于时间轴的应用程序。

这句话是学习 ActionScript 的开端，也是结尾，它更贯穿于您学习和应用的过程之中。

12.1　Flash 应用程序开发环境和运行环境入门

用户要学习 Flash 开发，首先要建立首要的、基础的正确认知。在几乎任何应用程序开发中，用户都要接触到 3 个相互关联的方面：一个是开发环境，一个是运行环境，还有一个是开发语言。这跟前面认识的 Flash 动画的创作极为相似。

Flash 应用程序开发也包含着 3 个方面，这里介绍的是使用 Flash CS3 作为开发环境，以 ActionScript 3.0 作为开发语言，以 Flash Player 9 为运行环境进行 Flash 应用程序开发和创作的完整知识体系。

对于 Flash 应用程序开发，用户首先要正确认识的就是这 3 个方面的关系。

12.1.1　正确认识 Flash 应用程序的开发工具

在进行 Flash 开发时，安装一个开发工具（也被称为开发环境、创作环境等，因为现在大多数开发环境集成了很多用于辅助开发的功能，所以，它们也被称为集成开发环境，英文简称为 IDE）是十分必要的。目前流行的 Flash 开发工具基本都是 Adobe 公司的产品，最著名的就是 Flash CS3 和 FLEX。

但是，要首先澄清的是，用户开发出来的 Flash 应用的真正对象是 Flash Player 而非 Flash 开发工具。事实上，不但是 Flash CS3、FLEX，使用其他的创作工具（如 Visual C++），只要是正确地使用了 Flash Player 软件开发工具包（SDK），用户就能创作出令人惊奇的 Flash 应用来。这也是存在一些开源的 ActionScript 编译器的原因。

当然，Flash CS3 创作软件是开发 Flash 应用的最佳之选，它使用纯 ActionScript 语言进行开发，而 FLEX 则是 MXML 标签语言和 ActionScript 两种语言的结合，如果有用户了解 ColdFusion，那么这个就很容易理解了，ColdFusion 也是标签语言和 CFScript 脚本语言的结合。

虽然有很多种 ActionScript 编辑器，但推荐用户选择并安装 Flash CS3，原因如下：

[01]Flash CS3 提供了一个集成的、可视化的创作环境，这种创作环境不但有利于用户快速高效地创作出更加人性化的应用程序界面，而且有利于用户快速高效地编写出应用程序代码。

[02]Flash CS3 的时间轴是一个巨大的应用宝库，在时间轴上，用户可以利用层和舞台组织窗体对象，在各窗体（帧）之间穿梭而不必来回切换。

[03]Flash CS3 也内置了大量 UI 组件，如滚动条、复选框和列表框等。这些组件都有适当的行为构成，所以添加具备强大功能的交互界面元素只需要简单的拖放操作。因为所有的 UI 组件都由标准的 Flash 图形构成，所以只需编辑组成组件外观的图形元件或者使用外观样式就可以改变组件外观。

[04]ActionScript 是 Flash 用来制作交互功能的程序语言，现在，在 Flash CS3 中变得更加强大，更易编写和调试。

12.1.2　正确认识 Flash 运行环境和开发语言

用户要进行 Flash 开发，要接触 ActionScript（简称 AS），ActionScript 程序语言是用于 Flash 开发的交互语言，但这个领域也是错误认识最多的地方。

目前，ActionScript 有 3 种语言编写风格，这就是 AS1、AS2 和 AS3。AS1 遵循 ECMA-262 第 3 版所制定的规范，AS2 遵循 ECMA-262 第 4 版规范，但它们的运行环境只有一种，即 Flash Player VM（Adobe 称为 AVM1，AVM 是 ActionScript 虚拟机的简称）。

AS3 也遵循 ECMA-262 第 4 版规范，而它的运行环境却是 AVM2（ActionScript 虚拟机第二版），虽然它也内嵌于 Flash Player 当中，但它与前一个 ActionScript 运行环境已有根本不同。

要认识 AVM 版本间的不同，最好的方法是与微软 CLR（Common Language Runtime）进行一个对比。主要就是在"实现"上的区别，因为微软 CLR 是通用语言运行时（CLR 有 3 种语言可以运行其上，C#.NET、JS.NET 或者 VB.NET，所以被称为通用语言运行时），它并没有为特定的语言编写风格专门定义一个实现。

AVM 也与 Mozilla 的 JavaScript 实现不同，因为 Mozilla 有两种 JavaScript 实现，但一种实现使用 C 完成（也就是众所周知的 SpiderMonkey），另一种实现使用 Java 完成（也就是众所周知的 Rhino）。它们实现的是同一种语言。

Adobe 的意图是很明显的，它将使 Flash Player 成为像.NET 那样的 CLR，各种风格的开发人员都可以在自己熟悉的环境中编写代码，从而在同一个容器中运行，并且可以协同工作。

最初的 AS1 诞生时，JavaScript 正风行全球，因此，AS1 的语法和风格与 JavaScript 的语法和风格相似就不难理解了。

而现在，风头正劲的恐怕还是 AS3，它也与 C#、Java 等语言风格最接近，所以就选用这个版本来主讲，同时也会兼顾其他版本（后面章节如果不特别指出的话，都是指 ActionScript 3.0）。

不同的程序员应该选择自己熟悉的编程风格学习一种 ActionScript，另外应该注意的是，ActionScript 的版本仅是对创作环境而言，对于 Flash Player 运行环境而言，ActionScript 的版本无任何意义。

虽然几个版本的 ActionScript 语言仅仅是相差几个版本号，但是用户不能将它们中的任何一个作为其他一个的升级版本来对待，任何一个语言版本相对于另外一个都是一个新的语言，虽然语法上它们看起来很相似。

早在 6 年前，笔者第一次在拙著中提出 Flash Player 虚拟机概念，当 AS3 来到的时候，Adobe 正式将 Flash Player 定位为虚拟机。所有的应用皆集于 Flash Player，这是每一个 Flash 的开发人员都应该理解的。

12.1.3　关于标准和实现

在 IT 产业中，特别是软件产业中，有两个非常重要的名词，就是标准和实现，不能不了解这两个名词。

标准（standard）是由一个公认的机构制定和批准的文件。它对活动或活动的结果规定了规则、导则或特殊值，可供共同和反复使用，以在预定领域内实现最佳的秩序效果。

有一些标准具有强制力，例如 ISO（国际标准化组织）制定的标准必须为其成员所遵守，具有法定的约束力；另外一些则没有强制力，但具有很大的影响力，并且在很大程度上成为事实上的标准，例如 W3C（万维网联合会）制定的一些标准，这些标准一般被称为规范（specification），这些规范中最著名的就是 HTTP 了，它实际上已经成为一种事实上的标准。

实现（implementation）则是按照标准和规范作出的某个东西。例如，开发者按照 HTTP 开发出了一个浏览器程序，那么就称这个浏览器程序为 HTTP 的一个实现，或者说这个浏览器程序实现了 HTTP。IE、FireFox 及网景等浏览器都是 HTTP 的一个实现。

那么，JavaScript、ActionScript 等语言遵守 ECMA-262 标准，就称它们是 ECMA-262 标准的一个实现。

而一种语言也可以有不同的运行环境，这些不同的运行环境也可以称为这种语言的一个实现，例如 IE、FireFox、网景等浏览器都是 HTML 的实现，因为它们都是 HTML 网页的运行环境。Flash Player 是 ActionScript 的实现，因为它可以解释 ActionScript 程序代码，是它的运行环境。

技巧与提示

有些信息技术标准不具有法定约束力，所以很多厂商并不是完全遵守这个标准，而是部分采纳，部分采纳主要是为了和其他厂商的产品互通。

在标准基础上做一些扩展，主要是为了实现自身的某些特殊需要。例如 JavaScript、ActionScript 等，都是部分遵守 ECMA-262 标准，它们都在这个标准基础上扩展了自己某些特殊的功能。目前，几乎所有的厂商都会这样做。

12.1.4　牢牢把握 Flash 是基于时间轴的应用程序

很多年来，Flash 的用户都有一个夙愿：那就是如何完整、系统地把握 Flash 应用程序开发。

本书最终完成了用户这一夙愿，早在 5 年前，笔者提出了 "Flash 是基于时间轴的应用程序" 的知识体系。

5 年后的今天，这一知识体系已经非常丰富和完整，并成功地将其贯穿到 Flash 应用程序开发的全部过程，同时，它也经历了时间的考验。事实上，这也是目前笔者所知的 "唯一" 正确的主线。它如同巨大的磁石将全部的开发体验吸附到 "时间轴" 这个看起来如此浅显而又深刻的 "现实" 中来。

时间轴的概念对于大多数应用程序开发环境而言是十分陌生的，首先，它看起来仅仅是设计人员感兴趣的事，或者是仅仅用于简单的动画。但是，很快就会发现，时间轴是管理一个应用程序各种状态的方法，它实际上是一个无价之宝。它可以作为一个向导（wizard），一个窗体界面，或者是一个智能按钮，可以根据当前的情况显示不同的外观，做出不同的反应。

影片剪辑是整个 Flash 应用程序开发的核心构件，不但 Flash 应用程序有一个主时间轴，并且，所有的影片剪辑也都有独立的时间轴，每个时间轴或者处于播放状态，或者处于停止状态。如果时间轴正在播放，它将一直播放下去，直到遇到一个 stop() 命令（一个例外的情况是该时间轴仅包含一帧）。

Flash 的设计人员总是使用时间轴来制作动态内容；然而，开发人员总是把影片剪辑的每个帧停下来，把每个帧用做不同的状态，甚至，Flash 的开发人员在舞台上纯粹使用程序代码创建交互式的动态内容。

理解 "Flash 是基于时间轴的应用程序"，才能从根本上解决开发过程中变量的作用域问题。任何应用程序开发中，变量的作用域都是最基本的也是最重要的认知。

12.2　认识 Flash CS3 开发环境

作为开发环境，Flash CS3 有一个具备强大功能的 ActionScript 代码编辑器："动作"面板。使用该编辑器，初学者和熟练的程序员都能迅速而有效地编写出功能强大的程序来。Flash CS3 的程序编辑器提供代码提示、代码格式自动识别及搜索替换功能。代码提示功能非常强大，它不但会提示类的属性和方法，还会对属性和方法的参数使用进行描述。

除此之外，Flash CS3 提供了一个帮助面板，当用户在程序编辑器中编写程序时，按【F1】键，帮助面板可以根据选择的关键字自动识别，当打开帮助面板时它会自动跳到相关的词条，这使得用户可以快速查看和学习程序语法，而不必死记硬背词条。

下面我们就来看一下怎样使用"动作"面板。

12.2.1　使用"动作"面板

从菜单栏上选择【文件】→【新建】命令打开"新建文档"对话框，选择"Flash 文件(ActionScript 3.0)"选项，单击【确定】按钮就新建了一个 Flash 文档，该文档将可以使用 ActionScript 3.0 语言开发程序。

从菜单栏上选择【窗体】→【动作】命令（或者按【F9】快捷键）就可以打开"动作"面板，如图 12-1 所示。

图 12-1　"动作"面板

在"动作"面板上可以看到，面板左边有一个类似资源管理器的节点树，称为工具箱列表；右边是一个文本框，用于键入代码；左下部列出了当前影片中所有包含程序代码的帧，用户可以很容易地导航到那个帧。

工具箱列表中列出了 ActionScript 程序语言的所有词条，称为动作（在本书中，动作和语句这两个术语是相互等同的）。工具箱列表包含几个大的节点，也就根据不同的类型把动作分为几大类，各大类下面又分为几个小类，小类下面包含了程序代码的关键字，这样的区分大大方便了用户的使用。

可以从工具箱列表中选择动作来创建 ActionScript 程序语句，也可以使用文本框顶部的【+】（添加）按钮创建 ActionScript 程序语句。

当然，"动作"面板就像是一个文本编辑器，也可以在该面板右边的文本框中直接键入程序代码。使用"动作"面板，用户可以像在文本编辑器中编写程序一样编辑 ActionScript 代码，为语句定义参数，也可以在文本框中直接删除语句。

12.2.2　"动作"面板助手模式

当用户第一次使用"动作"面板时，实际上使用的是该面板的标准模式。"动作"面板充分考虑到了用户的需求，它有两种模式：一种是标准模式（Normal Mode），适用于对 ActionScript 比较熟悉的高级用户；另一种是助手模式（Help Mode），适用于初学者。

下面就来学习一下"动作"面板助手模式的使用方法。在"动作"面板上单击【脚本助手】按钮就会切换到"助手模式"，如图 12-2 所示。

图 12-2　助手模式

当选定一行语句时，将会在文本框顶部显示该语句的参数定义分类，这有利于用户了解该语句的构成和语法。

使用文本框顶部的控制按钮，用户可以添加、删除或者改变动作语句的顺序。这些控制按钮在管理由多个语句组成的帧程序方面特别有用。

下面就来看怎样使用"动作"面板添加和定义程序代码。

1．添加一个动作语句

[01]单击工具箱中的动作所在的类节点，显示该类节点中的动作。

[02]双击一个动作或拖它到文本框中。

2．使用参数域定义动作语句参数

如果要使用文本框顶部的参数域，在文本框中选择一行动作语句，然后在参数域中输入新值，修改当前动作语句的参数。

3．使用影片剪辑实例目标路径

如果要插入影片剪辑实例目标路径，可以自己在参数域相应的文本框中键入影片剪辑实例目标路径，也可以使用插入目标路径对话框，方法如下：

[01]在"动作"面板上单击文本框顶部的【插入目标路径】按钮，就会弹出"插入目标路径"对话框，如图 12-3 所示。

[02]从显示出来的列表中选择一个影片剪辑实例。在此对话框中，还可以选择使用相对路径或是绝对路径。

图 12-3　"插入目标路径"对话框

4．上下移动语句

[01]在文本框中选择一条语句。

[02]单击文本框顶部的上箭头或下箭头按钮。

5．删除一条语句

[01]在文本框中选择一条语句。

[02]单击【-】（删除）按钮。

6．改变当前动作的参数

如果要改变当前动作的参数，可以按照下面的步骤：

[01]在文本框中选择一条语句。

[02]在参数域相应的文本框中键入新值。

7．改变工具箱或文本框的大小

拖动工具箱与文本框之间的垂直拆分条可以改变二者之间的大小。

也可以双击拆分条，隐藏工具箱列表；再次双击拆分条，重显工具箱列表（单击拆分条上的左箭头按钮或右箭头按钮，显示或隐藏工具箱列表）。

当工具箱列表被隐藏时，仍然可以用"动作"面板左上角的【+】（添加）按钮访问它的选项。

12.2.3　自定义 ActionScript 编辑器环境

编辑器环境一般都是可以自己定制的，ActionScript 代码编写环境也是可以自己定制的。可以定制"动作"面板中编辑器的环境参数，不但可以定制背景色和前景色，还可以定制保留字、语法关键字、字符串及注释的颜色、字体及大小等。

要想自定义编辑器环境，从菜单栏上选择【编辑】→【首选参数】命令，弹出"首选参数"对话框，如图 12-4 所示。

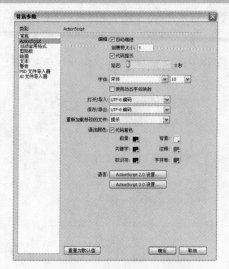

图 12-4   "首选参数"对话框

打开 ActionScript 编辑器标签，可以看到 ActionScript 编辑器所有的定制选项，可以随自己的爱好设置自己的编辑器环境。

目前的设置是 Adobe 公司的工程师经过测试对于大多数开发人员是非常适合的，所以，除非有特殊的需要，否则建议不进行改动。

12.2.4   使用代码提示功能

自动代码提示也是程序编辑器的一大特点，就像使用其他的编辑器（如 Visual C++、Visual Basic）一样，当在编辑器中键入一个关键字时，程序编辑器会自动识别关键字及上下文环境，并自动弹出适用的属性和方法以供选择，甚至可以是属性和方法的参数列表以供选择。

除此之外，弹出的参数提示列表还会有相应的简单介绍，这就大大方便了初学者，有利于初学者快速地掌握 ActionScript 程序语法。

自动代码提示功能是针对"动作"面板标准模式而言的，图 12-5 所示的两幅图展示了代码提示功能的两种情况（菜单样式和工具条提示样式）。

图 12-5   菜单样式和工具提示样式

1．启用自动代码提示

在"首选参数"对话框的 ActionScript 编辑器标签上，选择"代码提示"复选框就可以设置自动代码提示。

也可以手动启用代码提示，只需单击文本框上方的【显示代码提示】按钮。

2．使用工具条提示样式的代码提示

[01]在方法名后键入一个开括号"("，代码提示就出现了。

[02]输入参数的值。如果有多个参数，用逗号分隔这些值。

[03]要使代码提示消失，可以键入闭括号")"；单击该语句之外的地方；或者按下【Esc】键。

3．使用菜单样式的代码提示

[01]通过执行以下任一操作来显示代码提示：

- 在对象名称的后缀后面键入一个英文句点。
- 在事件处理函数名后键入一个开括号"("。

[02]要浏览代码提示菜单项，可用向上和向下的箭头键或者鼠标。

[03]要选择菜单中的某项，请按下【Tab】键，或者双击该项。

[04]要使代码提示消失，可以执行以下任一操作：

- 选择其中的一个菜单项。
- 单击该语句之外的地方。
- 如果已经键入了一个开括号，请键入一个闭括号")"。
- 按下【Esc】键。

很多程序代码需要创建类的新实例才能够使用它的方法和属性。例如，在代码 myMovieClip.gotoAndPlay(3) 中，gotoAndPlay 方法指示实例 myMovieClip 转到特定的帧，然后开始播放该影片剪辑。"动作"面板并不知道实例 myMovieClip 属于 MovieClip 类，因此不知道显示哪些代码提示。

如果想要"动作"面板显示类实例的代码提示，要么在创建实例时为该实例定义数据类型，要么必须向每个实例名添加一个特定的类后缀。例如，要显示类 MovieClip 的代码提示，可以定义实例为 MovieClip 类型：

```
var myMovieClip:MovieClip;
```

这样，就可以在 myMovieClip 后面键入一个英文句点就可以弹出提示菜单。

也可以使用后缀 _mc 命名所有的 MovieClip 类，例如下面的代码所示：

```
Circle_mc.gotoAndPlay(1);
Sqaure_mc.stop();
Block_mc.addChildAt(NewBlock_mc, 100);
```

表 1-1 显示了后缀及其对应的类名。

表 12-1   后缀及关联的类

后　缀	类　名	后　缀	类　名
_array	Array	_pj	PrintJob
_btn	Button	_nc	NetConnection
_cam	Camera	_ns	NetStream
_color	Color	_so	SharedObject
_cm	ContextMenu	_sound	Sound
_cmi	ContextMenuItem	_str	String
_date	Date	_txt	TextField
_err	Error	_fmt	TextFormat
_lv	LoadVars	_video	Video
_lc	LocalConnection	_xml	XML
_mic	Microphone	_xmlnode	XMLNode
_mc	MovieClip	_xmlsocket	XMLSocket
_mcl	MovieClipLoader		

也可用程序代码注释来指定实例所属的类，以用于代码提示。下面的示例通知程序代码，实例 theObject 的类是 Object，等等。如果要在这些注释后输入代码 mc，代码提示将显示 MovieClip 方法和属性列表；如果要输入代码 theArray，代码提示将显示 Array 方法和属性列表。

```
// Object theObject;
// Array theArray;
// MovieClip mc;
```

12.3   ActionScript 代码的位置

进行 Flash 应用程序开发的第一个问题就是在哪里放置 ActionScript 程序代码，总结起来，共有这样两个位置可以放置：放在在时间轴中的帧上，或者放在一个外部类文件中。

12.3.1   在帧中编写 ActionScript 程序代码

在帧中编写 ActionScript 程序代码是最常见也是最主要的代码位置，选中主时间轴上或者影片剪辑中的某一个帧，打开"动作"面板，就可以为该帧编写程序代码了。

当在帧中编写代码时，"动作"面板顶部的选项卡有提示这是帧代码，并且会在底部的选项卡上提示程序代码位于哪一个图层哪一帧，如图 12-6 所示。

并且，在帧中会出现一个小写的 a，表示该帧中包含代码，如图 12-7 所示（第 1 帧中包含代码，第 2 帧中不包含代码）。

图 12-6 帧代码

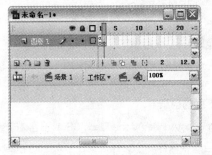

图 12-7 包含有代码的帧

12.3.2 在外部类文件中编写 ActionScript 程序代码

ActionScript 程序代码也可以位于外部类文件中，然后可以使用多种方法（包括使用 import 语句）将类文件中的定义应用到当前应用程序（关于怎样应用外部类文件将在以后的章节详细介绍）。

使用 Flash CS3，用户也可以创建和编辑外部类文件（*.as 文件），从菜单栏中选择【文件】→【新建】命令，在弹出的对话框中选择"ActionScript 文件"选项就可以创建一个外部类文件来编辑，如图 12-8 所示。

图 12-8 外部 ActionScript 文件

这时，应该注意到编辑器的特征，这不再是"动作"面板，也没有"助手模式"。并且注意，外部 *.as 文件仅仅是纯文本格式，它可以使用任何文本编辑器编辑，而且它无须定义 ActionScript 版本，因为最终被加载到帧中被编译。

 技巧与提示

需要特别注意的是，外部的 *.as 文件并非全部都是类文件，有些是为了管理方便。将帧代码按照功能放置在一个一个的 *.as 文件中，这样便于管理。

在帧代码中，可以使用 include 指令将 *.as 文件中的代码导入到当前帧。该指令的语法格式如下：

include "[path]filename.as"

include 指令在编译时调用并不是动态调用的。因此，如果对外部文件进行了任何更改，则必须保存该文件，

并重新编译任何使用它的源文件。

不但可以在帧代码中使用 include 指令，也可以在*.as 文件中使用 include 指令，但不能在 ActionScript 类文件中使用。

include 可以对要包括的文件不指定路径、指定相对路径或指定绝对路径。如果不指定路径，则*.as 文件必须位于以下三个位置之一：

[01]与 FLA 文件位于同一个目录。

[02]位于全局 Include 目录下，该目录的路径为：

C:\Documents and Settings\< 用 户 >\Local Settings\Application Data\Adobe \Flash CS3\< 语 言 >\Configuration\Include

[03]位于下面的目录中：

C:\Program Files\Adobe\Adobe Flash CS3\<语言>\First Run\Include

如果在此目录中保存一个文件，则在下次启动 Flash 时，会将此文件复制到全局 Include 目录中。

若要为*.as 文件指定相对路径，使用单个点（.）表示当前目录；使用两个点（..）表示上一级目录，并使用正斜杠（/）来指示子目录。

12.4   Hello World **实例**

下面来创建一个简单的 Flash 应用程序，来休验一下怎样使用 Flash CS3 创建具有交互功能的应用程序。

在该应用程序中，将按传统生成一个非常简单的命令行应用程序，即一个写出"Hello World"字符串到 Flash 影片的舞台上。

[01]从菜单栏上选择【文件】→【新建】命令打开"新建文档"对话框，如图 12-9 所示。

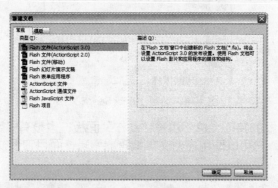

图 12-9   新建文档

选择"Flash 文件(ActionScript 3.0)"选项，这表示将新建一个使用 ActionScript 3.0 语言进行应用程序开发的文档，当编译时将使用 ActionScript 3.0 编译器将其编译。

单击【确定】按钮就新建了一个 Flash 文档。

[02]从菜单栏上选择【窗口】→【组件】命令打开"组件"面板，展开 User Interface 组，现在可以看到很多的"组件"，如图 12-10 所示。

这些"组件"被称为用户界面组件，如果熟悉其他应用程序的话，它们就是 VB 或者 VC 中的控件。

[03]双击 Label 组件图标就会在舞台上创建一个该组件的实例，再双击 Button 组件图标创建一个按钮，在舞台上将这两个组件实例排列好，如图 12-11 所示。

图 12-10　用户界面组件

图 12-11　放置组件

[04]选中 Label 组件实例，在"属性"面板上为该实例定义一个实例名，如图 12-12 所示，在文本框中键入 myLabel。

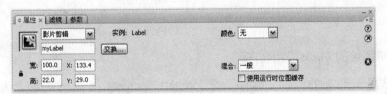

图 12-12　定义实例名

同样，为按钮实例定义实例名为 myButton。

[05]保持按钮实例被选中状态，在"属性"面板上切换到"参数"选项卡，这里与 VB 或者 VC 中的控件属性对话框基本相同，如图 12-13 所示。

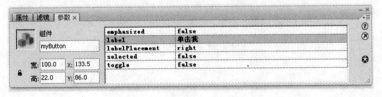

图 12-13　定义初始化参数

现在为该实例定义初始化参数，在 label 参数项的右侧文本框中单击，键入"单击我"，由于这个参数是用来定义按钮的标签文字，所以它会立即在舞台上显示出来。

[06]现在使用鼠标选中帧，从菜单栏上选择【窗口】→【动作】命令打开"动作"面板，键入下面的程序代码：

```
var str:String = "Hello World";
var myClick:Function = function(evt:MouseEvent) {
    myLabel.text = str;
```

```
    trace(str);
};
myButton.addEventListener("click",myClick);
```

在这几行程序中，首先，定义了一个变量，将值"Hello World"赋给变量。

随后，定义了一个函数用来响应事件，当用户单击按钮时将会执行函数中的代码；在函数体内，将变量的值赋给标签实例的 text 属性，该属性将会在标签内显示变量的值。

最后，为按钮定义一个事件监听，将 MouseEvent.CLICK 事件（这个常数表示鼠标单击）委托给函数 myClick 执行。

[07]现在测试影片，按【Ctrl+Enter】组合键，单击【单击我】按钮查看效果，如图 12-14 所示。

图 12-14　运行测试

这就是一个非常简单的 Flash 应用程序。

也可以将代码置于外部的 as 文件中，然后使用 include 指令将其导入，在附送光盘上的 sample_cn\chapter_12\source 目录下包含了这个应用的范例原代码。

技巧与提示

注意到在代码当中使用了 trace(str)一行代码，这将会弹出"输出"面板，并在该面板上显示变量 str 的值"Hello World"，如图 12-15 所示。

图 12-15　使用 trace 语句

要显示变量的值，就可以使用 trace 语句向"输出"面板发送值，这在 ActionScript 代码开发的过程中将会经常使用。

例如，在测试 SWF 文件时，使用 trace 语句可以在"输出"面板中记录编程的注释或者显示消息。该语句类似于 JavaScript 中的 alert 函数（该语句可以将消息显示在一个警告框中）或者 Java 中的 System.out.println 语句（该语句可以将消息显示在控制台）。

由于可以使用"发布设置"对话框中的"省略跟踪动作"选项将 trace 语句从发布的 SWF 文件中删除，所以不会造成任何信息泄露。

13

使用 ActionScript 脚本
创建交互式动画

简单的动画中，Flash 只是顺序地播放一个影片的所有场景和帧。而对互动影片，用户则可以使用鼠标、键盘或者二者同时使用来控制影片。例如，跳转到影片中不同的地方、移动对象、使用表单输入信息及进行许多其他的互动操作。

互动影片可以通过编写程序代码来创建，Flash 中的程序语言众所周知，被称为 ActionScript 脚本语言。

ActionScript 脚本语言是 Flash 用来增加一个影片的交互性的，它与 JavaScript 脚本语言非常相似，ActionScript 脚本语言也是面向对象的设计语言，ActionScript 中的对象可以包含数据，或者可以在舞台上被图形化表现为影片剪辑。

13.1　控制时间轴

使用 ActionScript 的一个重要功能就是控制时间轴的播放，时间轴是一个巨大的应用宝库，在时间轴上，用户可以利用层、帧和舞台组织窗体对象。虽然这也涉及一些 ActionScript 语法，但这一部分是 Flash 应用程序的基本所在。如果不理解这个根本无法进行程序开发，因此，应当首先牢牢记住这些。

一个时间轴可以看做是一个 MovieClip 类的实例，因此，可以使用 MovieClip 类的方法来控制时间轴的播放。当新建一个文档时，首先看到的时间轴被称为主时间轴，在程序中，可以使用关键字 root 来标识这个时间轴。

在"动作"面板上，展开工具箱列表中的"flash.display"→"MovieClip"→"方法"节点，这里列出了 MovieClip 类的方法，其中一些方法用于控制时间轴播放和控制影片，如图 13-1 所示。

图 13-1　基本的时间轴控制语句

这些用于控制时间轴播放的语句是创建交互式动画时经常用到的，需要牢牢记住它们的功能和用法。下面分别详细介绍这些基本动作。

13.1.1　控制影片时间轴的播放和停止

除非使用语句指定，否则影片时间轴一旦开始播放，它就会按时间轴顺序播放每一帧。但可以使用 play 和 stop 脚本语句来控制影片时间轴某一片段的播放和停止，例如，可以在一个影片时间轴播放完一个场景末（进入下一场景之前）停止播放，停止后要继续播放，必须要用 play 语句来启动。

play 和 stop 语句是最常用的控制影片剪辑或者主时间轴的方式，要使用它，可以把语句添加到一个帧中。要控制影片剪辑的时间轴，影片剪辑必须有一个实例名称，必须被放在时间轴上，并使用目标路径语句指定。

注意，stop 和 play 语句都没有参数，它们的语法分别是：

```
stop();
play();
```

13.1.2　跳转场景或者帧

要想使影片在播放过程中跳转至影片中的一个指定帧或者场景，可以使用 goto 语句，goto 语句将在脚本框中生成一个 gotoAndPlay(scene,frame)或者 gotoAndStop(scene, frame)脚本语句，使时间轴指针跳转至影片中的一个指定的帧或者场景。

在跳转至某一帧的情况下，可以选择在指定帧开始播放还是从指定帧停止播放，也就是 gotoAndPlay(scene,frame)或者 gotoAndStop(scene,frame)脚本的区别所在：

```
gotoAndPlay(scene,frame);//用于跳转至某一帧并从该帧开始播放
gotoAndStop(scene,frame);//用于跳转至某一帧并在该帧停止播放
```

goto 语句的语法和用法都非常简单，但是对于一个刚接触 Flash 的用户来说还是有一定的难度，下面就在"动作"面板的助手模式下，对该语句进行一个详细的介绍：

[01]从菜单栏上选择【窗口】→【动作】命令打开"动作"面板，单击【脚本助手】按钮就会切换到"助手模式"。

[02] goto 语句现在是 flash.display.MovieClip 类的方法，在"动作"面板左边的工具箱列表中，依次展开"flash > display > MovieClip"节点，显示出来该类的成员。再单击"方法"子节点，将其展开，从中选择 gotoAndPlay 或者 gotoAndStop 语句，双击插入到脚本框中，如图 13-2 所示。

图 13-2　goto 语句

[03]顶部的参数区域显示了该语句可以定义的参数，下面是 gotoAndPlay 或者 gotoAndStop 语句参数的详细说明：

- "对象"文本框用来定义目标影片剪辑实例名，如果要将主时间轴作为目标，那么可以使用 root 关键字作为该选项的名字。
- "帧选"文本框用于指定要跳转的帧号。
- "场景"文本框用于指定目标场景的名称。

13.1.3　跳转场景或者帧的其他方法

除了使用 gotoAndPlay 或者 gotoAndStop 语句，还可以使用下面的几个方法：

```
nextFrame();//跳转到下一帧
prevFrame();//跳转到前一帧
nextScene();//跳转到下一场景的第 1 帧
prevScene();//跳转到前一场景的第 1 帧
```

"帧"选项与"场景"选项及"类型"选项结合使用，确定要跳转到的当前场景或一个已命名的场景中指定的帧，可以使用帧编号、帧标签或者表达式（如果在"类型"选项对应的组合框中选择了"帧编号"、"帧标签"或者"表达式"，就可以在"帧"文本框内键入相应的帧编号、帧标签或者表达式）。

例如下面的语句将跳转到当前帧后面的第 5 帧并停止：

```
this.gotoAndStop(currentFrame + 5);
```

技巧与提示

要控制影片剪辑实例的时间轴，该实例必须有一个实例名称，并且必须被放在时间轴上。

然后就可以使用目标路径语句指定应用时间轴控制语句了。假如时间轴上有一个实例名为 my_mc 的影片剪辑实例，那么就可以使用下面的语句跳转帧：

my_mc.gotoAndStop(2);

记住，影片剪辑是不可能有场景的，因此，如果对影片剪辑实例使用 goto 语句不能包含参数 scene。

13.1.4　为帧定义标签

可以为帧添加帧标签以便于导航，这等于为某一个帧作了标记。对帧进行标记有助于在 ActionScript 中方便地引用它，这对于将播放头跳转到特定帧非常有用。

选定某一个关键帧（或者空关键帧），打开"属性"面板，在"帧标签"文本框中键入一个文本字符串作为标签文本。

这时就会发现标签文本和标记出现在时间轴中，并会出现一个红色小旗，如图 13-3 所示。

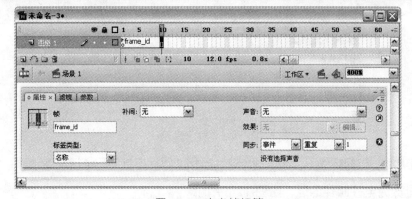

图 13-3 定义帧标签

13.2 跳转至指定的 URL 或者发送邮件

有很多种方法可以在 Flash 影片中打开一个网页或者发送邮件，可以使用文本框，也可以使用脚本代码，下面就分别加以介绍。

13.2.1 定义文本超链接

在 Flash 影片中，可以为文本框中的文本定义超链接，当用户单击这个文本时就会打开这个超链接。

从工具箱中选择"文本工具"，在舞台上创建一个文本框，并键入文字：欢迎访问我的 BLOG：www.zhang-yafei.com。

使用鼠标选中后面的网址部分，打开"属性"面板，在超链接对应的文本框中键入网址，如图 12-4 所示。

图 12-4 文本超链接

也可以从右侧的"目标"下拉列表框中选择一项，表示在哪一个窗口中打开网址。下面是这些选项的详细解释：

- _self 在当前窗口中的当前框架打开网址。
- _blank 在新窗口中打开网址。
- _parent 在当前框架的父框架中打开网址。
- _top 在当前窗口中的最上一级框架中打开网址。

设置完毕后，就可以在舞台上看到加了超链接的文本下面多了一行虚线，如图 12-5 所示。

图 12-5   舞台呈现

不过当发布影片后，这行虚线不会被呈现出来，当移动鼠标指针到超链接文本上时，指针会变为手形。

也可以将网址改为电子邮件地址，如图 12-6 所示。

图 12-6   文本超链接

也就是将超链接设置为一个由 "mailto:邮件地址" 格式组成的字符串。这样，当用户单击超链接文本时，将会打开默认的邮件客户端（如 OutLook），并在发送地址中显示这里定义的电子邮件地址。

不过，这个设置仅能在 Flash 影片位于浏览器中时才能有效，并且，必须在网页中设置 Flash 影片的参数 allowScriptAccess 的值为 always。有 3 个地方设置该参数，所以要修改 3 个地方：

[01]<param name="allowScriptAccess" value="always" />。

[02]<embed>元素中：allowScriptAccess="always"。

[03]AC_FL_RunContent 函数中：'allowScriptAccess','always',。

这时就可以在浏览器中测试影片，单击超链接文本，将会打开邮件客户端，如图 12-7 所示。

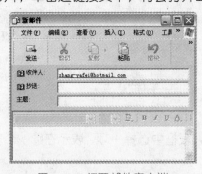

图 12-7   打开邮件客户端

13.2.2   编写代码

使用 navigateToURL 语句（它是 Class 类的方法，但可以直接使用）可以从指定的 URL 中向指定的浏览器窗口载入文档，或者传递变量给指定 URL 处的应用程序。例如，可以向一个 CGI 脚本发送变量数据，就像是使用 HTML 表单一样（要着重指出的是仅当前影片中的变量能被发送）。

　　使用 navigateToURL 语句最典型的用途是载入一个网页，但也可以在一个 Flash 工程中用来自动打开一个浏览器窗口显示指定的 URL。

　　要测试这条语句，要求要载入的文件应该在指定位置处，同时该 URL 的网络连接（例如，http://www.zhang-yafei.com/）能够访问。

　　在"动作"面板左边的工具箱列表中，单击"索引"节点，将其展开，显示出子类项。从中选择 navigateToURL 语句双击插入到脚本框中，然后可以定义参数，如图 13-8 所示。

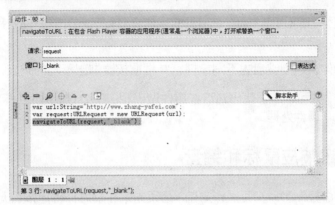

图 13-8　navigateToURL 语句

navigateToURL 语句有如下参数：

[01]"请求"文本框用于键入一个 URLRequest 实例名，这个实例就代表向 URL 地址发送请求。例如下面的代码就是构建了一个向笔者的 BLOG 发送请求的 URLRequest 实例，名为 request：

```
var url:String="http://www.zhang-yafei.com";
var request:URLRequest = new URLRequest(url);
```

　　注意，URL 地址可以是绝对路径也可以是相对路径。

[02]"窗口"文本框用于指定把文档载入到哪一个窗口或 HTML 中的哪一个框架。可以键入窗口或 HTML 框架的名称，也可以键入表达式（当然必须选中文本框右边的"表达式"复选框）。

　　在使用框架名称时，注意前面介绍的 4 个值也可以使用：_self、_blank、_parent 和_top。

　　例如下面的语句就是打开一个新窗口：

```
navigateToURL(request,"_blank");
```

　　也可以使用 mailto 构造请求，从而打开电子邮件客户端，不过，这个设置也仅能在 Flash 影片位于浏览器中时才有效，并且，也必须在网页中修改参数 allowScriptAccess 的值为 always。并且，最好设置 navigateToURL()语句的第二个参数为_self，这样打开电子邮件客户端不会改变当前窗口的内容，也不会打开新的空窗口。

技巧与提示

在 Flash Player 9 中，如果在 HTML 文件中嵌入了来自其他主机的 SWF 影片（HTML 文件和 SWF 影片位于不同的主机上），那么在使用打开 URL 链接的功能时就要注意，不能使用_self、_parent、_top，而只能使用_blank，除非同时设置了 allowScriptAccess 的值为 always。

13.3　基本交互功能

在 Flash 影片中可以编写代码响应用户鼠标事件和键盘事件，这里指的是鼠标左键单击事件和鼠标滚轮事件（在 ActionScript 程序语言中禁止使用鼠标右键事件，当在 Flash 应用程序上单击鼠标右键将会弹出 Flash Player 菜单，但 ActionScript 程序可以响应 Flash Player 菜单项被选择事件）。

鼠标简单的事件模型包括使用鼠标时最常见的操作：鼠标左键单击和释放、鼠标指针是否在对象上、鼠标左键双击等。

也可以响应键盘事件，识别键盘的不同按键，并根据按键做出不同的响应。

当这些事件发生时，就可以编写代码对这些事件做出相应的处理，指定为响应特定事件而应执行的某些动作的技术被称为"事件处理"。

13.3.1　创建按钮响应鼠标和键盘

在了解怎样编写程序控制影片交互操作之前，必须先来了解怎样创建按钮元件，因为按钮是用户经常遇到的交互操作对象。

按钮元件是仅由 4 个帧构成的、特殊的、交互式的影片剪辑元件，按钮元件包含一个 4 帧的时间轴。前 3 帧显示按钮的 3 种可能状态；第 4 帧定义按钮的单击区域。时间轴实际上并不播放，它只是对指针运动和动作做出反应，跳到相应的帧。

按钮元件的时间轴上的每一帧都有如下特定的功能：

第 1 帧是弹起状态，代表指针没有经过按钮时该按钮的状态。

第 2 帧是指针经过状态，代表当指针滑过按钮时，该按钮的外观。

第 3 帧是按下状态，代表单击按钮时，该按钮的外观。

第 4 帧是单击状态，定义响应鼠标单击的区域。该帧上的内容在 SWF 文件舞台上是不可见的。

下面来看怎样创建如图 13-9 所示的按钮。

图 13-9　按钮的状态

[01]从菜单栏上选择【插入】→【新建元件】命令，在弹出的"创建新元件"对话框中，输入新元件的名称"my_btn"，并选择"按钮"类型。

这时，该元件处于编辑状态，时间轴的标题会显示 4 个标签分别为"弹起"、"指针经过"、"按下"和"点击"的连续帧。第 1 帧（弹起）是一个空白关键帧，如图 13-10 所示。

图 13-10　按钮元件的帧

[02]选择"椭圆"工具，调整线条颜色（线条颜色 Alpha 值为 50%）和填充颜色，按住【Shift】键在舞台上绘制一个正圆形，并调整位置使圆形的中心与注册点重合，并连续按【F6】键在其他 3 个帧也创建关键帧，如图 13-11 所示。

图 13-11　在每个帧绘制图形

分别选择这 4 个帧，调整帧上图形的形状，这样才能在鼠标操作时显示不同的状态。在"弹起"帧上，将边框线条删去；在"点击"帧和"按下"帧上，也将边框线条删去。然后可以锁定该图层以防误编辑。

[03]新建一个图层，在该图层上绘制一个箭头形状，这时，注意到图形延伸到所有帧，如图 13-12 所示。

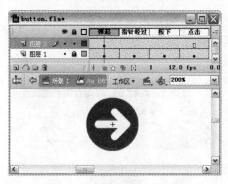

图 13-12　添加一个标识箭头

[04]选择"按下"帧，按【F6】键创建一个关键帧，切换到"墨水瓶工具"，为该帧上的箭头形状添加一个边框线条，这样就使得按钮状态更富变化。同时可以看到，"弹起"帧和"指针经过"帧上的箭头图形是相同的。

在"点击"帧上单击鼠标右键，在弹出菜单上选择【删除帧】命令，将该帧删除，这是因为已经在"图层1"上定义了单击区域，不需要再定义单击区域了，如图13-13所示。

图13-13　对箭头稍作变化

[05]新建一个图层，将"图层1"上的圆形填充复制到该层相同位置（使用右键菜单中的【粘贴到当前位置】命令），然后打开"颜色"面板，选择"放射状"填充，注意填充色的调节，将两端的颜色都改为白色（#FFFFFF），左边的Alpha值为50%，右边的Alpha值为0%，使用"油漆桶工具"填充图形。

然后，切换到"填充变形工具"，对图形进行如图13-14所示的修改，主要是将"光亮区域"向下移动并扁化。

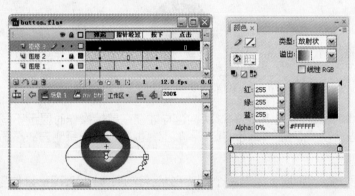

图13-14　润色按钮和填充色设置

[06]新建一个图层，将"图层3"上的圆形填充复制到该层相同位置（使用右键菜单中的【粘贴到当前位置】命令），切换到"任意变形工具"，调整大小和形状，如图13-15所示。

图13-15　润色按钮

然后，切换到"填充变形工具"，对图形进行如图 13-16 所示的修改，主要是将"光亮区域"向上移动并扁化。

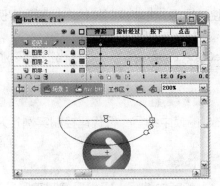

图 13-16　润色按钮和填充色设置

最后，将"图层 3"和"图层 4"上的"点击"帧都删除，最后的时间轴设置如图 13-17 所示。

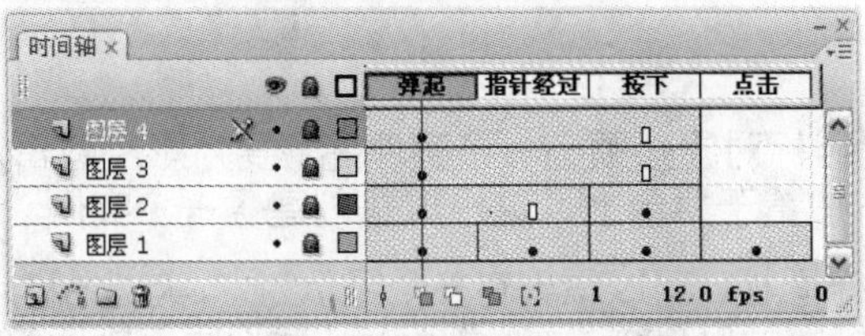

图 13-17　最终的时间轴设置

现在，单击时间轴顶部的场景按钮回到主时间轴，按【Ctrl+L】组合键打开"库"面板，可以看到新建的按钮元件（注意区分按钮元件的图标）。

将该元件拖放到舞台上创建一个实例，按【Ctrl+Enter】组合键测试，可以将鼠标滑过、单击以测试其效果。

要制作一个交互式按钮，可把该按钮元件的一个实例放在舞台上，然后为实例定义实例名，并使用实例名注册交互事件。在按钮时间轴的帧中定义的程序将会被忽略，并不能被执行。

13.3.2　了解目标对象

要了解怎样实现交互，首先必须了解交互操作的目标对象。在 Flash 影片的时间轴上可以有多个影片剪辑或者按钮实例，每个影片剪辑实例都有一个时间轴，都可以包容其他的影片剪辑实例（包容的影片剪辑也有自己的时间轴）或者按钮实例。这些影片剪辑实例的时间轴都按分层体系组织起来，所以可以在影片中组织并简便轻松地控制这些对象。

例如下面的 Flash 影片 myMovie.swf 的分层体系：

```
myMovie.swf
    MovieClipA (实例名: Robert)
        MovieClipA1 (实例名: Tom)
        MovieClipA2(实例名: Mary)
    MovieClipB (实例名: Bush)
```

该影片的主时间轴上有两个影片剪辑实例，MovieClipA 和 MovieClipB ，实例名分别为 Robert 和 Bush，只有实例名才能代表这两个对象。在 MovieClipA 下包含两个影片剪辑，实例名分别为 Tom 和 Mary。

每个影片剪辑实例的时间轴独立运行，也能控制其他影片剪辑实例的时间轴。被控制的影片剪辑实例称为"目标对象"。

例如，可以在影片剪辑 MovieClipA 的帧中编写一行代码控制实例名为 Tom 的实例，令其跳转到第 5 帧：

```
Tom.gotoAndStop(5);
```

如果要在影片剪辑 MovieClipA 的帧中编写一行代码控制实例名为 Bush 的实例，令其跳转到第 5 帧，那么就可以这样做：

```
parent.Bush.gotoAndStop(5);
```

如果要在影片剪辑 MovieClipA1 的帧中编写一行代码控制实例名为 Bush 的实例，令其跳转到第 5 帧，那么就可以这样做：

```
parent.parent.Bush.gotoAndStop(5);
```

1．定义实例名

要使用目标对象，关键是目标对象必须有一个实例名。要为影片剪辑定义实例名，首先将一个影片剪辑从"库"面板中拖出来，放置于舞台上，这样就是创建了一个实例。

选中该实例，打开"属性"面板，可以看到有一个显示为"<实例名称>"的文本框，在该文本框中键入一个标识符就可以作为实例名。并且，在"属性"面板上也会显示影片剪辑的名称，如图 13-18 所示。

图 13-18　定义实例名

2．使用"插入目标路径"对话框

一旦定义了实例名，就可以使用"插入目标路径"对话框来指定目标对象了。例如，在影片剪辑 MovieClipA 处于编辑状态时，选中一个帧，打开"动作"面板，单击【插入目标路径】按钮就可以打开"插入目标路径"对话框，如图 13-19 所示。

图 13-19　插入目标路径

从显示出来的列表中选择一个影片剪辑实例。在此对话框中，还可以选择使用相对路径或绝对路径。

不但影片剪辑实例可以作为目标对象，按钮实例也可以作为目标对象。

13.3.3　了解怎样实现事件处理

要编写代码来实现事件，首先要认识事件发生和处理的 3 个基本元素，当一个事件发生时，必然会牵涉到这 3 个要素。

1．事件处理的三要素

1）事件源（eventSource）

事件源也就是触发这个事件的是谁？例如，当按钮被鼠标左键单击时触发一个事件，那么按钮就被称为事件源。事件源也称为"事件目标"，因为 Flash Player 将此对象（实际在其中发生事件）作为事件的目标。

2）事件（eventName）

当按钮被鼠标左键单击时，实际上不但会触发单击事件，同时在之前还会触发鼠标移动事件，也就是说，一个对象可以触发多个事件，因此，也就必须对事件进行分别处理。这需要使用事件名来标识这个事件，事件名一般就是表明将要发生什么事情及希望响应什么事情的标识。

3）响应（eventResponse）

当事件发生时，就可以对事件的发生做出一些响应，也就是要执行的步骤。例如，当按钮被鼠标左键单击时，可以做出响应，为一个文本框赋值。响应一般是通过一个函数来完成的，函数体内包含了响应要执行的步骤。

2．事件处理的实现

无论何时编写处理事件的 ActionScript 代码，都会包括事件源、事件、响应这 3 个元素，并且代码将遵循以下基本结构：

```
function eventResponse(eventObject:EventType):void
{
    //这里是为响应事件而执行的步骤
}
eventSource.addEventListener(EventType.EVENT_NAME,eventResponse);
```

这几行代码执行两个操作：首先定义一个函数，该函数中定义有发生事件后要执行的代码。然后调用源对象的 addEventListener()方法，该方法指定当事件发生时要执行的函数。

例如前面的 Hello World 范例：

```
var myClick:Function=function(evt:MouseEvent) {
    myLabel.text="Hello World";
};
myButton.addEventListener("click",myClick);
```

这里事件源就是按钮 myButton，事件就是 click（这个字符串表示鼠标左键单击），响应就是用函数 myClick()来完成的，在函数内包含有代码用于为文本框赋值。

addEventListener()方法有两个参数：

[01]第一个参数是希望响应的特定事件的名称。同样，每个事件都与一个特定类关联，而该类将为每个事件预定义一个特殊值；类似于事件自己的唯一名称（应将其用于第一个参数）。

[02]第二个参数是事件响应函数的名称。请注意，如果将函数名称作为参数进行传递，则在写入函数名称时不使用括号。

可以说，addEventListener()方法将事件绑定到事件处理函数上，如果想解除这种绑定，可以使用removeEventListener()方法，例如，下面的代码就解除了上述鼠标左键单击事件的绑定：

```
myButton.removeEventListener("click");
```

3．一个基本范例

打开前面创建的按钮文档，从"库"面板中将按钮元件拖放到舞台上创建一个实例，选中这个实例，在"属性"面板上为其命名实例名为 myButton。

然后选中时间轴上第 1 帧，键入下面的代码：

```
var myClick:Function = function(evt:MouseEvent)
{
    var url:String="http://www.zhang-yafei.com";
    var request:URLRequest = new URLRequest(url);
    navigateToURL(request,"_blank");
};
myButton.addEventListener("click",myClick);
```

这样，当发布影片，单击这个按钮时就会打开笔者的 BLOG 站点。

13.3.4　可用的基本交互事件

InteractiveObject 类是用户可以使用鼠标和键盘与之交互的所有显示对象的抽象基类，这意味着所有显示对象（包括影片剪辑、按钮、文本框等可以显示在舞台上的元素）都可以使用它定义的事件，它定义了如下的事件（每个事件都使用一个字符串表示），如表 13-1 所示。

表 13-1　一些基本的交互事件

事件字符串	功 能 描 述
click	用户在同一 InteractiveObject 上按下并释放用户指针设备的主按钮时调度
doubleClick	如果 InteractiveObject 的 doubleClickEnabled 属性设置为 true，当用户在该对象上快速连续按下两次并释放指针设备的主按钮时调度
focusIn	显示对象获得焦点后调度
focusOut	显示对象失去焦点后调度
keyDown	用户按下某个键时调度
keyFocusChange	用户尝试使用键盘导航更改焦点时调度
keyUp	用户释放某个键时调度
mouseDown	在 Flash Player 窗口中，用户在 InteractiveObject 实例上按下指针设备按钮时调度
mouseFocusChange	用户尝试使用指针设备更改焦点时调度
mouseMove	用户移动 InteractiveObject 上的指针设备时调度
mouseOut	用户将指针设备从 InteractiveObject 实例上移开时调度
mouseOver	在 FlashPlayer 窗口中，用户将指针设备移动到 InteractiveObject 实例上时调度

（续表）

事件字符串	功 能 描 述
mouseUp	在 FlashPlayer 窗口中，用户在 InteractiveObject 实例上释放指针设备按钮时调度
mouseWheel	在 FlashPlayer 窗口中，鼠标滚轮滚动到 InteractiveObject 实例上时调度
rollOut	用户将指针设备从 InteractiveObject 实例上移开时调度
rollOver	用户将指针设备移动到 InteractiveObject 实例上时调度
tabChildrenChange	对象的 tabChildren 标志发生更改时调度
tabEnabledChange	对象的 tabEnabled 标志发生更改时调度
tabIndexChange	对象的 tabIndex 属性值发生更改时调度

13.3.5　控制播放影片的播放器

使用 fscommand 函数可以控制 Flash 独立播放器，也可以使用 fscommand 函数向浏览器(这必须通过 JavaScript 或者 VBScript 作为中间件)或者其他嵌入的 Flash 播放器的应用程序中发送消息。

在"动作"面板左边的工具箱列表中，单击"flash.system"节点，将其展开，显示出子类。再单击"方法"子节点，将其展开，从中选择 fscommand 语句双击插入到脚本框中，然后可以定义参数，如图 13-20 所示。

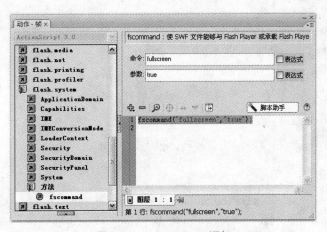

图 13-20　fscommand 语句

fscommand 语句有两个参数可以使用：在"命令"文本框中可以键入要发送的字符串，"参数"文本框用于输入字符串的选项或开关。两个文本框中都可以输入文本或表达式。

1．配合浏览器使用

在 Web 浏览器中，fscommand 语句从嵌入 Flash 影片的 HTML 页中调用 JavaScript 函数 moviename_DoFSCommand。

这里，moviename 是由 embed 或 object 元素的 name 属性指定的 Flash 播放器的名称，如果 Flash 播放器被赋予 theMovie 的名称，那么 JavaScript 函数调用的就是 theMovie_DoFSCommand。

向 JavaScript 函数传递的 Command 和 Arguments 参数可用于任何目的。例如，要通过 JavaScript 从 HTML 页的 Flash 影片中使用 fscommand 语句打开一个消息框或者对话框，可执行下列操作：

[01]在嵌入 Flash 影片的 HTML 页中加入如下的 JavaScript 代码：

```
function theMovie_DoFSCommand(command, args)
{
    if (command == "messagebox")
    {
        alert(args);
    }
}
```

[02]在 Falsh 影片中需要打开消息框或对话框处加入 fs command 语句：

```
fscommand("messagebox", "从 Flash 调用 messagebox");
```

　　[03]虽然在大多数浏览器中都是调用 JavaScript 函数 theMovie_DoFSCommand，但是，在 IE 浏览器中默认调用的其实是 VBScript 代码中的 theMovie_DoFSCommand 过程（在 VBScript 程序中，过程又被称为无返回值函数），所以，一般使用下面的代码来实现跨浏览器执行：

```
<script language="JavaScript" type="text/javascript">
<!--
function theMovie_DoFSCommand(command, args)
{
    if (command=="messagebox")
    {
        alert(args);
    }
}
//Internet Explorer 的挂钩
if (navigator.appName && navigator.appName.indexOf("Microsoft") != -1 && navigator.
userAgent.indexOf("Windows") != -1 && navigator.userAgent.indexOf("Windows 3.1") == -1)
{
    document.write('<script language=\"VBScript\"\>\n');
    document.write('On Error Resume Next\n');
    document.write('Sub theMovie_FSCommand(ByVal command, ByVal args)\n');
    document.write('    Call theMovie_DoFSCommand(command, args)\n');
    document.write('End Sub\n');
    document.write('</script>\n');
}
-->
</script>
```

　　后面的一段 JavaScript 代码实际是生成了如下的 VBScript 代码，这段代码在执行 theMovie_DoFSCommand 过程时调用同名 JavaScript 函数：

```
<script language="VBScript">
    On Error Resume Next
    Sub theMovie_FSCommand(ByVal command,ByVal args)
```

```
            Call theMovie_DoFSCommand(command,args)
        End Sub
    </script>
```

　　将 SWF 影片和包含 JavaScript 代码的 HTML 网页都放置到 Web 服务器可以识别的目录，然后通过浏览器请求 HTML 网页，就可以看到弹出的 JavaScript 警告框。

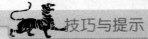技巧与提示

　　如果是在本地测试该范例（而不是通过网络），那么必须首先信任 Flash 影片，可以执行如下操作：

[01]在 C:\Documents and Settings\<用户名>\Application Data\Macromedia\Flash Player\#Security 目录下创建一个子目录 FlashPlayerTrust，在 FlashPlayerTrust 目录下创建一个文本文件 myTrustFiles.cfg。

使用记事本打开 myTrustFiles.cfg，键入下面的一行代码：

C:\Flash

这表示信任 C:\Flash 目录下的所有 SWF 影片，如果需要更多的目录信任，另起新行，键入另一个目录。也就是说，一个要信任的目录占用一行。例如下面的代码是信任 3 个目录：

C:\Flash

C:\Flash2

C:\Flash3

保存文档。

[02]将包含 JavaScript 代码的网页和 SWF 影片都放置到 C:\Flash 目录下，在浏览器中查看网页文件就可以实现与 JavaScript 通信。

2．配合独立播放器使用

　　fscommand 语句也可以用于影片在独立的播放器中运行时控制播放器，这些选项在 Web 浏览器中都不可用，这些选项的功能如表 13-2 所示。

表 13-2　独立播放器命令选项

命　　令	参　　数	目　　的
quit	无	关闭放映文件
fullscreen	true 或者 false	指定 true 可将 Flash Player 设置为全屏模式；指定 false 可将播放器返回到标准菜单视图
allowscale	true 或者 false	指定 false 可设置播放器始终按 SWF 文件的原始大小绘制 SWF 文件，从不进行缩放；指定 true 会强制将 SWF 文件缩放到播放器的 100% 大小
showmenu	true 或者 false	指定 true 可启用整个上下文菜单项集合；指定 false 将隐藏除"关于 Adobe Flash Player"和"设置"外的所有上下文菜单项
exec	应用程序的路径	在独立播放器中执行应用程序
trapallkeys	true 或者 false	指定 true 可将所有按键事件（包括快捷键）发送到 Flash Player 中的 onClipEvent(keyDown/keyUp)处理函数

　　当在独立播放器中使用 exec 命令时，应用程序必须满足下面的条件：

[01]应用程序名仅能包含字符 A~Z、a~z、0~9、句号（.）和下画线（_）。

[02]exec 命令仅可以在 fscommand 子目录中运行。也就是说，如果使用 exec 命令调用应用程序，该应用程序必须位于名为 fscommand 的子目录中。

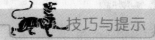 技巧与提示

注意，在测试影片时，或者使用测试播放器播放影片，这时，只有 allowscale 和 exec 命令可用。

13.3.6   调整影片播放的显示质量

anti-aliasing（图形保真）要求有一个较快的处理器，以能够在影片画面出现在观看者的屏幕上之前就平滑地渲染影片的每一帧，Stage.quality 属性可以设置或者检索用于影片剪辑的呈现品质，从而也可以设置整个影片图像的播放质量，并且，因为 Flash Player 版本的不同，也会有不同的效果。

当 anti-aliasing 处于关闭状态时，影片的播放速度较快但牺牲了播放质量。该项将作用于使用 Flash 播放器播放的所有影片（不能改变 Flash 播放器中播放的一个影片或影片剪辑）。

设备字体始终带有锯齿，因此不受 Stage.quality 属性的影响。quality 属性可设置为表 13-3 中描述的值。

表 13-3   quality 属性值

值	说　　明	图形消除锯齿	位图平滑处理
low	低呈现品质	图形未消除锯齿	位图未进行平滑处理
edium	中等呈现品质，此设置适用于不包含文本的影片	图形使用 2×2 像素的网格消除锯齿	位图未进行平滑处理
high	高呈现品质，此设置是 Flash 使用的默认呈现品质设置	图形使用 4×4 像素的网格消除锯齿	如果影片剪辑为静态的，则对位图进行平滑处理
best	极高呈现品质	图形使用 4×4 像素的网格消除锯齿	始终对位图进行平滑处理

以下示例将呈现品质设置为 low：

```
Stage.quality = "low";
```

13.3.7   动态控制帧频

Stage.framerate 属性用于获取和设置舞台的帧频，帧频是指每秒显示的帧数，有效范围为每秒 0.01 到 1 000 帧。

默认情况下，频率设置为 Flash Player 中第一个加载的 SWF 文件的帧频。

 技巧与提示

注意，Flash Player 可能由于某些原因而无法支持高帧频设置：目标平台不够快或播放器与显示设备的刷新率（在 LCD 设备上通常为 60Hz）同步。

在某些情况下，如果目标平台占用高 CPU 使用率，Flash Player 可能还会选择降低最大帧频。

14

交互式动画实例实作演练

这一章就来通过一些范例来进一步了解 Flash 和 ActionScript 创建交互式动画和程序的知识。

本章的范例都是使用 ActionScript 3.0 实现的，如果用户需要使用 ActionScript 2.0 实现范例，在 sample_cn\chapter_14\source\as2 目录下包含了这里所有范例的 ActionScript 2.0 版本。

14.1　基本实践

14.1.1　使用按钮导航（1）

使用按钮来触发事件是最常见的人机交互功能，下面就来看一下怎样使用按钮导航创建一个电子相册。

1．创建界面和加入相片

[01]启动 Flash CS3，新建一个文档，修改文档属性（从菜单栏上选择【修改】→【文档】命令），设置幅面大小为 210×190，将文档保存为 "chapter14_1.fla"。

[02]下面创建一个图形作为像框。可以在舞台上绘制如图 14-1 左图所示的图形作为像框。

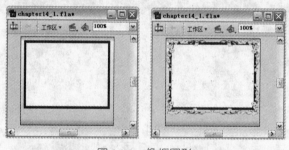

图 14-1　像框图形

然后，也可以新建一个层，为像框加一些点缀，效果如图 14-1 右图所示。

[03]下面将加入几个按钮来控制图像浏览。从菜单栏上选择【窗口】→【公用库】→【按钮】命令，打开 "按钮库"，这是一个外部库（外部库的特点就是 "库" 面板中的背景为灰色），如图 14-2 左图所示。

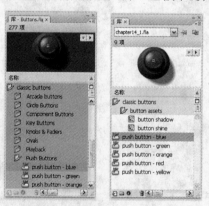

图 14-2　使用公用库中的按钮元件

选择 "classic buttons" → "Push Button" 目录下的 5 个按钮（按住【Shift】键），打开当前 "库" 面板，将这 5 个按钮拖放到当前库中，如图 14-2 右图所示。

[04]关闭"按钮库",在当前文档中新建一个层(命名为 button),保持该层位于最顶层,将 5 个按钮拖放到舞台上并排列好,如图 14-3 左图所示。

再新建一个层,命名为 label,切换到文本工具,将为按钮添加标签,如图 14-3 右图所示。

图 14-3 按钮设置

[05]下面导入几幅图片作为相片用来浏览。从菜单栏上选择【文件】→【导入】→【导入到库】命令,浏览到图片的位置(如 C:\WINDOWS\Web\Wallpaper),任意选择 5 幅图片导入到库中(因为此处有 5 个按钮)。

[06]新建一个层,更改层名为 pic。按【Ctrl+L】组合键打开"库"面板,将一幅图片拖放到舞台上。发现图片比舞台大,这时就可以适当缩放一下。

选中图片,按【Ctrl+Alt+S】组合键打开"缩放和旋转"对话框,将图像缩放 23%,设置如图 14-4 所示。

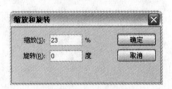

图 14-4 缩放

单击【确定】按钮缩放图片,并调整位置,与像框中间的矩形切合。

[07]选择该层第 2 帧,按【F7】键创建一个关键帧,从库中拖放一幅图片到舞台上,进行上一个步骤同样的设置。

此后,依次对其他的图片进行相应的设置,最后在该层 5 个帧中每帧上有一幅图片。

[08]将层 pic 拖至最底层,并依次选择其他几个层的第 5 帧,按【F5】键将显示延长到该帧,最后时间轴的设置如图 14-5 所示。

2.编写程序实现导航

[01]分别选中舞台上的按钮实例,在"属性"面板上分别为它们定义实例名为 btn_1、btn_2、btn_3、btn_4 和 btn_5。

图 14-5 时间轴设置和舞台效果

这些实例名就用于标识这些按钮实例,当用户单击这些按钮时,它根据实例名能够区分出用户单击的是哪个按钮。

[02]新建一个层,选中该层第 1 帧,打开"动作"面板,键入下面的代码:

```
//表示当影片运行时将停止在第 1 帧,在 Flash 中这条语句是最常用的
stop();
//============================================================
//当单击按钮 btn_1 时就调用函数 btn_1_Click
//该函数中有一个 goto 语句可以实现跳转播放头到第 1 帧
var btn_1_Click:Function = function(evt:MouseEvent)
{
```

```
    gotoAndStop(1);
};
btn_1.addEventListener("click",btn_1_Click);
//其他按钮也进行相似的定义
//=========================================================
var btn_2_Click:Function=function(evt:MouseEvent)
{
    gotoAndStop(2);
};
btn_2.addEventListener("click",btn_2_Click);
var btn_3_Click:Function=function(evt:MouseEvent)
{
    gotoAndStop(3);
};
btn_3.addEventListener("click",btn_3_Click);
var btn_4_Click:Function=function(evt:MouseEvent)
{
    gotoAndStop(4);
};
btn_4.addEventListener("click",btn_4_Click);
var btn_5_Click:Function=function(evt:MouseEvent)
{
    gotoAndStop(5);
};
btn_5.addEventListener("click",btn_5_Click);
```

[03]现在，保存文档，按【Ctrl+Enter】组合键测试，可以看到如图 14-6 所示的效果（分别单击按钮 1 和按钮 3）。

图 14-6　电子相册效果

14.1.2　简化程序

在前面一个例子中，为每个按钮的 click 事件都定义了一个响应函数，这非常繁杂，也不利于管理，所以，可以进行一下变化，修改代码如下：

```
var myClick:Function = function(evt:MouseEvent)
{
    //使用 if 条件语句判断单击的按钮，并根据这个判断执行相应的 goto 语句
```

```
    // evt.currentTarget.name 返回的是实例名
    if(evt.currentTarget.name=="btn_1")
{

    gotoAndStop(1);
    }else if(evt.currentTarget.name=="btn_2")
{

    gotoAndStop(2);
    }else if(evt.currentTarget.name=="btn_3")
{

    gotoAndStop(3);
    }else if(evt.currentTarget.name=="btn_4")
{

    gotoAndStop(4);
    }else if(evt.currentTarget.name=="btn_5")
{

    gotoAndStop(5);
    }
};
//所有按钮的单击事件都会调用函数 myClick
btn_1.addEventListener("click",myClick);
btn_2.addEventListener("click",myClick);
btn_3.addEventListener("click",myClick);
btn_4.addEventListener("click",myClick);
btn_5.addEventListener("click",myClick);
```

在这段代码中，使用同一个函数来响应用户单击事件，但在函数体内会判断用户单击的是哪一个按钮，从而进行不同的处理。

这里用到了 if 条件语句，该语句将判断括号中的表达式是否成立，如果成立就执行紧跟在其后花括号内的代码；否则，继续执行后面的 else if 语句再进行判断，直到找到有一个成立，如果都没有成立，那么就忽略掉这里所有的语句，执行闭合花括号后面的语句。

这段程序代码还是有些乱，而且代码也很多，可以再次简化一下，代码如下：

```
var myClick:Function = function(evt:MouseEvent)
{
    var btnName:String = evt.currentTarget.name;//这返回 btn_1 等
    gotoAndStop(btnName.substr(4,1));
};
btn_1.addEventListener("click",myClick);
btn_2.addEventListener("click",myClick);
btn_3.addEventListener("click",myClick);
btn_4.addEventListener("click",myClick);
btn_5.addEventListener("click",myClick);
```

这可以实现相同的功能，但代码就简单多了，根据用户单击的按钮获取实例名，由于实例名有规则，所以，就可以根据这个规则简化代码。

使用 substr(4,1) 方法获取按钮实例名最后一位数字，goto 语句就根据这个数字跳转。因为最后一位数字是索引第 4 位开始的，并且仅一个数字，所以该方法的参数是 4 和 1。

14.1.3　使用按钮导航（2）

在前面一个例子中，创建了一个电子相册，但是发现一个问题：如果相片很多，假设有几百张，那么就必须加入几百个按钮来导航，这显然不行。

其实，只需简单地将相册进行一下修改就可以实现浏览多幅相片了，这也是仅用到了"时间轴控制"中的两条语句。

[01]将文档另存为"chapter14_2.fla"，删掉 button 层上的 3 个按钮，再添加一个与剩余按钮相同的一个按钮，这样舞台上就仅有 3 个按钮，排列一下。

修改 label 层上的按钮标签，最后的效果如图 14-7 所示。

图 14-7　时间轴设置和舞台效果

两边的按钮用来向前和向后翻动，中间的按钮用来"归零"，也就是回到第 1 帧。

[02]分别依次选中 button 层上的按钮，在"属性"面板上为它们定义实例名：prev_btn、init_btn 和 next_btn。

修改以前的代码如下：

```
stop();
var myClick:Function = function(evt:MouseEvent)
{
    //使用 if 条件语句判断单击的按钮，并根据这个判断执行相应的语句
    // evt.currentTarget.name 返回的是实例名
    if(evt.currentTarget.name=="prev_btn")
{
        prevFrame();
    }else if(evt.currentTarget.name=="next_btn")
{
        nextFrame();
    }else if(evt.currentTarget.name=="init_btn")
{
        gotoAndStop(1);
    }
};
//所有按钮的单击事件都会调用函数 myClick
prev_btn.addEventListener("click",myClick);
init_btn.addEventListener("click",myClick);
next_btn.addEventListener("click",myClick);
```

这次实例名就没有规则了，所以就不能使用最简化代码。

[03]现在，保存文档，按【Ctrl+Enter】组合键测试，可以看到如图 14-8 所示的效果（分别单击按钮翻动）。

图 14-8　电子相册效果

14.1.4　用户密码验证

下面来看一下怎样使用 ActionScript 验证用户名和密码。

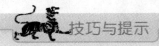

技巧与提示

在开始创建这一功能之前，请阅读附录 B "文本框、字体和实例名"。

1．创建用户界面

[01]启动 Flash CS3，新建一个文档，修改文档属性（从菜单栏上选择【修改】→【文档】命令），设置幅面大小为 210×190，并选择一个较暗的背景色，将文档保存为 "chapter14_3.fla"。

接着，可以在舞台上创建一个图形作为背景，参考图 14-1 左图。

[02]新建一个层，从菜单栏上选择【窗口】→【公用库】→【按钮】命令，打开 "按钮库"，拖动一个按钮（这里选择 "bar capped orange"）到舞台上。

双击该按钮使它处于编辑状态，改变按钮的标签为 "验证用户"，如图 14-9 所示。

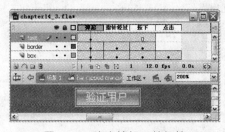

图 14-9　改变按钮元件标签

[03]切换到 "文本工具"，在舞台上创建两个输入文本框和一个动态文本框（用于显示验证的结果），并创建两个静态文本框用做输入文本框的标签。

排列文本框和按钮，如图 14-10 左图所示。

这时，按【Ctrl+Enter】组合键测试，可以看到输入文本框没有明确显示边框，需要为其添加边框。

[04]再新建一个层，切换到 "矩形工具"，这里将为输入文本框添加边框线条，绘制两个与输入文本框大小相同的矩形，并删去填充色。

将该层拖放至背景层之上、文本标签层之下，最后的舞台效果如图 14-10 右图所示。

图 14-10　舞台设置效果

[05]下面分别选中输入文本框和动态文本框，打开"属性"面板，分别定义实例名为：user_txt、pass_txt 和 result_txt。

然后可以定义一些字号、颜色等，要注意的是，密码对应的输入文本框设置有一点不同，它可以将输入的字符显示为*号，如图 14-11 所示。

图 14-11   设置输入文本框

接下来选中按钮，也可以为按钮定义一个实例名：pass_btn。

2. 编写程序实现用户密码验证

新建一个层，选中该层的第 1 帧，打开"动作"面板，键入下面的代码：

```
stop();
var myClick:Function=function(evt:MouseEvent)
{
    //使用文本框的 text 属性可以返回文本框中的值，也可以为文本框赋值
    if (user_txt.text == "tom" && pass_txt.text == "verySecret")
{
        result_txt.text = "验证通过！";
    } else {
        result_txt.text = "验证没有通过！";
    }
};
//按钮的单击事件会调用函数 myClick
this.pass_btn.addEventListener("click",myClick);
```

现在，保存文档，按【Ctrl+Enter】组合键测试，可以看到如图 14-12 所示的效果（分别键入不同的用户名和密码，正确的密码为"Very Secret"）。

图 14-12   用户密码验证效果

14.1.5   电子邮件地址验证

ActionScript 也可以验证用户是否键入的是有效的电子邮件地址。将前面的文档另存为"chapter14_4.fla"。

删掉密码和对应的输入文本框，以及边框背景。将用户名标签改为"电子邮件"，按钮中的标签也进行相应更改，效果如图 14-13 所示。

图 14-13 舞台设置效果

打开"动作"面板，修改原有的代码如下：

```
stop();
var eMail_str:String;
var myClick:Function=function(evt:MouseEvent)
{
    eMail_str=user_txt.text;
    //检测输入的字符串中是否包含@，这用到了 indexOf 函数
    if(eMail_str.indexOf("@")!=-1)
    {
        result_txt.text = "合法的电子邮件地址！";
    } else
    {
        result_txt.text="不合法的电子邮件地址！";
    }
};
//按钮的单击事件会调用函数 myClick
this.pass_btn.addEventListener("click",myClick);
```

现在，保存文档，按【Ctrl+Enter】组合键测试，可以看到如图 14-14 所示的效果（分别键入不同的字符串）。

图 14-14 验证电子邮件地址

14.1.6 存款利率计算

ActionScript 也可以用来进行数学运算，如可以计算存款所得利息。将前面的文档另存为"chapter14_5.fla"。

[01]对舞台上的文本框和标签及其背景进行调整，按钮中的标签也进行相应更改，效果如图 14-15 所示。

图 14-15   舞台设置效果

上面是 3 个输入文本框，实例名分别为：capital_txt、rate_txt 和 month_txt。

下面是两个动态文本框，实例名分别为：interest_txt 和 total_txt。

按钮的实例名为：calculate_btn。

[02]选中一个输入文本框，单击"属性"面板上的【嵌入】按钮，打开"字符嵌入"对话框，如图 14-16 所示。

图 14-16   字符嵌入

从列表框中选择"数字"选项，并在文本框中键入两个字符："."和"%"。这表示，限制该输入文本框仅能输入数字和这两个字符。

单击【确定】按钮关闭该对话框，并对其他两个输入文本框进行同样的设置。

[03]打开"动作"面板，修改原有的代码如下：

```
stop();
var myClick:Function = function(evt:MouseEvent)
{
    //初始化数据
    if(capital_txt.text=="")
    {
        capital_txt.text="0";
    }
    if(rate_txt.text=="" || rate_txt.text.indexOf("%")==-1)
```

```
        {
            rate_txt.text = "0%";
        }
        if(month_txt.text == "")
        {
            month_txt.text = "0";
        }
        //字符串转换成数字，然后再进行运算
        var capitalNumber:Number=new Number(capital_txt.text);
            var        rateNumber:Number=new        Number(rate_txt.text.substring(0,
rate_txt.text.indexOf("%")));
        var monthNumber:Number=new Number(month_txt.text);
        var interestNumber:Number = capitalNumber*(rateNumber/100)*(monthNumber/12);
        interest_txt.text = interestNumber;
        total_txt.text = interestNumber+capitalNumber;
    };
    //按钮的单击事件会调用函数 myClick
    this.calculate_btn.addEventListener("click",myClick);
```

[04]现在，保存文档，按【Ctrl+Enter】组合键测试，可以看到如图 14-17 所示的效果（分别键入不同的字符或数字）。

图 14-17　利率计算

14.1.7　拖动影片剪辑

startDrag 语句和 stopDrag 语句相互配合可以实现影片剪辑实例的拖动效果。一次只可拖动一个影片剪辑，一旦一个 startDrag 操作被执行，影片剪辑将一直保持可拖动状态，直到明确地调用 stopDrag 动作才停止，或者直到对另一影片剪辑执行 startDrag 动作。

这两条语句的语法和用法都非常简单，但是对于一个刚接触 Flash 的用户来说还是有一定的难度，下面对这两个语句进行详细的介绍。

1．startDrag 方法

该方法的语法格式如下：

```
targetMC.startDrag(lockCenter,new Rectangle(x,y,width,height));
```

targetMC 表示将要拖动的影片剪辑目标路径。

参数的含义如下，两个参数都是可选的：

[01]lockCenter 是一个逻辑值，表示是否锁定鼠标到影片剪辑。如果设置该参数值为 true，那么拖动影片剪辑时将锁定鼠标到影片剪辑，影片剪辑将永远跟随鼠标指针。如果设置该参数值为 false（默认值），那么当用户单击影片剪辑时可以拖动。

[02]最后一个参数是一个 Rectangle 对象，用来为影片剪辑指定一个拖曳的矩形范围，仅能在这个范围内拖动。可以使用下面的语法创建一个新的 Rectangle 对象作为参数：

```
new Rectangle(x,y,width,height)
```

x、y 表示矩形范围的左上角的坐标，然后是矩形范围的宽和高。

2．stopDrag 方法

stopDrag 语句一般都是和 startDrag 语句相伴而生，用来停止拖动。

```
targetMC.stopDrag();
```

该方法没有参数。

3．拖动的实现代码

拖动都是为响应鼠标事件而产生的，因此，一般都是当鼠标按住影片剪辑时可以开始拖动，松开鼠标时停止拖动，代码如下：

```
//按下鼠标按键时会调用此函数，并开始拖动
function startDragging(evt:MouseEvent):void
{
    //这里，evt.currentTarget 便是 myMovieClip
    evt.currentTarget.startDrag();
}
// 松开鼠标按键时会调用此函数，停止拖动
function stopDragging(evt:MouseEvent):void
{
    //这里，evt.currentTarget 便是 myMovieClip
    evt.currentTarget.stopDrag();
}
//注册鼠标按下事件和鼠标松开按键事件
myMovieClip.addEventListener("mouseDown",startDragging);
myMovieClip.addEventListener("mouseUp",stopDragging);
```

14.1.8 改变鼠标指针

在 Flash 中，使用 Mouse.hide()语句可以将系统默认的鼠标指针隐藏起来，从而可以利用这一功能创建自己的鼠标指针，如图 14-18 所示。

下面就来看怎样实现这一效果。

[01]新建一个文档，按【Ctrl+F8】组合键新建一个影片剪辑元件，命名为"newPointer"。这时该元件处于编辑状态，在舞台上绘制一个新鼠标指针，如图 14-19 所示。

图 14-18 改变鼠标指针

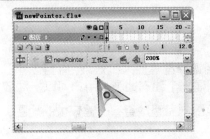

图 14-19 绘制一个图形作为鼠标指针

注意，自定义鼠标指针的顶点应位于坐标原点。

[02]单击顶部的场景图标返回到主时间轴，打开"库"面板，从库中将影片剪辑元件"newPointer"拖放到舞台上创建一个实例。

选中该实例，在"属性"面板上命名实例名为"newPointer_mc"。

[03]新建一个层，打开"动作"面板，键入下面的脚本代码：

```
Mouse.hide();
//鼠标移动时会调用此函数，并使影片剪辑跟随鼠标指针的位置
function moveIt(evt:MouseEvent):void
{
    newPointer_mc.x = evt.stageX;
    newPointer_mc.y = evt.stageY;
}
//注册鼠标移动事件
this.stage.addEventListener("mouseMove", moveIt);
```

这里有几行代码：第一行代码来隐藏系统默认的鼠标指针；其他代码用来移动影片剪辑实例（也就是自定义鼠标指针）。

[04]现在，按【Ctrl+Enter】组合键测试，可以看到如图 14-19 所示的效果。

技巧与提示

如果要恢复系统默认的鼠标指针，调用 Mouse.show()语句即可。

另外，用户也经常看到"十字坐标轴线"形式的自定义鼠标指针，如图 14-20 所示。

图 14-20 十字坐标轴线作为鼠标指针

这种效果实现起来也很简单，只是将影片剪辑元件"newPointer"中的图像换成十字直线即可。只是要注意，线条要足够长，并且相交的中心点必须位于影片剪辑的原点。

14.1.9　动态地图

在前面的章节介绍了怎样使用遮罩创建放大镜效果，并且创建了一个静态的地图模型。现在仍然使用遮罩，但配合 ActionScript 来创建一个动态地图，用户可以拖动放大镜随意查看地图上的某一部分。

这样，就可以在很小的窗口范围内完整地查看一幅较大的地图。下面就开始创作该案例（还是使用前面案例中所用的地图）。

1．准备素材

[01]启动 Flash CS3 创作软件，新建一个文档，保存为"map.fla"。

从菜单栏上选择【文件】→【导入】→【导入到库】命令，浏览到"SubwayMap.gif"图片文档，单击【打开】按钮将该图片导入到库中。

按【Ctrl+F8】组合键创建一个新的影片剪辑元件，命名为"map"。这时该影片剪辑元件处于编辑状态，按【Ctrl+L】组合键打开"库"面板，将刚才导入的图片从"库"面板中拖放到舞台上，如图 14-21 所示。

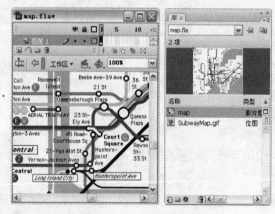

图 14-21　元件包含图片

[02]注意到位于影片中的放大镜，就来创建一个影片剪辑元件"movMagGlass"，载入该图形，要格外注意注册点的位置，如图 14-22 所示。

图 14-22　放大镜设置

技巧与提示

在这个影片剪辑中，注意放大镜"镜片"部分是有填充图的，只不过将填充色的 Alpha 值设置为 0。这样当使用鼠标单击放大镜时，就有更大的单击范围。

[03]选中放大镜"镜片"部分填充,复制该填充。按【Ctrl+F8】组合键创建一个新的影片剪辑元件,命名为"mask",将复制的填充图粘贴到舞台上。这部分就是用做放大镜镜片,将显示放大的地图部分,并且要跟随鼠标移动,因此,要格外注意注册点的位置,如图 14-23 所示。

图 14-23　放大镜镜片

2．装配

[01]单击舞台顶部的场景按钮回到主时间轴,当处于主时间轴编辑状态时,将层名改为"little map"。

从库面板中将前面创建的影片剪辑元件 map 拖放到舞台上创建一个实例。选中该实例,按【Ctrl+Alt+S】组合键打开"缩放和旋转"对话框,使用该对话框将该实例缩放 38%,并使用"属性"面板调整坐标位置:X 坐标为 0;Y 坐标为 0。最终,在舞台上的地图就是模糊的了,如图 14-24 所示。

图 14-24　缩小后的地图

[02]打开"文档属性"对话框,选择"内容"单选按钮,从而设置幅面大小与内容相同(443×398)。

[03]新建一个层,命名该层名为"map"。保持该层被选中,从"库"面板中将前面创建的影片剪辑元件"map"拖放到舞台上创建另一个实例。调整该实例位置,使它与下面缩放的地图中心点一致(X 坐标为-1163;Y 坐标为-1046)。

并且在"属性"面板上定义实例名为"map_mc"。

[04]再新建一个层,命名该层名为"mask"。保持该层被选中,从"库"面板中将前面创建的影片剪辑元件"mask"拖放到舞台上创建一个实例。调整该实例位置,使它的圆心与舞台的中心点一致。

并且在"属性"面板上定义实例名为"mask_mc"。

[05]在层"mask"上单击鼠标右键,从弹出的快捷菜单上选择【遮罩】命令,遮罩地图。这样,大地图就只能在这个圆形区域内显示。

[06]单击时间轴左下端的【插入图层】按钮再新建一个层,命名该层名为"MagGlass"。保持该层被选中,从"库"面板中将前面创建的影片剪辑元件"movMagGlass"拖放到舞台上创建一个实例。

图 14-25　舞台和时间轴设置

调整该实例位置,使"镜片"的圆心与舞台的中心点一致,并且在"属性"面板上定义实例名为 movMagGlass_mc。最后舞台和时间轴设置如图 14-25 所示。

到此为止,组成地图例子的各要素基本设置完毕,下一步就要编写代码完成交互控制。

3．编写程序代码完成控制功能

回到主时间轴编辑状态,选中时间轴的第 1 帧,在"动作"面板上键入下面的代码:

```
//放大镜"镜片"的半径(如果是椭圆形,则是宽和高)
var maskwidth:Number=mask_mc.width;
var maskheight:Number=mask_mc.height;
```

```
//放大镜"镜片"和镜框的距离
var xGap:Number = mask_mc.x-movMagGlass_mc.x;
var yGap:Number = mask_mc.y-movMagGlass_mc.y;
function enterFrameing(evt:Event):void
{
    //不断检测新的位置，并进行相应设置
    mask_mc.x = movMagGlass_mc.x+xGap;
    mask_mc.y = movMagGlass_mc.y+yGap;
    map_mc.x = -1163+((443-maskwidth)/2-mask_mc.x)*(1163/((443-maskwidth)/2));
    map_mc.y = -1046+((398-maskheight)/2-mask_mc.y)*(1046/((398-maskheight)/2));
}
root.stage.addEventListener("enterFrame", enterFrameing);
//按下鼠标按键时会调用此函数，并开始拖动
function startDragging(evt:MouseEvent):void
{
    //这里，evt.currentTarget 便是 movMagGlass_mc
    evt.currentTarget.startDrag(false, new Rectangle(-maskwidth/2, -maskheight/2,
433+maskwidth/2, 398+maskheight/2));
}
// 松开鼠标按键时会调用此函数，停止拖动
function stopDragging(evt:MouseEvent):void
{
    //这里，evt.currentTarget 便是 movMagGlass_mc
    evt.currentTarget.stopDrag();
}
//注册鼠标按下事件和鼠标松开按键事件
movMagGlass_mc.addEventListener("mouseDown",startDragging);
movMagGlass_mc.addEventListener("mouseUp", stopDragging);
```

在这几行代码中，设置 movMagGlass 影片剪辑实例在一个限定的范围内拖动。范围应该稍超出舞台，所以使用了放大镜"镜片"的半径作为超出的范围。

当该影片剪辑实例位置改变时，影片剪辑实例 mask 和 map 也随之改动：

[01]影片剪辑实例 mask 如影随形，紧紧跟随 movMagGlass 影片剪辑实例（注意 xGap 和 yGap 是边框距离）。

[02]影片剪辑实例 map 则根据它的原始位置(-1163，-1046)、movMagGlass 影片剪辑实例的当前位置及下面缩放地图的大小调整自己的当前位置。运算的公式为：

map 的 x 坐标=map 的原始位置+ mask 移动的横坐标距离*横坐标变化的速度
map 的 y 坐标=map 的原始位置+ mask 移动的纵坐标距离*纵坐标变化的速度

变化的速度是这样运算的：

map 离舞台原点的距离/mask 离舞台原点的距离

按【Ctrl+Enter】组合键对影片进行测试。可以看到，这一个动态地图模型就更像现实生活中使用的那样了。鼠标按住放大镜，移动到要查看的地图区域，就可以看清楚该区域的详细情况，效果如图 14-26 所示。

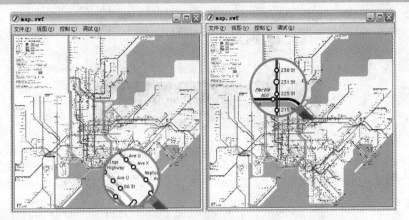

图 14-26 动态地图效果

14.2 视觉效果类实例

14.2.1 礼花缤纷

下面来创建一个礼花缤纷的视觉效果。首先分析礼花的效果：可以看到每一支火花都是由散开到消亡的过程组成的；而一支支的火花组成一朵礼花绽放。了解了这个现象就可以开始制作了。

[01]新建一个文档，设置背景色为黑色，表示夜空（也可以导入一个夜空的图片作为背景，这样就更加逼真了）。

[02]按【Ctrl+F8】组合键新建一个图形元件，命名为"spark"。这时该元件处于编辑状态，在舞台上绘制一个图形，如图 14-27 所示。

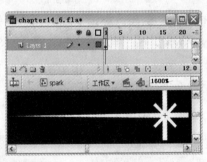

图 14-27 创建图形作为礼花

[03]按【Ctrl+F8】组合键新建一个影片剪辑元件，命名为"spark ani"。这时该元件处于编辑状态，打开"库"面板，将刚才创建的图形元件"spark"拖放到舞台上创建一个实例。

然后选中第 15 帧，按【F6】键创建一个关键帧，将该帧上的图形元件"spark"向右移动，并稍向下偏一些，并设置图形元件"spark"的 Alpha 值为 0。

重新选中第 1 帧，从右键菜单中选择【补间动画】命令，这样就在第 1 帧和第 15 帧之间创建了一个补间动画，时间轴设置和效果如图 14-28 所示。

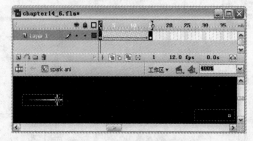

图 14-28 补间动画设置

这是一个淡出效果。选中第 15 帧，打开"动作"面板，键入一行代码，让它停止在该帧：

```
stop();
```

[04]按【Ctrl+F8】组合键新建一个影片剪辑元件，命名为"spark rocket"。这时该元件处于编辑状态，打开"库"面板，将刚才创建的影片剪辑元件"spark ani"拖放到舞台上创建一个实例。调整位置使它位于坐标原点。

[05]按【Ctrl+L】组合键打开"库"面板，可以发现创建的影片剪辑元件"spark ani"，在其上单击鼠标右键，在弹出的快捷菜单中选择【链接】命令就可以打开"链接属性"对话框，如图 14-29 所示。

图 14-29 链接属性

选中"为 ActionScript 导出"复选框，就可以发现上面的两个文本框可以键入内容了，在上面的两个文本框中分别键入"flash.display.MovieClip"作为基类名，键入"Spark"作为类名。

单击【确定】按钮关闭对话框，如果弹出警告框，也单击【确定】按钮，这样，就创建了一个名为"Spark"的类。下面就是怎样使用这个类所代表的礼花的问题。

[06]在影片剪辑元件"spark rocket"选中第 1 帧，打开"动作"面板，键入下面的代码：

```
var i:uint=0;
var spark:Array=new Array();
do {
    spark[i] = new Spark();
    addChild(spark[i]);
    //调整新建 spark ani 的旋转、缩放
    var _scale:Number=(40+Math.random()*60)/100;
    spark[i].rotation=Math.random()*360;
    spark[i].scaleX=_scale;
    spark[i].scaleY=_scale;
```

```
        i=i+1;
    } while(i<=100);
```

这段代码通过复制影片剪辑元件"spark ani"，并为其设置不同的旋转属性来形成一个发散的效果（结合的"spark ani"的补间动画）。并且随机函数创建的随机缩放效果使得一支支的"火花"每个都不相同。

[07]单击舞台顶部的场景按钮回到主时间轴的编辑状态，将刚才创建的影片剪辑元件"spark rocket"拖放到舞台上创建一个实例。

选中该实例，打开"属性"面板，从"颜色"下拉列表框中选择"色调"选项，然后选择一种颜色，如图 14-30 所示。

图 14-30　调整实例的色调

再拖放几个影片剪辑元件"spark rocket"，并分别设置不同的色调，这样，当礼花盛开在夜空时将会有不同的色彩。

将舞台上的影片剪辑元件实例调整开来，位置越无序越好，如图 14-31 所示。

图 14-31　舞台效果

[08]可以添加一幅图片作为背景，这样效果就更为突出。按【Ctrl+Enter】组合键对影片进行测试，可以看到效果如图 14-32 左图所示。

图 14-32　最终的效果

[09]注意到每束礼花中总有一支显得很特别,这是在创作环境中拖放到影片剪辑元件"spark rocket"中的那一支,在创作环境中,这支可以作为舞台参照,在输出时就不需要了,可以删除它,重新发布测试,就可以看到如图 14-32 右图所示的完美效果。

14.2.2 雪花飘飘

下面创建一个雪花飘飘的视觉效果。

[01]新建一个文档,设置背景色为黑色,表示夜空,将文档另存为"雪花飘飘.fla"。

[02]按【Ctrl+F8】组合键新建一个图形元件,命名为"flake"。这时该元件处于编辑状态,在舞台上绘制一个图形,如图 14-33 所示。

图 14-33　绘制一个雪花

[03]按【Ctrl+F8】组合键新建一个影片剪辑元件,命名为"snowflake"。这时该元件处于编辑状态,打开"库"面板,将刚才创建的图形元件"flake"拖放到舞台上创建一个实例。

然后分别选中第 20 帧和第 40 帧,按【F6】键创建两个关键帧,将第 20 帧上的图形元件"flake"向右移动一段距离。

重新选中第 1 帧,从右键菜单中选择【补间动画】命令,这样就在第 1 帧和第 20 帧之间创建了一个补间动画;同样,在第 20 帧和第 40 帧之间创建补间动画。

在帧名称上单击鼠标右键,在弹出的快捷菜单中选择【添加引导层】命令,然后为补间动画添加引导线,时间轴设置和效果如图 14-34 所示。

这是一个来回摆动的效果,类似于前面创建的滑板效果,但这里没有使用自定义的缓动设置。

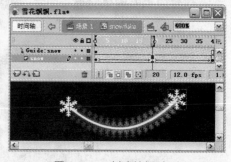

图 14-34　创建补间动画

[04]按【Ctrl+L】组合键打开"库"面板,可以发现创建的影片剪辑元件"snowflake",在其上单击鼠标右键,在弹出的快捷菜单中选择【链接】命令就可以打开"链接属性"对话框,如图 14-35 所示。

选中"为 ActionScript 导出"复选框,就可以发现上面的两个文本框可以键入内容了,我们在上面的两个文本框中分别键入"flash.display.MovieClip"作为基类名,键入"SnowFlake"作为类名。

图 14-35　链接属性

单击【确定】按钮关闭对话框,如果弹出警告框,也单击【确定】按钮,这样,就创建了一个名为"SnowFlake"的类。下面就是怎样使用这个类所代表的雪花的问题了。

[05]单击舞台顶部的场景按钮回到主时间轴的编辑状态,按【F6】键创建 3 个关键帧,打开"动作"面板,分别定义代码如下:

第 1 帧

```
/*初始化变量
   flakes 用来标明当前雪花的数量，也用于一个循环变量
   maxFlakes 用来定义舞台上允许产生雪花的最大数量
   depth 表示层级深度
   size 用来定义雪花的大小
*/
var flakes:Number =1;
var maxFlakes:Number=200;
var depth:Number;
var size:Number;
//定义一个数组，为每一片雪花就是一个元素
var snowFlake:Array=new Array();
//定义一个数组，索引号与雪花数组索引号对应，用于为每一片雪花定义一个速度
//该速度虽是随机的，但对一片特定的雪花而言则是固定的
var snowSpeed:Array=new Array();
```

第 2 帧

```
//创建影片剪辑 snowFlake 的实例，并添加到舞台
snowFlake[flakes] = new SnowFlake();
addChild(snowFlake[flakes]);
//为新影片剪辑实例定义一个 x 属性(注意舞台宽度为 550)，这个只是一个随机数
size=(Math.random()*50+25)/100;
snowFlake[flakes].x = Math.random()*550;
snowFlake[flakes].y = -1;
snowFlake[flakes].scaleX = size;
snowFlake[flakes].scaleY = size;
snowSpeed[flakes]=Math.random()*5+2;
for(var i:uint=1; i< =flakes; i++)
{
    //下面就是雪花根据定义的速度开始下降
    snowFlake[i]y=snowFlake[i].y+snowSpeed[i];
    if(snowFlake[i].y>=400)
{
        //如果雪花飘出了舞台(这里是 400)，那么就重置纵坐标
        snowFlake[i].y=0;
    }
}
```

第 3 帧

```
//增加 flakes，直到达到最大限制重置其值
if(flakes==maxFlakes)
{
    flakes=1;
} else
{
    flakes=flakes+1;
}
//在第 2 桢和第 3 桢之间制作一个循环
gotoAndPlay(2);
```

最后的舞台和时间轴设置如图 14-36 所示。

图 14-36　时间轴设置和舞台效果

[05]按【Ctrl+Enter】组合键对影片进行测试，可以看到效果如图 14-37 所示。

图 14-37　雪花飘飘的效果

可以将这一效果整合在一个影片剪辑元件内，这样就可以随意地重用了（只需注意舞台幅面大小）。

例如，我们将它封装在一个名为"snow"的影片剪辑元件内，如图 14-38 所示。

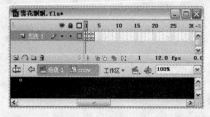

图 14-38　将功能封装在一个影片剪辑内

这样，就可以将它随处拖放了，例如将影片剪辑元件"snow"拖放到原来创建的滑板动画中（注意也要将其他相关的影片剪辑拖放过去），就更加突出了效果，如图 14-39 所示。

图 14-39　追加雪花飘飘后

14.2.3　图片马赛克效果 1

在前面章节的例子中,使用逐帧动画结合遮罩的方式创建了一个图片马赛克效果,使用 ActionScript 可以更简化一些。

[01]新建一个文档,导入一幅图片到舞台上,设置图片大小为 200×150,并放置在坐标原点。将文档保存为"chapter14_7.fla"。

[02]按【Ctrl+F8】组合键新建一个影片剪辑元件,命名为"square"。这时该元件处于编辑状态,在舞台上绘制一个矩形,大小为 10×10,删掉边框线。

打开"库"面板,按照前面的介绍,为影片剪辑元件"square"定义类名为"Square"。

[03]单击舞台顶部的场景按钮回到主时间轴的编辑状态,新建一个层,选中第 1 帧,打开"动作"面板,定义代码如下:

```
//行数
var row:Number=15;
//列数
var col:Number=20;
//变化的速度,值越大,马赛克消失的速度越快
var speed:Number=20;
//定义一个数组,每一个马赛克就是一个元素
var square:Array=new Array();
//嵌套循环复制出 row*col 个方格
for(var i:uint=1; i< =row; i++)
{
    for(var j:uint=1; j<=col;j++)
    {
        //创建影片剪辑 square 的实例,并添加到舞台
        square[i]=new Square();
        addChild(square[i]);
        square[i].x=square[i].width*(j-1);
        square[i].y=square[i].height*(i-1);
        square[i].addEventListener("enterFrame", enterFrameing);
    }
}
function enterFrameing(evt:Event):void
{
    //只要 Alpha 值大于 0,就不断降低马赛克的 Alpha 值
    if (evt.currentTarget.alpha>0)
    {
        evt.currentTarget.alpha=(Math.random()*100-speed)/100;
    }
}
```

[05]按【Ctrl+Enter】组合键对影片进行测试，可以看到效果如图 14-40 所示。

图 14-40　马赛克效果

14.2.4　图片马赛克效果 2

对于前面创建的图片马赛克效果，发现它仅能对一幅图片运用，如果两幅图片过渡，则不能实现。看来还得使用遮罩功能，下面就把这个例子修改一下。

[01]将前面的文档另存为 "chapter14_8.fla"。新建一个层，再导入另一幅图片到舞台上，大小、位置与原来的图片相同。

将该层拖放到原来图片层之上，并删去代码所在的层。

[02]按【Ctrl+F8】组合键将其转换成一个影片剪辑元件，命名为 "square mask"。这时该元件处于编辑状态，选中第 1 帧，打开 "动作" 面板，定义代码如下：

```
//行数
var row:Number=15;
//列数
var col:Number=20;
//变化的速度,值越大，马赛克消失的速度越快
var speed:Number=20;
//定义一个数组，每一个马赛克就是一个元素
var square:Array=new Array();
//嵌套循环复制出 row*col 个方格
for(var i:uint=1;i< =row;i++)
{
    for(var j:uint=1;j<=col;j++)
{
        //创建影片剪辑 square 的实例，并添加到舞台
        square[i]=new Square();
        addChild(square[i]);
        square[i]x= square[i].width*(j-1);
        square[i]y= square[i].height*(i-1);
        square[i].addEventListener("enterFrame",enterFrameing);
    }
}
```

```
function enterFrameing(evt:Event):void
{
    //square 当前帧没有停在空帧，就让它停到空帧
    if (evt.currentTarget.currentFrame<7)
    {

        evt.currentTarget.gotoAndPlay(Math.floor(Math.random()*speed));
    }
}
```

[03]双击舞台上的影片剪辑元件"square"实例，这时该元件处于编辑状态。选中第 11 帧，按【F7】键创建一个空关键帧。

分别选中第 1 帧和第 11 帧，打开"动作"面板，分别定义代码如下：

第 1 帧

```
stop();
```

第 11 帧

```
stop();
```

最后的时间轴设置如图 14-41 所示。

图 14-41　时间轴设置

[04]单击舞台顶部的场景按钮回到主时间轴的编辑状态，新建一个层，将该层置于最顶层，将影片剪辑元件"square mask"拖放到舞台上创建一个实例，注意将其置于坐标原点。

并将所在层转成遮罩层，最后的时间轴设置如图 14-42 所示。

图 14-42　时间轴设置和舞台效果

[05]按【Ctrl+Enter】组合键对影片进行测试，可以看到效果如图 14-43 所示。

图 14-43　马赛克效果的图片过渡

14.2.5　千变万化的图片过渡特效（万用特效）

只需对第二个图片马赛克效果稍加变化就可以创建一个更为绚丽的效果，下面来看一下怎样改变。

[01]将前面的文档另存为"chapter14_9.fla"。双击影片剪辑元件"square mask"，这时该元件处于编辑状态，选中第 1 帧，打开"动作"面板，修改代码如下：

```
//行数
var row:Number=15;
//列数
var col:Number-20;
//定义一个数组，每一个马赛克就是一个元素
var square:Array=new Array();
//嵌套循环复制出 row*col 个方格
for(var i:uint=1; i<=row;i++)
{
        for(var j:uint=1;j<=col;j++)
        {
                //创建影片剪辑 square 的实例，并添加到舞台
                square[i]=new Square();
                addChild(square[i]);
                square[i].x=square[i].width*(j-1);
                square[i].y=square[i].height*(i-1);
                square[i].addEventListener("enterFrame", enterFrameing);
        }
}
function enterFrameing(evt:Event):void
{
        //当前帧没有停在空帧，就让它停到空帧
        if(evt.currentTarget.currentFrame!=11)
        {
                evt.currentTarget.play();
        }
}
```

[02]双击舞台上的影片剪辑元件"square"实例，这时该元件处于编辑状态。选中第 10 帧，按【F6】键创建一个关键帧。将该帧上的矩形缩放到极小，并在第 1 帧和第 10 帧之间创建一个形状补间动画。

最后的时间轴设置如图 14-44 所示。

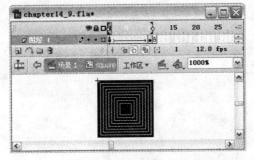

图 14-44　时间轴设置和舞台效果

[03]按【Ctrl+Enter】组合键对影片进行测试，可以看到效果如图 14-45 所示。

图 14-45　图片过渡

 技巧与提示

只需变化影片剪辑元件"square"内的形状补间，用户就可以创建千变万化的效果，这也正是利用形状补间动画的优点所在。

14.3　时钟实例

使用 Flash 内置的 Date 类可以获取系统的时钟，从而可以用来创建一个时钟。先来看一下完成的文档，打开附送光盘上的 sample_cn\chapter_14\source\time.swf 文件，如图 14-46 所示。

图 14-46　时钟应用

下面开始创建该应用程序。

14.3.1　创建时钟应用

[01]新建一个文档，导入一幅图片（位于 sample_cn\chapter_14\resource 目录下）作为背景。

打开"文档属性"对话框，选择"内容"单选按钮，从而设置幅面大小与内容相同（128×128），如图 14-47 所示。

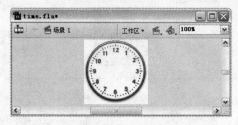

图 14-47　导入图片

[02]准备时间指针。按【Ctrl+F8】组合键新建一个影片剪辑元件，命名为"hour_hand"。这时该元件处于编辑状态，在舞台上绘制一个图形，用来表示时针。

分别再创建两个影片剪辑元件，命名为"minute_hand"和"second_hand"，要特别注意原点所在的位置，如图 14-48 所示。

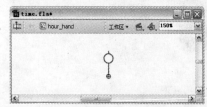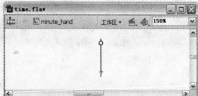

图 14-48　时间指针

[03]单击舞台顶部的场景按钮回到主时间轴编辑状态，插入 3 个图层分别用来放置 3 个时间指针。

从打开的"库"面板中将影片剪辑元件"hour_hand、minute_hand"和"second_hand"拖放到舞台上，并分别命名实例名："hour_hand_mc"、"minute_hand_mc"和"second_hand_mc"。

注意提供的几个影片剪辑元件原点，排列指针时要将原点置于表盘的中心，这样指针就会围着表盘的中心旋转了，如图 14-49 所示。

图 14-49　注意注册点

[04]单击时间轴左下端的【插入图层】按钮新建一个层，并命名该层名为"Script"，在该层上创建两个关键帧，分别在"动作"面板上为这两个帧定义程序：

第 1 帧

```
var newsecond:Date=new Date();
var newminute:Date=new Date();
var newhour:Date=new Date();
var date_second:Number=newsecond.getSeconds();
var date_minute:Number=newhour.getMinutes();
var date_hour:Number=newhour.getHours();
second_hand_mc.rotation=Number(date_second)*6;
minute_hand_mc.rotation = (Number(date_minute)+Number((date_second/60)))*6;
hour_hand_mc.rotation = (Number(date_hour)+Number((date_minute/60)))*(360/12);
```

第 2 帧

```
gotoAndPlay(1);
```

在上面的程序中,在两帧之间还是定义了一个循环,用于不断地获取新的数据。在这里必须有这个循环,因为时间在不断地变化。

在第 1 帧的程序中,先获取了当前的时间,然后根据当前时间值确定各个指针旋转的量,并且通过两帧循环,就可以实现指针转动。

[05]选中其他层时间轴的第 2 帧,按【F5】键将显示延长到该帧,最后的时间轴设置和舞台效果如图 14-50 所示。

图 14-50　时间轴设置和舞台效果

[06]按【Ctrl+Enter】组合键查看结果,可以看到一个非常漂亮的时钟,如图 14-46 所示。

14.3.2　发布并将时钟置于桌面背景中

通过 HTML 网页,可以将 Flash 影片放置于桌面背景中,下面就来看怎样制作。

从菜单栏中选择【文件】→【发布设置】命令,打开"发布设置"对话框,单击 HTML 标签。

从"窗口模式"下拉列表框中选择"透明无窗口"选项,这表明设置网页中的 Flash 影片背景透明,并且没有窗口。

从"HTML 对齐"下拉列表框中选择"右对齐"选项，这表明设置网页中 Flash 影片的位置为右上角，最后的设置如图 14-51 所示。

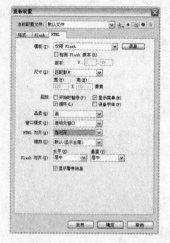

图 14-51　HTML 设置

设置完毕后单击【发布】按钮就会创建一个 Flash 影片，并在相同目录下创建一个同名的 HTML 文件。

下面还要对 HTML 文件进行少许的修改，主要是改变网页的背景色，该背景色应当与桌面背景色一致。只需修改<body>标签中的 bgcolor 属性就可以实现了，最后的 HTML 文件代码如下：

```html
<html xmlns="http://www.w3.org/1999/xhtml" xml:lang="zh_cn" lang="zh_cn">
<head>
<meta http-equiv="Content-Type" content="text/html;charset=gb2312"/>
<title>time</title>
<script language="javascript">AC_FL_RunContent=0;</script>
<script src="AC_RunActiveContent.js" language="javascript"> </script>
</head>
<body bgcolor="#808080">
<!--影片中使用的 URL-->
<!--影片中使用的文本-->
<!-- saved from url=(0013)about:internet -->
<script language="javascript">
    if (AC_FL_RunContent == 0)
{
        alert("此页需要 AC_RunActiveContent.js");
    } else
{
        AC_FL_RunContent(
            'codebase',

'http://download.macromedia.com/pub/shockwave/cabs/flash/swflash.cab#version=9
,0,0,0',
            'width', '128',
            'height', '128',
```

```
            'src', 'time',
            'quality', 'high',
            'pluginspage', 'http://www.macromedia.com/go/getflashplayer',
            'align', 'right',
            'play', 'true',
            'loop', 'true',
            'scale', 'showall',
            'wmode', 'transparent',
            'devicefont', 'false',
            'id', 'time',
            'bgcolor', '#ffffff',
            'name', 'time',
            'menu', 'true',
            'allowFullScreen', 'false',
            'allowScriptAccess','sameDomain',
            'movie', 'time',
            'salign', ''
            ); //end AC code
        }
    </script>
    <noscript>
    <object classid="clsid:d27cdb6e-ae6d-11cf-96b8-444553540000"
    codebase="http://download.macromedia.com/pub/shockwave/cabs/flash/swflash.cab#
version=9,0,0,0" width="128" height="128" id="time" align="right">
        <param name="allowScriptAccess" value="sameDomain" />
        <param name="allowFullScreen" value="false" />
        <param name="movie" value="time.swf" />
        <param name="quality" value="high" />
        <param name="wmode" value="transparent" />
        <param name="bgcolor" value="#ffffff" />
        <embed src="time.swf" quality="high" wmode="transparent" bgcolor="#ffffff"
width="128" height="128" name="time" align="right" allowScriptAccess="sameDomain"
allowFullScreen="false" type="application/x-shockwave-flash" pluginspage="http://
www.macromedia.com/go/getflashplayer" />
    </object>
    </noscript>
    </body>
    </html>
```

最后，要将该网页设置为桌面项，操作步骤如下：

[01]在桌面空白区域上单击鼠标右键，在弹出的快捷菜单中选择【属性】命令打开桌面设置。

[02]在“桌面”选项卡中单击【自定义桌面】按钮打开“桌面项目”对话框。

[03]切换到“Web”选项卡，并在该选项卡中单击【新建】按钮，在弹出的对话框中找到该网页，然后单击【确定】按钮就会发现该网页地址出现在“网页”列表框中，并且前面的复选框被选中，如图 14-52 所示。

图 14-52　设置 Web 页作为桌面背景

[04]一直单击【确定】按钮使设置生效，这时就会发现制作的时钟出现在桌面上，并且可以实现想要实现的功能（如果没有出现，刷新一下桌面即可），现在可以亲自动手操作看一下效果，如图 14-53 所示。

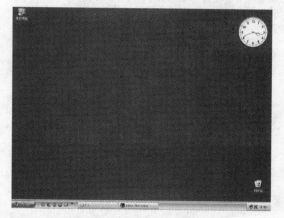

图 14-53　最终效果

14.4　导航菜单实例

下面创建一个 Macromedia 网站上的导航菜单，在 Adobe 和 Macromedia 没有合并的时候，如果在浏览器地址栏中键入 http://www.macromedia.com/ 就可以看到如图 14-54 所示的导航菜单，称为 Macromedia 样式的菜单。

图 14-54　Macromedia 样式的菜单

当鼠标指针移动到某一个项目（称为菜单栏）上面时，该项目菜单就会突出显示，并且它的子菜单也会在下面显示出来；当鼠标指针移动到某个子菜单上，该菜单项也会突出显示，单击该子菜单就会跳到指定的网页（并且，单击某一个菜单栏也会跳到指定的网页，很明显这会是该项目的默认页）；Home项目和 Search 项目没有子菜单，只能单击跳到指定的网页。

了解了基本的功能，下面就开始创作。

14.4.1　创建背景

[01]新建一个文档，打开"文档属性"对话框，设置幅面大小为 600×52，背景色为#A68504，将文档保存为"MMStyleMenu.fla"。

[02]选择"矩形工具"，调整边角半径为 10，并打开"颜色"面板，设置一个线性填充色，如图 14-55所示。

图 14-55　矩形设置

然后在舞台上绘制一个长 600、高 32 的圆角矩形，使用"填充变形工具"调整图形填充和位置，最后的效果如图 14-56 所示。

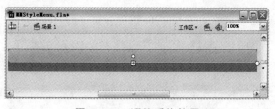

图 14-56　调整后的效果

这个圆角矩形显然是用做菜单栏背景的。

[03]新建一个层，使用"线条工具"为菜单栏背景添加几条分割线(取决于菜单栏项的数目)，并且为文本框定义一个背景，如图 14-57 所示。

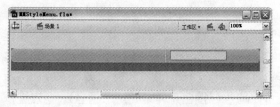

图 14-57　为菜单栏背景添加分割线

14.4.2　创建菜单栏

[01]使用按钮作为菜单栏项目。下面就来创建一个按钮元件，这个按钮是一个不可视按钮，即在舞台上发布时看不到该按钮，但当鼠标指针移动到该按钮所在位置时，按钮会起作用。

按【Ctrl+F8】组合键新建一个元件，命名为"main_btn"，选择"按钮"类型，单击【确定】按钮进入按钮元件的编辑状态。

在"点击"帧按【F6】键创建一个关键帧，在舞台上绘制一个矩形，并删去边框，如图 14-58 所示。

图 14-58　不可视按钮元件

其他帧都没有内容，这就是一个不可视按钮。

[02]单击舞台顶部的场景图标返回到主时间轴状态，新建一个层，放置在背景层之上，将按钮拖放到舞台上创建几个实例，排列整齐，如图 14-59 所示。

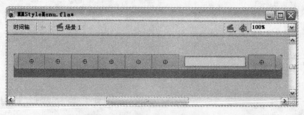

图 14-59　按钮布局

不可视按钮实例在创作环境中呈现透明的淡蓝色。

[03]再新建一个层，为每个按钮定义标签，并创建一个输入文本框，放置在文本框背景处，如图 14-60 所示。

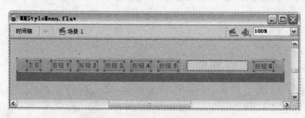

图 14-60　输入文本框和标签

这个时候按【Ctrl+Enter】组合键测试，会发现按钮没有突出显示功能，下面就来为按钮添加突出显示功能。

[04]按【Ctrl+F8】组合键新建一个图形元件，命名为"highlight"，单击【确定】按钮进入元件的编辑状态，在舞台上绘制一个矩形（应当与按钮元件中的矩形相当），删去边框，并调整填充色，如图 14-61 所示。

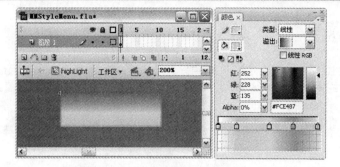

图 14-61　绘制一个矩形

　　注意线性填充色两端的颜色应该将 Alpha 值调低，因为按钮是位于背景之上的，这样可以适应色彩叠加，边缘弥合得比较好。

　　[05]按【Ctrl+F8】组合键新建一个影片剪辑元件，命名为"motion"，单击【确定】按钮进入元件的编辑状态，在舞台上拖放一个图形元件"highlight"，然后选中第 10 帧，按【F6】键创建关键帧，这会在该帧上也创建一个图形元件"highlight"的实例。

　　重新选定第 1 帧上的元件实例，在"属性"面板上设置 Alpha 值为 0，并创建一个补间动画，如图 14-62 所示。

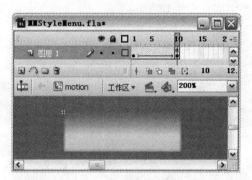

图 14-62　补间动画设置

　　为了使补间动画仅运行一次，在第 10 帧上，添加了一行脚本：

```
    stop();
```

　　[06]在"库"面板中双击按钮元件"main btn"使它处于编辑状态，选中"指针经过"帧，按【F6】键创建一个关键帧，从库中将影片剪辑元件"motion"拖放到舞台，调整位置，与点击区域中心相符，如图 14-63 所示。

图 14-63　按钮元件设置

14.4.3 创建子菜单

[01]按【Ctrl+F8】组合键新建一个影片剪辑元件，命名为 "sub bar"，单击【确定】按钮进入元件的编辑状态，在舞台上绘制一个矩形（580×18），删去边框，并将填充色设置为与背景色相同（更改该矩形所在层的层名为 "mask"）。

按【Ctrl+F8】组合键新建一个按钮元件，命名为 "sub btn"，这里简化一下，进行与 "main btn" 相同的设置。

按【Ctrl+F8】组合键新建一个影片剪辑元件，命名为 "gap line"，单击【确定】按钮进入元件的编辑状态，在舞台上绘制一个竖直的直线。

[02]在 "库" 面板中双击影片剪辑元件 "sub bar"，使它处于编辑状态，新建一个层，将按钮元件 "sub btn" 拖放到舞台上创建 9 个实例。

再新建一个层，将影片剪辑元件 "gap line" 拖放到舞台上创建 8 个实例，这将作为按钮的间隔标识。

调整按钮和间隔线条的大小和位置，整齐排列在矩形相适合的位置，并再新建一个层，为按钮定义标签（这些文本框是动态文本框，调整它们的大小与按钮实例相同）。

最后的舞台效果如图 14-64 所示。

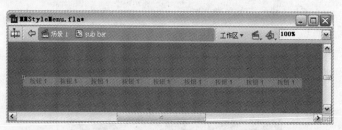

图 14-64 舞台效果和时间轴设置

为了使子菜单按钮效果有别于菜单栏，可以选中它们进行垂直翻转（从菜单栏上选择【修改】→【变形】→【垂直翻转】命令）。

[03]单击时间轴顶部的场景按钮回到主时间轴的编辑状态，新建一个层，从 "库" 面板中将影片剪辑元件 "sub bar" 拖放到舞台上创建一个实例，调整位置，使它位于菜单栏下方合适的位置，如图 14-65 所示。

图 14-65 sub bar 的位置

[04]下面再为子菜单添加一个淡入的效果。在舞台上双击 "sub bar" 使它处于编辑状态，将 "mask" 层拖放到最顶层。

选中该层第 4 帧，按【F6】键创建一个关键帧。然后重新选定该层第 1 帧上的矩形，打开"颜色"面板，调整填充色的 Alpha 值为 0。

打开"属性"面板，创建一个形状补间动画。这样，等于是为按钮和标签添加了遮罩。

选中其余几个层的第 5 帧，按【F5】键将显示延长到该帧，最后的时间轴设置如图 14-66 所示。

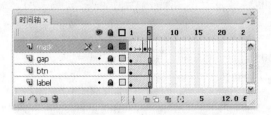

图 14-66　时间轴设置

14.4.4　编写程序代码完成控制功能

[01]单击时间轴顶部的场景按钮回到主时间轴的编辑状态，为菜单栏按钮定义实例名（注意到共有 7 个按钮）：main_1_btn、main_2_btn、main_3_btn、main_4_btn、main_5_btn、main_6_btn 和 main_7_btn。

并且为输入文本框和"sub bar"元件实例也分别定义实例名：search_txt 和 subBar_mc。

[02]新建一个层，打开"动作"面板，键入下面的代码：

```
stop();
//===========================================================================
//定义几个数组用来表示子菜单标签
var main_1_subTitle:Array=new Array("按钮_1_1","按钮_1_2","按钮_1_3","按钮_1_4","
按钮_1_5","按钮_1_6","按钮_1_7","按钮_1_8","按钮_1_9");
    var main_2_subTitle:Array=new Array("按钮_2_1","按钮_2_2","按钮_2_3","按钮_2_4","
按钮_2_5","按钮_2_6","按钮_2_7");
    var main_3_subTitle:Array=new Array("按钮_3_1","按钮_3_2","按钮_3_3","按钮_3_4","
按钮_3_5");
    var main_4_subTitle:Array=new Array("按钮_4_1","按钮_4_2","按钮_4_3","按钮_4_4","
按钮_4_5");
    var main_5_subTitle:Array=new Array("按钮_5_1","按钮_5_2","按钮_5_3","按钮_5_4","
按钮_5_5");
    var subTitle:Array=new Array(main_1_subTitle,main_2_subTitle, main_3_subTitle,
main_4_subTitle, main_5_subTitle);
    //===========================================================================
//下面为每一个按钮定义单击事件
var myClick:Function = function(evt:MouseEvent)
{
    //使用 if 条件语句判断单击的按钮
    if(evt.currentTarget.name=="main_1_btn")
    {
        navigateToURL(new URLRequest("homePage.html"), "_self");
```

```
        }else if(evt.currentTarget.name=="main_2_btn")
    {
        navigateToURL(new URLRequest("subPage2.html"), "_self");
    }else if(evt.currentTarget.name=="main_3_btn")
    {

        navigateToURL(new URLRequest("subPage3.html"), "_self");
    }else if(evt.currentTarget.name=="main_4_btn")
    {

        navigateToURL(new URLRequest("subPage4.html"), "_self");
    }else if(evt.currentTarget.name=="main_5_btn")
    {

        navigateToURL(new URLRequest("subPage5.html"), "_self");
    }else if(evt.currentTarget.name=="main_6_btn")
    {

        navigateToURL(new URLRequest("subPage6.html"), "_self");
    }else if(evt.currentTarget.name=="main_7_btn")
    {

        navigateToURL(new  URLRequest("http://www.google.com/search?q="+search_
txt.text), "_blank");
    }
};
//所有按钮的单击事件都会调用函数 myClick
this.main_1_btn.addEventListener("click",myClick);
this.main_2_btn.addEventListener("click",myClick);
this.main_3_btn.addEventListener("click",myClick);
this.main_4_btn.addEventListener("click",myClick);
this.main_5_btn.addEventListener("click",myClick);
this.main_6_btn.addEventListener("click",myClick);
this.main_7_btn.addEventListener("click",myClick);
//=====================================================================
//下面为每一个按钮定义鼠标位于其上时要触发的事件
var openSubMenu:Function=function(evt:MouseEvent)
{
    //使用 if 条件语句判断鼠标位于其上的按钮
    if(evt.currentTarget.name=="main_2_btn")
    {

        subBar_mc.main_btn_which = 1;
    }else if(evt.currentTarget.name=="main_3_btn")
    {

        subBar_mc.main_btn_which=2;
    }else if(evt.currentTarget.name=="main_4_btn")
    {

        subBar_mc.main_btn_which=3;
    }else if(evt.currentTarget.name=="main_5_btn")
    {

        subBar_mc.main_btn_which=4;
```

```
        }else if(evt.currentTarget.name=="main_6_btn")
    {
            subBar_mc.main_btn_which=5;
        }
    subBar_mc.gotoAndPlay(2);
    };
    this.main_2_btn.addEventListener("mouseOver",openSubMenu);
    this.main_3_btn.addEventListener("mouseOver",openSubMenu);
    this.main_4_btn.addEventListener("mouseOver",openSubMenu);
    this.main_5_btn.addEventListener("mouseOver",openSubMenu);
    this.main_6_btn.addEventListener("mouseOver",openSubMenu);
```

要实现的功能是明确的，当用户鼠标指针位于某个按钮之上时就跳转到 subBar_mc 的第 2 帧开始播放（除了第一个按钮和最后一个按钮，它们没有子菜单，所以就跳转到 subBar_mc 的第 1 帧停住）。

同时，还会向 subBar_mc 传递一个变量 main_btn_which，用来指明响应哪一个按钮事件。

下面就来为 sub bar 定义程序代码来处理数据。

[03]在舞台上双击 sub bar 使它处于编辑状态，为子菜单按钮定义实例名（注意到共有 9 个按钮）：sub_1_btn、sub_2_btn、sub_3_btn、sub_4_btn、sub_5_btn、sub_6_btn、sub_7_btn、sub_8_btn 和 sub_9_btn。

并且为作为标签的动态文本框也分别定义实例名：subLabel_1_txt、subLabel_2_txt、subLabel_3_txt、subLabel_4_txt、subLabel_5_txt、subLabel_6_txt、subLabel_7_txt、subLabel_8_txt 和 subLabel_9_txt。

为间隔线条实例定义实例名（注意是 8 个实例）：gapLine_1_mc、gapLine_2_mc、gapLine_3_mc、gapLine_4_mc、gapLine_5_mc、gapLine_6_mc、gapLine_7_mc 和 gapLine_8_mc。

[04]新建一个层，分别在第 2 帧和第 5 帧创建关键帧，这样在该层就有 3 个关键帧，在每帧上都可以定义代码：

第 1 帧

```
    stop();
    var main_btn_which:uint;
    //编写一个函数用来在实例加载时初始化
    function init()
    {
        for(var i:uint=1; i<=9; i++)
    {
            //初始化按钮，开始时要使按钮不被激活
            (this["sub_"+i.toString()+"_btn"]).mouseEnabled=false;
            //初始化标签，将标签值都设置为空
            (this["subLabel_"+i.toString()+"_txt"]).text="";
        }
        for(var j:uint=1;j<=8;j++)
    {
            //初始化按钮间隔线，使之不可视
            (this["gapLine_"+j.toString()+"_mc"]).visible=false;
```

```
        }
    }
    init();
    //===================================================================
    var myClick:Function = function(evt:MouseEvent)
    {
        //使用 if 条件语句判断单击的按钮
        if(evt.currentTarget.name=="sub_1_btn")
        {
            navigateToURL(new  URLRequest(main_btn_which+"/"+subLabel_1_txt.text+
".html"),"_blank");
        }else if(evt.currentTarget.name=="sub_2_btn")
        {
            navigateToURL(new  URLRequest(main_btn_which+"/"+subLabel_2_txt.text+
".html"),"_blank");
        }else if(evt.currentTarget.name=="sub_3_btn")
        {
            navigateToURL(new  URLRequest(main_btn_which+"/"+subLabel_3_txt.text+
".html"),"_blank");
        }else if(evt.currentTarget.name=="sub_4_btn")
        {
            navigateToURL(new  URLRequest(main_btn_which+"/"+subLabel_4_txt.text+
".html"),"_blank");
        }else if(evt.currentTarget.name=="sub_5_btn")
        {
            navigateToURL(new  URLRequest(main_btn_which+"/"+subLabel_5_txt.text+
".html"),"_blank");
        }else if(evt.currentTarget.name=="sub_6_btn")
        {
            navigateToURL(new  URLRequest(main_btn_which+"/"+subLabel_6_txt.text+
".html"),"_blank");
        }else if(evt.currentTarget.name=="sub_7_btn")
        {
            navigateToURL(new  URLRequest(main_btn_which+"/"+subLabel_7_txt.text+
".html"),"_blank");
        }else if(evt.currentTarget.name=="sub_8_btn")
        {
            navigateToURL(new  URLRequest(main_btn_which+"/"+subLabel_8_txt.text+
".html"),"_blank");
        }else if(evt.currentTarget.name=="sub_9_btn")
        {
            navigateToURL(new  URLRequest(main_btn_which+"/"+subLabel_9_txt.text+
".html"),"_blank");
        }
    };
    //所有按钮的单击事件都会调用函数 myClick
```

```
this.sub_1_btn.addEventListener("click",myClick);
this.sub_2_btn.addEventListener("click",myClick);
this.sub_3_btn.addEventListener("click",myClick);
this.sub_4_btn.addEventListener("click",myClick);
this.sub_5_btn.addEventListener("click",myClick);
this.sub_6_btn.addEventListener("click",myClick);
this.sub_7_btn.addEventListener("click",myClick);
this.sub_8_btn.addEventListener("click",myClick);
this.sub_9_btn.addEventListener("click",myClick);
```

第 2 帧

```
//当时间轴跳转到该帧时，调用函数重新初始化
init();
```

第 5 帧

```
stop();
//让播放头停在该帧，并计算子菜单的数量
var subSum:uint = parent.subTitle[main_btn_which-1].length;
//根据子菜单数量进行循环
for (var i:Number = 1; i<=subSum; i++)
{
    //激活按钮
    (this["sub_"+i.toString()+"_btn"]).mouseEnabled = true;
    //根据数组设置子菜单标签
     (this["subLabel_"+i.toString()+"_txt"]).text  = parent.subTitle[main_btn_
which-1][i-

1];
    }
for (var j:Number = 1; j<=(subSum-1); j++)
{
    //显示应有的间隔线
    (this["gapLine_"+(j).toString()+"_mc"]).visible = true;
    }
```

最后的时间轴设置如图 14-67 所示。

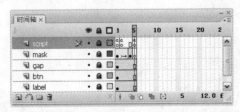

图 14-67　时间轴设置

[05]为了适应更多的 Flash Player 版本能够播放，可以在"发布设置"对话框（从菜单栏上选择【文件】→【发布设置】命令）中设置版本为 Flash Player 7。

单击【发布】按钮就会创建一个名为 MMStyleMenu.swf 的 Flash 影片和一个名为 MMStyleMenu.html 的网页。

使用浏览器打开 MMStyleMenu.html 文档就可以简单地测试效果了，如图 14-68 所示。

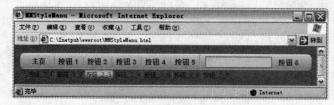

图 14-68 在网页中的效果

最后，别忘了保存文档。

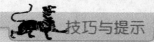 技巧与提示

注意到子菜单单击事件中的网页地址，也可以使用一个条件语句来判断，然后让其跳转到一个自定义网页，例如下面的代码：

```
if(subLabel_1_txt.text=="按钮_1_1")
{
    navigateToURL(new URLRequest(main_btn_which+"/自定义网页.html"), "_blank");
}
```

分别为其他按钮定义相似的代码可以完成用户自己的行为。

技巧与提示

也可以修改导航条的颜色，或者为导航条增色，例如，加入新的色彩元素；或者为按钮定义新的"指针经过"帧上的动态效果。

第 4 篇

进阶和专业应用篇

Flash 动画是一个多媒体，也可以在其中添加声音和视频。例如，为按钮附加一个声音，为礼花设置一个冲破天空的音效。

本篇，我们将 Flash 的各种功能结合在一起创建完整的应用范例，并介绍从准备到创作，再到测试，直至最后的发布、部署等完整的创作过程，这样，用户就可以完整系统地掌握 Flash 动画的全部过程。

除此之外，提供了很多在工作中可以应用到的范例，用户只需稍加修改就可以用到自己的工作当中。

本篇共包含 5 个章节：

第 15 章：为 Flash 动画添加声音和视频等多媒体内容

第 16 章：完整的 Flash 动画影片——梦工场播放器

第 17 章：Flash 影片的发布、导出和部署

第 18 章：发布静态图片和动画图片

第 19 章：工作中常用的 Flash 专业范例

15

为 Flash 动画添加
声音和视频等多媒体内容

Flash CS3 是一个强大的多媒体创作平台，使用它不但可以创建交互的动画应用程序，还可以创建和编辑多媒体内容，并添加动态的控制功能。

这一章，就来介绍怎样使用 Flash CS3 强大的多媒体创作能力为 Flash 影片添加音频和视频功能。

15.1   在 Flash CS3 中使用声音的基础知识

在 Flash 中提供了许多使用声音的途径，可以使声音独立于时间轴窗口之外连续播放，也可使音轨中的声音与动画同步，使它在动画播放的过程中淡入或淡出。为按钮加入声音，则可以使它产生更富于表现力的效果。

Flash 中使用的基本声音有两种：事件声音（Event Sounds）和声音流（Stream Sounds）。前者在播放之前必须被完全下载，在播放时除非有命令使它停止，否则将持续播放。而后者只要下载了头几帧的声音数据即可开始播放，且与时间轴窗口同步。

采样率和压缩比对输出影片声音的质量和所占的存储空间影响极大，这可在"声音属性"（Properties）对话框或者"发布设置"（Publish Settings）对话框中进行控制。

15.1.1   导入声音

要在 Flash 中使用声音，必须先把声音导入到 Flash CS3 创作环境中，选择菜单栏上的【文件】→【导入】命令，Flash 可以导入最常见的 MP3 和 WAV 格式的声音元件，正如导入其他文件类型一样，Flash 把声音元件与位图和元件一同存在库中。

相比较而言,声音元件要占用多得多的磁盘空间和内存,所以综合考虑存储空间和音质两方面因素,最好使用采样率为 22kHz 的 16 位单声道声音（同样情况下立体声将多占用一倍的存储空间），此外，Flash 还可以导入 8 位或 16 位，采样率为 11kHz、22kHz 和 44kHz 的声音，在输出时，Flash 可以把声音以低于导入时的采样率输出。

像其他元件一样，一个声音元件可在影片中的不同地方使用。

值得注意的是，Flash CS3 在导入以非标准格式录制的声音（如采样率为 8kHz）时，会对它进行一些改动，这使得声音在播放时音量会比改动之前低一些，对于采样率为 96kHz 和 32kHz 的声音也是一样。

在下面的例子中，把"Windows XP 启动.wav"导入到 Flash 中。基本的步骤如下：

[01]从菜单栏上选择【文件】→【导入】→【导入到舞台】命令，出现 import（导入）对话框。

[02]在打开的"导入"对话框中，选定 C:\windows\Media\Windows XP 启动.wav，而后单击【打开】按钮，如图 15-1 所示。

图 15-1   "导入"对话框

[03]打开"库"面板，可以看到刚才导入的声音出现在"库"面板中，如图 15-2 所示。

图 15-2　"库"面板中的声音元件

这样就把一个声音元件导入到 Flash CS3 中了，把它保存为 mySound.fla 留待后用。

15.1.2　添加声音到影片帧中

要向影片中添加声音，先将声音导入影片。如果已经导入声音，就可以把声音添加到影片中，下面是基本的步骤（使用上一节中的文件）。

[01]在时间轴上单击【插入图层】按钮，为存放声音创建一个新层。在创建新层时，同时把该层的第 1 帧设置为关键帧。

[02]选中第 1 帧，从"库"面板中把"Windows XP 启动.wav"声音元件直接拖到舞台上，Flash 将按默认的设置把声音置于当前帧。可以看到该帧中间出现了一个蓝色声波形状（如果声波开始位置形状为直线形，则将在该帧中间显示为一个蓝色直线），如图 15-3 所示。

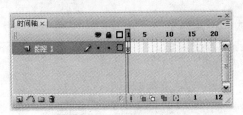

图 15-3　声音在时间轴上

可以把声音放在任意多的层上，每一层相当于一独立的声道，在播放影片时，所有层上的声音都将播放。

有时在一些例子中，能从时间轴上看到完整的声音过程是很有用的。通过双击声音层图标，在弹出的"图层属性"对话框中设置"图层高度"选项的值为 300%，这样就设置声音层的高度到 300%。

然后单击时间轴右上角的面板菜单按钮，在弹出的菜单中选择【预览】命令，就会看到如图 15-4 所示的波形。

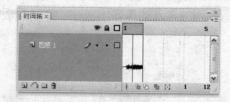

图 15-4   在时间轴上查看声音

选定第 1 帧，持续按【F5】键建立帧，直到声音波形完全显示，如图 15-5 所示。

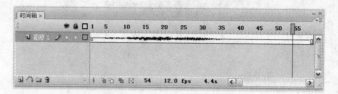

图 15-5   声音波形的展开

注意，使用单帧存放声音和把声音波形展开这两种方式是不同的，如果对此还不理解的话，可以简单地试一下。

在测试状态下（确保【控制】→【循环播放】选项被选中），后者不停地循环播放，而前者只播放一次即停止了。这表明前者使声音独立于时间轴面板之外播放，后者从理论上说也是独立于时间轴面板之外播放，但是使用该方法也可使音轨中的声音与动画同步。当然这还只是 Flash CS3 强大声音功能中的一项，我们将在下面的章节中继续介绍 Flash CS3 声音功能。

15.1.3   为按钮匹配声音

在 Flash 中可以为按钮元件的不同状态设置声音，因为声音与元件一同存储，所以加入的声音将作用于所有基于按钮创建的实例。这就使得按钮产生了更富于表现力的效果。

要为按钮添加声音，基本步骤如下：

[01]在库中选择按钮，单击"库"面板右上角的面板菜单按钮，在弹出的菜单中选择【编辑】命令，转换到按钮元件编辑状态。

[02]在按钮的时间轴上加入一个声音层，在声音层中为每个要加入声音的按钮状态创建一个关键帧。例如，若想使按钮在被单击时发出声音，可在按钮的标签为"按下"的帧中加入一关键帧，如图15-6 所示。

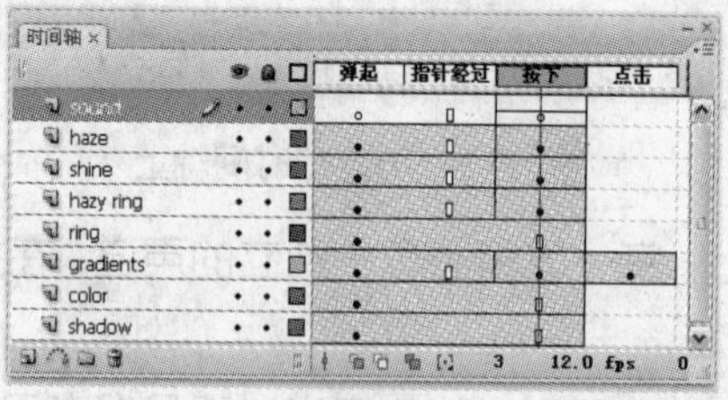

图 15-6   为按钮添加声音

[03]测试声音效果。

为使按钮中不同的关键帧中有不同的声音，可把不同关键帧中的声音置于不同的层中，还可以在不同的关键帧中使用同一种声音，但使用不同的效果。

15.1.4　输出或者发布带声音的影片

在输出影片时，对声音设置不同的采样率和压缩比对影片中声音播放的质量和大小影响很大，压缩比越大、采样率越低会导致影片中声音所占空间越小、播放质量越差，因此这两方面应兼顾。

在"声音属性"（Sound Properties）对话框中控制输出影片中单个声音的播放质量和大小，如果未对声音进行设置，Flash 将按"发布设置"对话框中有关声音的设置进行输出，该对话框中对声音的设置作用于影片中所有的声音。如果影片只在本地计算机上使用，可把声音设置成高保真，如果用于网络，则可尽量减小声音所占空间。

1．设置单个声音的输出属性

在"库"面板中对声音元件单击鼠标右键，在弹出的快捷菜单中选择【属性】命令，出现"声音属性"对话框，如图 15-7所示。

如果已经在其他位置处对该声音元件进行了编辑，可单击【更新】按钮。

如果想为移动设备开发使用声音，设置"设备声音"文本框定义设备声音。

如果想听声音效果，可单击【测试】按钮。

如果想设置声音的压缩属性，可以从"压缩"组合框中选择一种压缩方式（可以选择"默认"、"ADPCM"、"MP3"、"原始"或者"语音"），然后设置相应的压缩参数（建议使用"默认"设置），主要是"压缩"、"比特率"和"品质"选项。

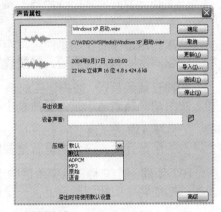

图 15-7　"声音属性"对话框

采样比率和压缩程度会造成导出的 SWF 文件中声音的品质和大小有很大的不同。声音的压缩倍数越大，采样比率越低，声音文件就越小，声音品质也越差。应当通过实验找到声音品质和文件大小的最佳平衡。

2．设置全局声音的输出属性

使用"发布设置"对话框中的 Flash 选项卡可以设置影片中全部声音的输出属性。从菜单栏上选择【文件】→【发布设置】命令就会打开"发布设置"对话框。

切换到 Flash 选项卡设置 Flash 发布选项，在底部可以看到几个声音设置选项，如图 15-8 所示。

图 15-8　声音的发布设置

要为 SWF 文件中的所有声音流或者事件声音设置采样率和压缩，请单击"音频流"或"音频事件"旁边的【设置】按钮，然后在"声音设置"对话框中选择"压缩"、"比特率"和"品质"选项，完成后单击【确定】按钮。

如果要使用这一设置来覆盖在"属性"面板中为个别声音选定的设置，选择"覆盖声音设置"复选框。要创建一个较小的低保真版本的 SWF 文件，可能需要选择此选项。

如果取消选择"覆盖声音设置"选项，那么 Flash 会扫描文档中的所有音频流（包括导入视频中的声音），然后按照各个设置中最高的设置发布所有音频流。如果一个或多个音频流具有较高的导出设置，就会增大文件大小。如果没有在"声音属性"对话框中给单个声音选择压缩设置，那么这些全局设置就会应用于单个事件声音或所有的音频流。

要导出适合于设备（包括移动设备）的声音而不是原始库声音，选择"导出设备声音"复选框。

15.2　为影片定义背景声音

在上面一节简单介绍了声音的基本使用方法，从这一节开始就来实际地使用 Flash CS3 建立交互式声音。

背景音乐是在制作动画时经常用到的元素，但是有时也会被认为是不必要的，当然不是对所有人而言。要想满足所有人的愿望，需要建立一个开关，当需要音乐时打开它，不需要时就关闭。

要建立背景音乐，首先还要对音乐有一定的知识，而且由于声音元件占用较大的空间，所以当要在网上使用动画背景音乐时，要特别小心。现在就来看看究竟怎样来实现它。

[01]打开附送光盘上的 sample_cn\chapter_15\source\interSound.fla 文档，可以看到在库中已经有一个导入的声音元件，这个声音就是要用做背景的声音。

[02]新建一个文档，从菜单栏中选择【窗口】→【公用库】→【按钮】命令，就可以打开按钮"库"面板，拖动两个按钮到舞台上，一个用于播放，另一个用于停止。

[03]在第 2 帧按【F6】键新建关键帧，这时第 2 帧上的内容与第 1 帧上相同。分别删除第 1 帧上的播放按钮和第 2 帧上的停止按钮，并移动至合适的位置。

[04]新建一个层，在第 2 帧按【F6】键新建关键帧，这样在该层上就有两个空关键帧。分别在两个空关键帧上建立帧脚本：

```
stop();
```

这样就使动画在播放时播放头到达这两帧时停下来，要靠交互脚本来在这两帧之间切换，最后的设置结果如图 15-9 所示。

图 15-9　时间轴和舞台设置

[05]按【Ctrl+F8】组合键新建一个影片剪辑元件，命名为"sound"。这时该元件处于编辑状态，在第 2 帧按【F6】键新建 3 个关键帧，这样在该层上就有 4 个空关键帧。在"属性"面板上依次给 4 个

关键帧建立帧标签 sound_start、sound_play、sound_loop 和 sound_end，并依次为帧标签为 sound_start 和 sound_loop 的帧建立脚本：

sound_start 帧：

```
gotoAndPlay("sound_end");
```

sound_loop 帧：

```
gotoAndPlay("sound_play");
```

上面的动作脚本表示：当播放头播放第 1 帧时，它跳过第 2 和第 3 帧直接播放第 4 帧，而后播放头回来继续播放第 1 帧，再跳到第 4 帧，从而形成一个循环。如果播放头从第 2 帧开始播放时，那么它移至第 3 帧时，由第 3 帧的脚本引发，重回第 2 帧开始播放，这样又形成了一个循环。由上面的帧标签语义可以看出，将在后一个循环中建立背景循环音乐。

[06]新建一个层，在第 2 帧按【F6】键两次，从而在第 2 帧建立一个关键帧。选定第 2 帧，从库中把背景声音拖到舞台上，可以看到该帧中间出现了一个蓝色声波形状。最后时间轴的设置结果如图 15-10 所示。

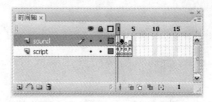

图 15-10　时间轴的设置

[07]回到主时间轴，新建一个层，把"sound"影片剪辑元件拖到舞台上建立一个影片剪辑实例，这时可以看到该实例呈一个空心圆状，选定该实例，并在"属性"面板上命名实例名为 object_sound。

[08]选中脚本所在层（"script"层），为第 1 帧添加下面的代码：

```
stop();
object_sound.gotoAndPlay(2);
//如果单击了 stop 按钮就执行这个函数
var onStop:Function = function():void
{
    with (object_sound)
    {
        //停止所有的声音
        var transform:SoundTransform=SoundMixer.soundTransform;
        transform.volume=0;
        SoundMixer.soundTransform=transform;
        SoundMixer.stopAll();
        gotoAndStop("sound_end");
    }
    gotoAndStop(2);
};
stop_btn.addEventListener(MouseEvent.CLICK,onStop);
```

以上代码用来在动画开始播放时就播放背景音乐，如果单击了 stop 按钮就停止所有的声音，并跳到 object_sound 的声音结束帧。

[09]选中脚本所在层的第 2 帧，添加下面的代码：

```
stop();
//如果单击了play按钮就执行这个函数
var onPlay:Function=function():void
{
    with (object_sound)
    {
        //重新开始播放
        var transform:SoundTransform=SoundMixer.soundTransform;
        transform.volume=1;
        SoundMixer.soundTransform=transform;
        gotoAndPlay("sound_play");
    }
    gotoAndStop(1);
};
play_btn.addEventListener(MouseEvent.CLICK,onPlay);
```

以上代码表示，如果单击了 play 按钮就将重新开始播放所有的声音，并跳到 object_sound 的 sound_play 帧，开始另一个循环。

[10]按【Ctrl+Enter】组合键测试，这时发现声音播放非常杂乱，仿佛多个声音堆叠在一起。

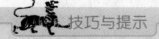 技巧与提示

了解声音在 Flash Player 的播放原理对于熟练地使用 Flash CS3 声音非常重要，关于这一原理在本章的开始部分就已介绍过，在这里再重复一次，一定要切记，下面的一句话是 Flash Player 播放音频的核心：

Flash CS3 提供了许多使用声音的途径，可以使声音独立于时间轴面板之外连续播放，也可使音轨中的声音与动画同步，使它在动画播放的过程中淡入或淡出。

真正了解了 Flash CS3 声音原理就不难解释这一现象了。由于声音独立于时间轴面板之外连续播放，所以当使用 play 按钮重新打开声音时，在第 5 步建立的循环发生了作用，当一个独立于时间轴播放的声音还未播放完成时，另一个声音启动了，而后紧接着又一个出现多次重复，多个声音叠加在一起，所以声音杂乱。

[11]其实，是有办法来解决这一问题的，Flash CS3 提供了强大的声音解决方案。下面介绍如何解决。

回到编辑状态，使"sound"影片剪辑元件处于编辑状态，选中声音所在帧后，只需在"属性"面板上"同步"（Sync）下拉列表框中选择"开始"选项即可，如图 15-11 所示。

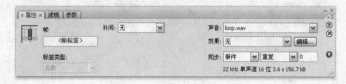

图 15-11   声音在帧上的设置

现在再来按【Ctrl+Enter】组合键测试按钮交互性，发现没有噪音问题了。再测试按钮交互性，单击 stop 按钮把声音关闭，再使用 play 按钮打开声音，可以保存文档，输出影片了。

在下面的一节中将详细地介绍为什么使用"同步"下拉列表框中的"开始"选项就可以解决问题。

 技巧与提示

如果不使用帧循环的方式建立背景声音，可以在"属性"面板上把声音重复次数设置一个较大的数值就可以了，如 999。当然，也可以直接设置声音为循环。

15.3　Flash CS3 声音设置

Flash CS3 提供了强大而丰富的声音设置功能，下面就来详细地介绍它们的功能和使用方法。

15.3.1　事件声音和声音流

Flash 中使用的基本声音有两种：事件声音（event sounds）和声音流（stream sounds）。前者在播放之前必须被完全下载，在播放时除非有命令使它停止，否则将持续播放；而后者只要下载了头几帧的声音数据即可开始播放，且与时间轴同步（要谨记上一节讲到的本章核心）。

事件声音和声音流在"属性"面板上设置，使用同步（Sync）下拉列表框，这在上一节的例子中使用过。"同步"下拉列表框中有 4 个选项："事件"、"开始"、"停止"和"数据流"。每个选项实现的功能都不相同，前 3 个设置都属于事件声音的范畴，后一个属于声音流。

下面就详细地介绍这 4 个选项的作用和使用方法。

1．事件

表示把声音与某一事件的发生同步起来。对事件声音（Event Sound）而言，在它的开始帧显示的同时，它开始播放且独立于时间轴，即使影片在它播放完毕之前结束，也不会影响它的播放。该选项为默认值。

2．开始

表示把声音与某一事件的发生同步起来，与"事件"唯一不同的地方在于到达某一声音的起始帧时若有其他声音播放，则该声音将不播放（参考上一节的实例）。

3．停止

指定声音不播放。

4．数据流

使声音与影片在 Web 站点上的播放同步，Flash 将强迫动画与声音流同步，如果动画的速度跟不上，将省略某些帧的播放。与事件声音不同，声音流将与动画一同停止。

4 种设置的播放性能、占用空间也不尽相同，图 15-12 中的 4 幅图分别描绘了同一声音使用不同设置时的表现。

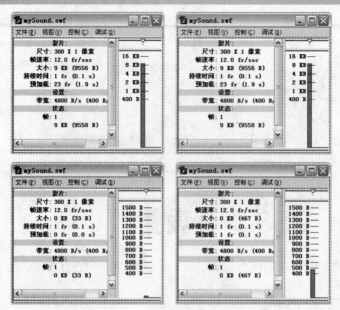

图 15-12　同一声音使用不同设置

左上图和右上图分别是同步设置为"事件"和"开始"时的帧带宽效果图，可以看到二者是相同的，都是在第一帧就把声音完全下载而后播放的。

左下图是同步设置为"停止"时的帧带宽效果图，可以看到这时声音根本不占什么带宽，它只是一个声音停止的元件而已。

右下图是同步设置为"数据流"时的帧带宽效果图，由于没有展开声音波形，所以就只是下载了第一帧所容纳的声音，而没有包括其他帧的声音。

现在展开声音波形（参考第一节中的介绍）测试效果，可以看到对于流式声音，Flash 把它分割成小块存储在声音播放范围内的每个帧中，如图 15-13 所示。

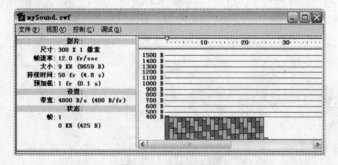

图 15-13　流式声音

在指定关键帧开始或者停止声音的播放以使它与动画的播放同步是编辑声音时最常见的操作。要在指定关键帧开始或者停止声音的播放，应在事件开始帧位置处在声音层创建一关键帧，然后在该关键帧加入声音，并在"属性"面板上设定"同步"选项。在声音层声音结束处创建另一关键帧，在"属性"面板上从"声音"下拉列表框中选定加入的声音，再从"同步"下拉列表框中选择"停止"选项。使用这种方法就能设置多个声音交互的功能，关于它的详细使用方法将在第 4 节中进行详细的介绍。

15.3.2　声音效果

仍然是在前面一节创建的 mySound.fla 文档，选中声音所在的帧，会在"属性"面板上看到该声音事件的全部设置选项，除了前面介绍的同步功能，还有其他的几个功能项：声音、效果、编辑、重复和该声音的音质信息。

1. 声音选项

下面对照图 15-14 分别说明一下这几个功能项。

图 15-14　声音事件的设置选项

[01]声音：该选项对应的下拉列表框标识了当前帧中的声音元件，可以看到当前文档使用的声音元件名。该选项的另一个重要作用是可以重新设置或取消帧中的声音：从下拉列表框中选取新的声音或者选择"无"选项。

[02]效果：该选项用来设置声音的效果，它对应的下拉列表框中有几个选项：

- "无"表示对声音元件不加入任何效果，选择该项可取消以前设定的效果。

- "左声道"和"右声道"选项分别表示只在左声道或者右声道播放声音。

- "从左到右淡出"和"从右到左淡出"分别表示使声音的播放从左声道移到右声道或从右声道移到左声道。

- "淡入"表示在声音播放期间逐渐增大音量。

- "淡出"表示在声音播放期间逐渐减小音量。

- "自定义"选项允许创建自己的声音效果，可在"编辑封套"对话框中进行编辑，使用该选项与【编辑】按钮效果相同。

[03]编辑：如果想对声音进行简单的编辑，Flash CS3 内置了一个比较简单的音频编辑器。单击【编辑】按钮，就可以弹出该编辑器（"编辑封套"对话框）。后面将详细地介绍"编辑封套"对话框的使用方法。

[04]同步：用来设置声音的"同步"选项。

[05]重复和循环：对应的文本框中的数字用于定义声音重复播放的次数，如果想让声音不停地播放，可输入一个较大的数字，这对于实现背景音乐非常有效；或者从组合框中选择循环，这样，声音就会一直循环播放。

除此之外，在"循环"选项的下部还列出了声音元件的音质信息，如采样率、声道设置等。

2. 使用"编辑封套"对话框编辑声音

单击【编辑】按钮或者选择"效果"下拉列表框中的"自定义"选项都可以打开"编辑封套"对话框，对当前帧中的声音进行编辑，"编辑封套"对话框的具体功能设置如图 15-15 所示。

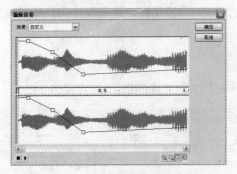

图 15-15   "编辑封套"对话框

包络线反映的是声音音波的幅度，也就是声音音量，改变声音的幅度包络线，可以改变声音的音量。使用声音的幅度包络线非常简单，可以拖动包络线上的句柄来改变包络线的位置和形状，也可以单击包络线上任意一点添加句柄，最多可以创建 8 个句柄，要删除某个句柄，将其拖出窗口即可。要降低声音音量就把包络线向下移动，要提高声音就把包络线向上移动。

中间的时间轴显示了声音的位置和长度，可以改变声音时间轴的刻度，它可以以秒为单位，也可以以帧为单位。时间轴两端各有一个控制柄，代表了声音的起始位置和结束位置，拖动时间轴两端的控制柄可以改变声音的起始位置和结束位置，从而可以删去那些不愿使用的声音部分。

时间轴上下各有一个声音音波框，分别显示的是左声道和右声道的音波波形。如果想降低左声道的声音并且是逐渐降低，那么可以使用图 15-16 左图所示的设置。如果想提高右声道的声音并且是逐渐提高，那么可以使用图 15-16 右图所示的设置。

图 15-16   左右声道控制

【放大】按钮和【缩小】按钮用于对该声音波形的跨度放大或缩小，也可以按帧或者按秒显示。

单击【确定】按钮就可以关闭对话框，使设置生效。

15.4   多声音交互功能的实现

在前面一节中，建立了一个单声音开关的交互例子，当测试时，发生了声音交叠在一起的情况。但是有时我们恰恰需要这样：多个声音交叠在一起，但是可以控制其中的一个或多个声音。

这在以前是不可想象的，但是 Flash CS3 内置了强大的声音交互功能，使用这种强大的功能可以实现多声音交互，在前面的章节已经提了一个引子，这一节就来带用户亲身体验多声音交互的强大功能。

多声音交互功能必须使用声音同步技术，在前面已经进行了简单的介绍，现在就来更详细地了解一下基本理论。

在 Flash 中，大多数的交互式声音都被设置为"事件"（或者"开始"）同步。"事件"和"开始"同步声音就像附着在影片剪辑上的帧一样运行，它们独立于附属的时间轴播放，但是，"事件"和"开始"声音既没有基于时间轴的帧，也没有实例名。在包括循环的全部持续时间内，声音基于自己的时间机制来播放。

Flash 不能直接使用 play 动作来播放"事件"（或者"开始"）声音。当 Flash 播放头到达粘附声音的那一帧时，"事件"（或者"开始"）声音开始播放。在这一点上，Flash 开始声音的播放，播放头继续在时间轴上向下动作，不管父时间轴上的播放头发生何种情况，声音就像什么事都没有一样继续播放直到完成。即使播放头停止，"事件"（或者"开始"）声音能继续播放。因为"事件"（或者"开始"）声音没有帧而且声音没有实例名，也就没有办法用 ActionScript 脚本语句来直接播放或者停止"事件"（或者"开始"）声音。

因为声音独立于播放头播放，"停止"动作不能停止"事件"（或者"开始"）声音的播放。"停止"动作只是停止播放头的运动，不是"事件"（或者"开始"）同步声音的播放。因此需要一个变通的办法来开始和停止"事件"（或者"开始"）同步声音。怎样播放声音是显而易见的，只需使用 gotoAndPlay 动作移动播放头到包含声音的帧。但是怎么停止声音呢？这要通过使用声音设置中的"同步"下拉列表框中的"停止"选项来完成。

设置为"停止"同步的声音不是真正的声音而是一种声音命令，用来停止指定声音的播放。当播放头到达包含"停止"同步声音命令的那一帧时，Flash 停止指定声音的播放。

尽管停止同步声音命令引起声音播放状态的变化，但它不是一个动作。不能在 ActionScript 中调用它。相反，可以在一个影片剪辑的时间轴上放置停止同步声音命令，而后把播放头跳转到包含停止同步声音命令那一帧（或者帧标签）来停止声音的播放。这是 Flash 交互声音工作的基本原理。使用 gotoAndPlay 动作，把播放头跳转到包含声音的帧或者帧标签上来开始播放，接着要停止播放，把播放头跳转到包含相应的停止同步声音命令的帧或者帧标签上。

下面就制作一个例子来更具体地说明怎样创建一个交互式声音。在这个例子中，将创建一个有两个按钮的影片，按钮 play 和 stop 用于控制声音时间轴的播放。

下面是基本的步骤（使用第 1 节中的文件）。

[01]打开位于附送光盘上的 sample_cn\chapter_15\source\multiInterSound.fla 文档，在该文档中包含了要使用的几个声音元件（jazz.wav、loop.wav、WindowsXPStartup.wav）及由两个按钮和一个动态文本框组成的"control"影片剪辑元件，如图 15-17 所示。

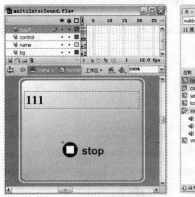

图 15-17　影片剪辑元件"control"组成

在"库"面板中双击影片剪辑元件"control"，使它处于编辑状态，查看该影片剪辑元件的构成，如图 15-17 所示。

在时间轴上共有 4 个层，分别是：bg 层，存放背景；name 层，放置了一个动态文本框，实例名为"playing_txt"；control 层，在第一帧和第二帧分别放置了一个按钮，用于停止和播放；script 层，有两个关键帧，各有如下一个脚本动作：

```
stop();
```

[02]新建一个文档，按【Ctrl+F8】组合键新建一个影片剪辑元件，命名为"jazz"，这时该影片剪辑处于编辑状态。

在 jazz 影片剪辑创建两个层，分别命名为"sound"和"script"，并在每层上创建 3 个空关键帧。

在 script 层上设置帧标签：第 1 帧帧标签为 sound_play；第 2 帧帧标签为 sound_loop；第 3 帧帧标签为 sound_end。

[03]选中 script 层上第 2 帧，从菜单栏上选择【Window】→【Actions】命令打开"动作"面板，键入下面的脚本：

```
gotoAndStop("sound_play");
```

这样就在第一帧和第二帧之间形成了一个循环。

[04]选中 sound 层上第 1 帧，打开"库"面板，在"库"面板顶部的下拉列表框中选择"multiInterSound.fla"文档，从库面板中把声音元件 jazz.wav 拖到当前文档的舞台上，在"属性"面板上"同步"下拉列表框中选择"开始"选项。

[05]选中 sound 层上第 3 帧，再从"库"面板中把声音元件 jazz.wav 拖到舞台上，在"属性"面板上"同步"下拉列表框中选择"停止"选项。这样，就设置成功了 jazz.wav 声音控制元件。最终时间轴设置如图 15-18 所示。

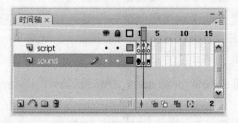

图 15-18　时间轴设置

[06]同理，重复 2～5 步，分别为 loop.wav 和 WindowsXPStartup.wav 创建声音控制影片剪辑元件"loop"和"WindowsXPStartup"。

[07]返回到主时间轴，把刚才创建的 3 个声音控制影片剪辑元件 jazz、loop 和 WindowsXPStartup 拖到舞台上，在舞台上，这 3 个影片剪辑实例都呈现为空心圆（这个空心圆只是一个表示而已，并不在输出的影片中显示）。

在"属性"面板上分别为这 3 个声音控制影片剪辑元件实例命名实例名：jazz、loop 和 WinXP。

[08]打开"库"面板，在"库"面板顶部的下拉列表框中选择 multiInterSound.fla 文档，把影片剪辑元件"control"拖到当前文档舞台上创建 3 个实例，并分别为这 3 个实例命名实例名 jazz_control、loop_control 和 WindowsXP_control，如图 15-19 所示。

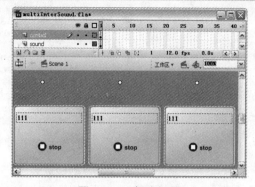

图 15-19 舞台设置

[09]在库中双击影片剪辑元件"control"使它处于编辑状态,选中 script 层上第 1 帧,追加脚本代码,最终形成如下脚本:

```
stop();
//将影片剪辑的名字赋给文本框作控制标示
playing_txt.text=name;
//如果单击了 stop 按钮就执行这个函数
var onStop:Function=function():void
{
    //根据影片剪辑的实例名判断要控制哪个声音的停止
    if(name=="jazz_control")
    {
        parent.jazz.gotoAndStop(3);
        gotoAndStop(2);
    }
    if(name=="loop_control")
    {
        parent.loop.gotoAndStop(3);
        gotoAndStop(2);
    }
    if(name=="WindowsXP_control")
    {
        parent.WinXP.gotoAndStop(3);
        gotoAndStop(2);
    }
};
stop_btn.addEventListener(MouseEvent.CLICK,onStop);
```

[10]选中 script 层上第 2 帧,追加脚本代码,最终形成如下脚本:

```
stop();
//如果单击了 play 按钮就执行这个函数
var onPlay:Function = function():void
{
    //根据影片剪辑的实例名判断要控制哪个声音的播放
    if(name=="jazz_control")
```

```
        {
                parent.jazz.gotoAndPlay(1);
                gotoAndStop(1);
        }
        if(name=="loop_control")
        {
                parent.loop.gotoAndPlay(1);
                gotoAndStop(1);
        }
        if(name=="WindowsXP_control")
        {
                parent.WinXP.gotoAndPlay(1);
                gotoAndStop(1);
        }
};
    play_btn.addEventListener(MouseEvent.CLICK,onPlay);
```

上面两段代码的意思是，如果用户单击 Stop 按钮，Flash 播放器移动播放头到声音控制影片剪辑元件上第 3 帧停止相应的声音。如果用户单击 Play 按钮，Flash 播放器移动播放头到声音控制影片剪辑元件上第 1 帧形成声音循环。

[11]从菜单栏上选择【控制】→【测试影片】命令来测试影片。注意到在舞台上的 3 个影片剪辑实例各控制一个声音的播放，并且不相互干扰，最后的影片效果如图 15-20 所示。

图 15-20　最终效果

15.5　使用 Flash CS3 创作视频

Flash CS3 可以将视频剪辑导入到创作环境中编辑，并可以将具有视频的影片发布为 Flash 影片（SWF 文件），然后使用 Flash Player 播放。

Flash CS3 支持多种视频格式导入和编辑，包括以下这些格式：

[01]音频视频交叉格式（.avi）；

[02]数字视频格式（.dv）；

[03]运动图像专家组格式（.mpg、.mpeg）；

[04]QuickTime 格式（.mov）；

[05]Windows 媒体文件格式（.wmv、.asf）。

但是，不同的操作系统对不同视频格式的要求也不相同：在 Macintosh 操作系统上不能导入 .wmv、.asf 格式，在 Windows 操作系统上不能导入 .dv 格式。

有些情况下，Flash CS3 可能只导入文件中的视频，而不导入音频。例如，在 Macintosh 操作系统上不支持导入 MPG 和 MPEG 文件中的音频。在这样的情况下，将显示一个警告，指出无法导入文件的音频部分。

对于可以导入的视频格式，如果要导入，Flash CS3 所在系统上建议必须安装了 QuickTime 7（或更高版本，主要用在 Macintosh 操作系统上，也可以用在 Windows 操作系统上导入 .mov）及 DirectShow 9（或更高版本，仅能用在 Windows 操作系统上）。

QuickTime 7 可以从下面的网址自由下载：

```
http://www.apple.com/quicktime/download/
```

DirectShow 一般随 DirectX 安装，大部分 Windows 操作系统上都安装了 DirectX，可以在注册表中查看 DirectShow 的版本：

```
HKEY_LOCAL_MACHINE\SOFTWARE\Microsoft\Active Setup\Installed Components\{44BBA848-
CC51-11CF-AAFA-00AA00B6015C}
```

Flash CS3 有多种视频剪辑导入方式：将视频剪辑导入为嵌入文件，或者将视频剪辑导入为链接文件。根据视频格式和所选导入方法的不同，可以将具有视频的 Flash CS3 文档发布为 Flash 影片（SWF 文件）或者 QuickTime 影片（MOV 文件）。

并且如果把导入的视频剪辑放置在一个影片剪辑中，那么还可以对影片剪辑中导入的视频对象应用一些 ActionScrip 脚本动作：gotoAndPlay、gotoAndStop、play、stop 和 stopAllSounds 等。

下面就使用一个例子来说明怎样将视频剪辑导入到 Flash CS3，并控制导入的视频对象。

15.5.1　了解编码解码器

在使用 Flash CS3 创建包含视频剪辑的影片文档之前有必要先来了解 Flash CS3 和 Flash Player（包括 Flash Player 6 和 Flash Player 9）使用的编码解码器。

1．关于 On2 VP6 和 Sorenson Spark 视频编码解码器

在默认情况下，Flash CS3 使用 On2 VP6 编码解码器导入和导出视频，但它支持播放 Sorenson Spark 和 On2 VP 6 编码的视频。而 Flash Player 6 和 Flash Player 7 仅支持 Sorenson Spark 编码的视频，Flash Player 8 或更高版本同时支持两种编码的视频。

编码解码器是一种压缩/解压缩算法，用于控制导入和导出期间视频剪辑文件的压缩和解压缩方式。

视频编码解码器由一个编码器和一个解码器组成。编码器（或称压缩程序）是用于压缩内容的组件，解码器（或解压缩程序）是对压缩的内容进行解压以便能够对其进行查看的组件。解码器包含在 Flash Player 中，从而可以播放具有视频的 Flash 影片（SWF 文件）。

根据系统上安装的编码解码器，还可能支持其他的视频导入格式。如果试图导入系统不支持的文件格式，则 Flash 会显示一条警告消息，指明无法完成该操作。在有些情况下，Flash 可能会导入文件中的视频，但是无法导入音频。例如，系统不支持用 QuickTime 4 导入的 MPG/MPEG 文件中的音频。在这种情况下，Flash 会显示警告消息，指明无法导入该文件的音频部分。但是仍然可以导入没有声音的视频。

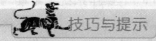 技巧与提示

注意：通过使用"发布设置"对话框中选择的全局音频流设置，可以将导入音频作为流式音频进行发布或导出。

如果 Flash 内容动态地加载外部 Flash 视频（使用渐进式下载或来自 Flash Communication Server 或者来自 Flash Media Server），则这些外部 Flash 视频可以是 On2 VP6 编码的视频，而无须为 Flash Player 8 或更高版本的播放器重新发布 SWF，前提是用户使用 Flash Player 8 或更高版本的播放器查看内容。通过将 On2 VP6 视频流传送到或下载到 Flash SWF 6 或 7 版本中，然后使用 Flash Player 8 或更高版本的播放器播放该视频，无须重新创建 SWF 文件，便可以使用 Flash Player 8 播放。

只有 Flash Player 8 和 9 同时支持发布和播放 On2 VP6 视频，表 15-1 列出了发布的版本和播放器要求的列表。

表 15-1

编 解 码 器	发布的版本	播放所需的版本
Sorenson Spark	6	6, 7, 8, 9
	7	7, 8, 9
On2 VP6	6	8, 9
	7	8, 9
	8	8, 9
	9	8, 9

2．数字媒体的压缩方式

了解数字媒体的压缩方式对于以后理解和使用 Camera 对象控制捕捉的实时视频图像具有重要的意义。对于数字媒体，可以应用两种不同类型的压缩：spatial（空间）类型和 temporal（时间）类型。

时间类型压缩可以识别各帧之间的差异，并且只存储这些差异，以便根据帧与前面帧的差异来描述帧。没有更改的区域只是简单地重复前面帧中的内容。因此时间类型压缩的帧经常作为帧间使用。

空间类型压缩适用于单个数据帧，与周围的任何帧无关。空间压缩可以是无损的（不丢失图像中的任何数据）或有损的（有选择地丢弃数据）。空间类型压缩的帧通常称为内帧。

Sorenson Spark 是帧间编码解码器，它的高效帧间压缩是它有别于其他压缩技术的地方，它只需要比大多数其他编码解码器都要低的数据速率，就能产生高品质的视频。许多使用内帧压缩的其他编码解码器（如 JPEG）是内帧编码解码器。

但是，帧间编码解码器也使用内帧，内帧只用做帧间的参考帧（也就是一个关键帧）。Sorenson Spark 总是以关键帧为开始，每个关键帧都会成为以下帧间的主要参考帧。只要下一个帧与前面的帧显著不同，该编码解码器就会压缩一个新的关键帧。

15.5.2 创作内嵌视频的 Flash 影片

Flash CS3 有两种视频剪辑导入方式：将视频剪辑导入为嵌入文件；或者将视频剪辑导入为链接文件。根据视频格式和所选导入方法的不同，可以将具有视频的 Flash CS3 文档发布为 Flash 影片（SWF 文件）或者 QuickTime 影片（MOV 文件）。

　　这里要介绍的是使用 Flash CS3 内置的视频导入向导将视频剪辑导入为嵌入文件。

　　[01]打开 Flash CS3 软件，新建一个 Flash 文档，从菜单栏上选择【文件】→【导入】→【导入视频】命令，在弹出的"导入视频"对话框中选中要导入的视频文件 Sample.mov（QuickTime 软件自带的例子文件），单击【下一个】按钮，就会打开"部署"界面。

　　[02]在"部署"界面上有几个选项，如图 15-21 所示。

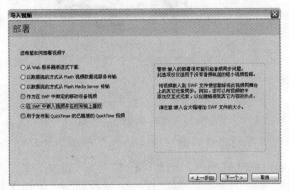

图 15-21　"部署"界面

　　选定"在 SWF 中嵌入视频并在时间轴上播放"单选按钮，表示将把视频文件 Sample.mov 嵌入到 Flash 文档中。然后单击【下一个】按钮。

　　[03]现在弹出了一个新对话框，询问如何导入视频，以及在导入过程中是否使用 Flash CS3 视频导入向导先编辑视频，如图 15-22 所示。

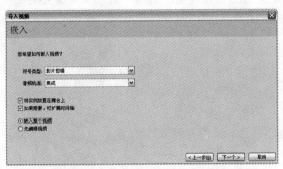

图 15-22　先编辑导入的视频

　　建议在"符号类型"组合框中选择"影片剪辑"选项，这表示将会使用一个影片剪辑来包含导入的视频。

　　"音频轨道"组合框用来设置是否剥离视频中的音频数据，建议选择"集成"选项，表示不剥离。再选中"将实例放置在舞台上"和"如果需要，可扩展时间轴"复选框。两个复选框用意很清楚明了，当然最好都选上。

　　下面的选项，选择"先编辑视频"单选按钮，不选"嵌入整个视频"，这对于视频文件较大，需要剔出一些片段时特别有用。

　　[04]单击【下一个】按钮，现在弹出了一个新对话框，使用该对话框可以对导入的视频剪辑进行编辑，如图 15-23 所示。

图 15-23　对视频剪辑进行编辑

在该对话框中，可以根据导入的视频剪辑创建一个或几个更小的视频剪辑，并可以预览效果。

要创建视频剪辑，可以通过拖动开始导入点和停止导入点（播放导轨下的三角形）来设置视频剪辑的开始点和结束点，然后单击【+】按钮就可以创建一个视频剪辑。通过这种方式，可以创建若干个视频剪辑。

在所有的视频剪辑都创建完毕，就可以单击【下一个】按钮使设置生效。

[05]现在弹出了一个新对话框，询问在导入过程中是否使用 Flash CS3 视频导入向导对视频剪辑进行压缩或者对视频剪辑应用高级设置。

在该对话框中有一些预定义的压缩设置可以选择，如图 15-24 所示。

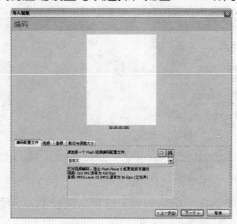

图 15-24　应用编码设置

也可以切换到"视频"选项卡或者"音频"选项卡自定义压缩设置，如图 15-25 所示，这是"视频"选项卡的设置。

图 15-25　自定义视频编码

　　选定"对视频编码"复选框，就可以激活自定义设置。

　　在"视频编解码器"组合框中，可以选择"Sorenson Spark"或者"On2 VP6"选项。也可以定义"带宽"或者"品质"、控制关键帧的频率、为确保关键帧中图像品质的一致而设置关键帧间隔，以及使导入视频的播放速度与 Flash 文档主时间轴的播放速度同步。

　　视频品质设置为所有帧指定了压缩级别，为了获得一致的压缩级别，下载速度可能会有所变动，因此，数据速率就成了衡量品质的要素。可以从"品质"预设选项中选一个，也可以自定义数据速率。

　　可以调整视频画面大小，定义宽度和高度。可以自定义编码音频，但最好是保持默认值。

　　[06]切换到"裁切与调整大小"选项卡，现在弹出了一个新对话框，可以从上边缘、下边缘、左边缘或右边缘裁切视频，如图 15-26 所示。

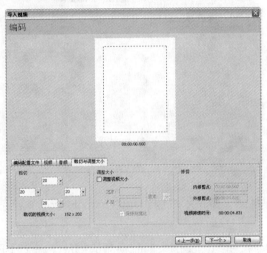

图 15-26　创建高级设置

　　注意图中的黑色虚线矩形框，便是调整后的视频图像区域。

　　[07]单击【下一个】按钮，把所有的选项都设置完毕后单击【完成】按钮就可以将视频剪辑导入Flash 文档库中了。

　　[08]按【Ctrl+L】组合键打开"库"面板，可以看到导入的视频剪辑元件，如图 15-27 所示。

图 15-27　库中的视频剪辑元件

在"库"面板中双击任意一个影片剪辑元件使它处于编辑状态，可以看到视频剪辑元件自动扩展帧以适合自己的播放时间，并且视频经过了修剪。

[09]现在为该影片剪辑元件添加一个帧脚本语句以使该影片剪辑在播放时停在第 1 帧。保持该影片剪辑处于编辑状态，单击时间轴左下端的【插入图层】按钮新建一个层，选中该层第 1 帧，按【F9】键打开"动作"面板，在该面板上键入下面的一行脚本语句：

```
stop();
```

[10]单击舞台顶部左侧的返回按钮关闭该影片剪辑元件返回到主时间轴，在舞台上绘制出一幅背景图案，如图 15-28 所示。

图 15-28　视频文档

接着切换到文本工具创建标题，并将影片剪辑元件 Sample.mov 0 拖放到舞台上，调整位置，如图 15-28 所示。

[11]下面在舞台上创建两个按钮组件实例来控制视频的播放，一个【开始播放】按钮；一个【停止播放】按钮；并将这两个按钮组件实例放置到舞台上的合适位置，如图 15-28 所示。

[12]现在添加脚本语句以控制视频的播放。在这之前，先为舞台上的影片剪辑元件实例定义一个实例名 movie_mc，并为两个按钮分别定义实例名 stop_btn 和 play_btn。

现在选中第 1 帧，在"动作"面板上键入下面的几行脚本语句：

```
stop();
//如果单击了 stop 按钮就执行这个函数
var onStop:Function=function():void
{
    movie_mc.stop();
};
stop_btn.addEventListener(MouseEvent.CLICK,onStop);
//如果单击了 play 按钮就执行这个函数
var onPlay:Function=function():void
{
    movie_mc.play();
};
play_btn.addEventListener(MouseEvent.CLICK,onPlay);
```

[13]当这些都做好后就可以测试查看效果了，现在按【Ctrl+Enter】组合键，单击【开始播放】按钮，视频剪辑开始播放。单击【停止播放】按钮，视频剪辑停止播放，如图 15-29 所示。

图 15-29　播放效果

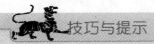技巧与提示

使用 Flash CS3 可以将视频剪辑导入到 Flash CS3 创作环境中并嵌入它，该视频剪辑将成为影片的一部分，如同导入的位图或矢量图文件。可以将具有嵌入视频的影片发布为 Flash 影片，当然也可以将具有嵌入视频的影片发布为 QuickTime 影片。

使用 Flash CS3，可以将任何支持的视频文件格式导入为嵌入视频，并可以将嵌入视频的帧频与主影片时间轴的帧频进行同步，也可以调整视频帧频与主时间轴帧频的比率，以便在播放期间从导入视频中删除一些帧。

如同导入的位图或矢量图文件一样，可以更新在外部应用程序中编辑过的导入视频，或导入其他视频来替换嵌入视频，也可以为视频剪辑的实例分配一个不同的元件。为视频剪辑实例分配一个不同的元件会在舞台上显示不同的实例，但是不会改变原来的实例属性（如颜色、旋转等）。

可以在舞台上创建一个视频对象，方法是将"库"面板中导入的视频剪辑的一个实例拖到舞台中。对于元件，可以创建导入的视频剪辑的多个实例，而不会增大 Flash 影片文件的大小。

15.6　实时音频和视频

使用 Flash CS3 也可以创建视频对象，用于显示来自照相机（摄像头）的实时视频流。这一节就来介绍怎样使用 Flash CS3 创建视频对象，捕捉来自照相机的实时视频流。

[01]首先应当正确地将照相机与计算机连接好，并安装和配置好驱动程序（关于这方面的知识请参考照相机附带文档）。

[02]打开前面制作的具有视频功能的 Flash CS3 文档，将该文档另存为 liveVideo.fla。

[03]从舞台上删除影片剪辑元件 movie_mc 实例，并从"库"面板中将影片剪辑元件也删除。现在从"库"面板右上角单击打开面板菜单，从菜单中选择【新建视频】命令，在弹出的对话框中选择"视频(受 ActionScript 控制)"单选按钮，并单击【确定】按钮关闭对话框，这样就新创建了一个名为的"视频 1"的视频元件，打开"库"面板，就可以看到，如图 15-30 所示。

图 15-30　创建视频元件

[04]从"库"面板中将视频元件拖放到舞台上，这是一个 160×120 规格的矩形，调整大小及位置，如图 15-31 所示。

图 15-31   布局效果

[05]现在添加脚本语句以控制实时视频的捕捉。在这之前，先为舞台上的视频元件实例定义一个实例名 localVidInstance，并为两个按钮分别定义实例名 stop_btn 和 play_btn。

现在选中第 1 帧，在"动作"面板上键入下面的几行脚本语句：

```
stop();
var localMicrophone:Microphone;
//如果单击了 stop 按钮就执行这个函数
var onStop:Function = function():void
{
    //参数为 null，就表示停止捕捉摄像头的视频，并视频元件实例的图像清除
    localVidInstance.attachCamera(null);
    localVidInstance.clear();
    localMicrophone.setLoopBack(false);
};
stop_btn.addEventListener(MouseEvent.CLICK,onStop);
//如果单击了 play 按钮就执行这个函数
var onPlay:Function=function():void
{
    //捕捉摄像头的视频，并将它赋给视频元件实例
    var localCamera:Camera=Camera.getCamera();
    localVidInstance.attachCamera(localCamera);
    //捕捉麦克风音频数据，并调用 setLoopBack 方法开始播放
    localMicrophone = Microphone.getMicrophone();
    localMicrophone.setLoopBack(true);
};
play_btn.addEventListener(MouseEvent.CLICK,onPlay);
```

[06]当这些都做好后就可以测试查看效果了，现在按【Ctrl+Enter】组合键，单击【开始播放】按钮，在弹出的对话框上单击【允许】按钮如图 15-32 左图所示，就可以看到从照相机拍摄到的实时视频流图像了，如图 15-32 右图所示。

图 15-32　实时视频流图像

单击【停止播放】按钮，实时视频流停止播放。

15.7　使用 Flash 音频和视频的经验与技巧

当要在 Flash 影片中嵌入视频剪辑时，如何压缩视频就成为最重要的问题。实时视频流在 Flash Player 内部已经进行了优化，现在主要是怎样压缩嵌入的视频剪辑文件，这很大程度上取决于视频的内容。

对于谈话者头部的特写画面，由于它的动作很少并且只有短促的适中运动，因此对它的视频剪辑进行压缩与对足球比赛的镜头进行压缩有很大不同。

以下是关于产生最佳 Flash 视频的一些重要提示。

1．尽量简单

避免使用精致的变换，它们的压缩情况不好，并且在更改期间会使最终压缩的视频看起来有些"矮胖"。硬切换通常是最好的，或快速淡入淡出。从第一个轨道后面开始缩小，并运行"页面转换"或围绕一个足球然后飞离屏幕，这样的视频可能看起来很酷，但是它们通常不能很好地进行压缩，应尽量少使用这种视频。

2．了解受众的数据速率

如果要通过 Internet 发送视频，则应该以较低的网络数据速率产生文件。高速连接 Internet 的用户几乎不用等待即可查看该文件，但是拨号用户必须等待文件下载。在这些情况下，最好将剪辑变短，使得下载时间处于拨号用户能够接受的范围内。

3．选择正确的帧频

帧频表明每秒播放的帧数。如果剪辑所用的数据速率较高，则较低的帧频可以改善在低端计算机上的播放效果。例如，如果要压缩动作较少的谈话者头部特写剪辑，将帧频降低一半可能只会节省 20% 的数据速率。但是，如果要压缩高速运动的视频，降低帧频会对数据速率产生显著的影响。

因为视频在其最初的帧频时效果最好，所以如果发送通道和播放平台允许的话，建议保留高的帧频。但是，如果需要降低帧频，按整数倍降低帧频将会带来最佳结果。

4．选择适合数据速率的帧大小

与帧频一样，影片的帧大小对于产生高品质的视频是很重要的。对于给定的数据速率（连接速度），增大帧大小会降低视频品质。在为视频选择帧大小时，还必须考虑帧频、原始资料和个人喜好。

下面列出的内容应该作为一个参考，可以进行测试以找出适合自己项目的最佳设置，下面是针对不同的网络环境常用的帧大小设置：

[01]调制解调器：160×120。

[02]双 ISDN：192×144。

[03]T1/DSL/电缆：320×240。

5．了解下载进度

应该了解下载剪辑所需的时间。当正在下载视频剪辑时，可能会显示其他一些内容来"修饰"下载。对于较短的剪辑，可以使用公式：暂停=下载时间-播放时间+10%的播放时间。例如，如果剪辑是 30 秒长，并且需要一分钟进行下载，则应该给剪辑 33 秒的缓冲区：60 秒-30 秒+3 秒=33 秒。

6．使用清晰的视频

原来的视频品质越高，最终的剪辑就越好。虽然 Internet 视频的帧频和帧大小通常都小于在电视上看到的，但是计算机显示器比传统的电视具有更好的颜色保真度、饱和度、清晰度和分辨率。即使在小窗口中，图像品质对于数字视频也比对于标准模拟电视重要。环境干扰和杂点很难在电视上观察到，但是对于计算机却相当明显。

7．删除杂点和交错

在捕获视频内容之后，您可能需要删除杂点和交错。

8．对于音频遵守同样的准则

对于音频数据，存在与视频数据一样的问题。为了达到好的音频压缩效果，必须使用清晰的原始音频。如果要从 CD 编码素材，请尝试使用直接数字转换，而不是通过声卡的模拟输入来记录文件。声卡会引入不必要的数模和模数转换，这样会在源音频中产生噪声。Mac intosh 和 PC 平台上都有直接数字转换工具。如果必须从模拟源中进行记录，一定要使用最高品质的声卡。

9．其他

除了采样比率和压缩外，还可以使用下面几种方法在文档中有效地使用声音并保持较小的文件大小。

[01]设置切入和切出点，避免静音区域保存在 Flash 文件中，从而减小声音文件的大小。

[02]通过在不同的关键帧上应用不同的声音效果（如音量封套，循环播放和切入/切出点），从同一声音中获得更多的变化。只需一个声音文件就可以得到许多声音效果。

[03]循环播放短声音作为背景音乐。

[04]不要将音频流设置为循环播放。

[05]从嵌入的视频剪辑中导出音频时，请记住音频是使用"发布设置"对话框中所选的全局流设置来导出的。

[06]当在编辑器中预览动画时，使用流同步使动画和音轨保持同步。如果计算机不够快，绘制动画帧的速度跟不上音轨，那么 Flash 就会跳过帧。

[07]当导出 QuickTime 影片时，可以根据需要使用任意数量的声音和声道，不必担心文件大小。当将声音导出为 QuickTime 文件时，将被混合在一个单音轨中。使用的声音数不会影响最终的文件大小。

16

完整的 Flash 动画影片
——梦工场播放器

这一章，我们将使用三大基本功能和交互程序代码创建一个较完整的 Flash 动画影片。

在开始创建 Flash 动画影片之前，先来看一下完成的作品，领略一下效果和功能，这是一个用于播放视频的 Flash 影片，其中综合应用了 Flash CS3 动画设计的三大基本功能和交互程序代码，以及 Flash CS3 的视频功能。

打开附送光盘上 sample_cn\chapter_16\source 文件夹下的 movie.swf 文档，可以看到如图 16-1 所示的 Flash 动画影片。

图 16-1   梦工场第一代

下面，我们开始创建。首先设置舞台，包括背景。

启动 Flash CS3，新建一个文档，从菜单栏中选择【修改】→【文档】命令，设置文档幅面大小为 400×300，并在舞台上创建如图 16-2 所示的背景图案。

图 16-2   背景图案

将文档保存为 movie.fla。

16.1　创建舞台效果

　　舞台效果是由启幕和闭幕动画效果和其他的点缀组成的，如图 16-1 所示。首先来创建启幕和闭幕动画效果，这将会用到三大基本功能的补间动画功能，另外，需要提醒的是，不管使用 Flash CS3 进行何种创作，Flash CS3 的图形设计功能都是贯穿其中的。

　　[01]单击时间轴右下角的【插入图层】按钮，添加一个新层，更改层名为 L。保持该层被选中，在舞台上绘出一个矩形，删去边框，更改填充色为#A18FA2。

　　然后调整矩形填充的大小和位置，使它位于舞台的左边缘，宽度约等于舞台宽度的一半稍大一些，高度要大于背景矩形的高度，并且上下都能够覆盖背景矩形。

　　[02]选中矩形填充，按【F8】键将该矩形填充转换为图形元件，名为 curtain，注意在转换时，在"转换为元件"对话框中将注册点设置为左上角，如图 16-3 所示。

图 16-3　设置注册点

　　[03]这时在舞台上同时创建了一个该图形元件的实例，双击该实例在本地编辑该图形元件，在其上进行一些图形修饰，添加一些"皱褶"，最后的效果如图 16-4 所示。

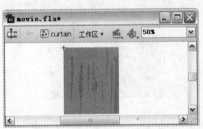

图 16-4　图形元件 curtain

　　[04]回到主时间轴状态，单击时间轴右下角的【插入图层】按钮，添加一个新层，更改层名为 R。保持该层被选中，按【Ctrl+L】组合键打开库面板，将刚才创建的图形元件 curtain 从库面板拖放到舞台上创建一个实例。

　　[05]选中层 R 上的图形元件实例，从菜单栏上选择【修改】→【变形】→【水平翻转】命令，将其水平翻转，并调整位置，使其位于舞台的右边，作为舞台右边幕布。最后在舞台上可以看到如图 16-5 所示的效果。

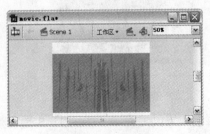

图 16-5　舞台幕布

[06]分别选中层 R 上的第 12 帧和第 23 帧，按【F6】键创建两个关键帧，并选中第 12 帧上的图形元件实例，从菜单栏上选择【修改】→【变形】→【缩放】命令，以右边缘为基点调整宽度；同样对于舞台左边幕布（层 L 上）进行同样的设置，最后在第 12 帧上的舞台效果如图 16-6 所示。

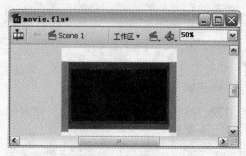

图 16-6　舞台启幕

[07]用鼠标右键单击层 L 第 1 帧，从弹出的快捷菜单中选择【创建补间动画】命令，这样就在该层上第 1 帧与第 12 帧之间创建了一个补间动画；同样第 12 帧与第 23 帧之间创建一个补间动画，并在层 R 上重复这样的操作。这样就创建了启幕和闭幕动画效果。

[08]单击时间轴右下角的【插入图层】按钮，在其他层之上添加一个新层，更改层名为 border。我们将在该层添加舞台的顶部和底部的装饰，效果如图 16-7 所示。

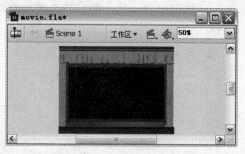

图 16-7　舞台效果

[09]单击时间轴右下角的【插入图层】按钮，在其他层之上添加一个新层，更改层名为 chair，我们将在该层上添加几把椅子；接着，再新建一个层，更改层名为 shadow，在该层上，我们为舞台添加一些阴影效果，这样就更加贴近实际，效果如图 16-8 所示。

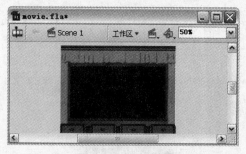

图 16-8　舞台效果

到此，我们就将一幅完整的舞台效果创建完毕了，图 16-8 是一幅比较完整的总体效果图。

16.2　创建视频影片

现在，Flash CS3 可以将视频剪辑导入到 Flash 影片中，并且支持多种格式导入，包括音频视频交叉格式（.avi）、数字视频格式（.dv）、运动图像专家组格式（.mpg、.mpeg）、QuickTime 格式（.mov）和 Windows 媒体文件格式（.wmv、.asf)。

下面我们就创建一个包含视频剪辑的 Flash 影片，非常简单。首先准备好一个视频剪辑，在本例中是一个 avi 格式的视频剪辑。

[01]打开 Flash CS3 创作软件，新建一个 Flash 文档，从菜单栏上选择【文件】→【导入】→【导入到库】命令，在弹出的"导入视频"对话框中选中要导入的视频文件 ice.avi（用户可以自己找一个视频文件），单击【下一个】按钮，就会打开"部署"对话框。

[02]在"部署"对话框中选择"在 SWF 中嵌入视频并在时间轴播放"前面的单选按钮，表示我们将把视频文件 ice.avi 嵌入到 Flash 文档中。然后单击【下一个】按钮。

现在弹出了一个新对话框，询问如何导入视频，以及在导入过程中是否使用 Flash CS3 视频导入向导先编辑视频。

这里选择"嵌入整个视频"单选按钮，表示导入整个视频，如图 16-9 所示。

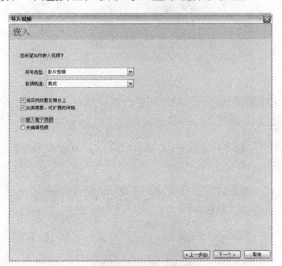

图 16-9　导入视频设置

单击【下一个】按钮，现在弹出了一个新对话框，询问在导入过程中是否使用 Flash CS3 视频导入向导对视频剪辑进行压缩或者对视频剪辑应用高级设置。这里，我们仅改动一下高级设置中的"调整视频大小"项，将其设置为 50%，也就是幅面尺寸为 160X120。把所有的选项都设置完毕后单击【确定】按钮，这样就把视频剪辑导入库中了。

[03]按【Ctrl+L】组合键打开库面板，可以看到导入的视频剪辑元件，从库面板中将视频剪辑元件拖放到舞台上，可以看到视频剪辑元件自动扩展帧以适合自己的播放时间，这样也就将该视频剪辑放置在主时间轴上。

[04]现在为该影片剪辑元件添加一个帧脚本语句以使该影片剪辑在播放时停在第 1 帧。保持该影片

剪辑处于编辑状态，单击时间轴左下端的【插入图层】按钮新建一个层，选中该层第 1 帧，按【F9】键打开"动作"面板，在该面板上输入下面的一行脚本语句：

```
stop();
```

[05]调整视频剪辑的位置，使其位于舞台左上角，并调整舞台幅面尺寸为 160X120，保存，并输出 Flash 影片为 FlashMovie.swf。

16.3   添加交互功能

在舞台效果创建完毕后下面我们就要添加最重要的功能模块——创建交互功能。

[01]单击时间轴右下角的【插入图层】按钮，在其他层之上添加一个新层，更改层名为 control，保持该层被选中，在舞台上创建一个控制图形，如图 16-10 所示。

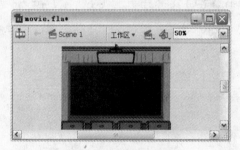

图 16-10   交互功能模块

[02]切换到文本工具，在控制图形上创建一个文本框，键入文本"PLAY"，在"属性"面板上将文本框转变为动态文本框，并定义变量名为 title。

[03]在层 bg 之上，幕布所在层之下创建一个层，命名为 watch，保持该层被选中，在舞台上创建如图 16-11 所示的图形效果。

图 16-11   电视墙效果

[04]在层 bg 之上，层 watch 之下创建一个层，命名为 mask，保持该层被选中，在舞台上创建矩形填充，大小与电视墙一致。

[05]新建一个影片剪辑元件，命名为 load mc。回到主时间轴编辑状态，在层 bg 之上，层 mask 之下创建一个层，命名为 pic，保持该层被选中，从库面板中将该影片剪辑元件拖放到舞台上创建一个实例，该实例将作为一个占位符，它在舞台上呈现为一个空心圆，调整位置，如图 16-12 所示。

图 16-12　占位符

选中该实例，在"属性"面板上为该实例命名实例名为 load_mc。

[06]在层 mask 层名上单击鼠标右键，在弹出的快捷菜单中选择【Mask】命令，这将把该层转变为遮罩层，同时，紧贴该层的下面一层被自动转换为被遮罩层。

[07]下面我们创建一个不可视按钮。不可视按钮是按钮元件中最特殊的一种，它具有按钮的所有功能，只是没有设置按钮的"弹起"、"指针经过"和"按下"3 个状态，也就是说，在按钮元件的"弹起"、"指针经过"和"按下"3 个状态帧上没有内容。

我们创建名为 btn 的按钮元件，其帧状态如图 16-13 所示。

图 16-13　不可视按钮

我们仅仅是在其"点击"帧上创建了一个矩形填充，用做单击区域。

[08]回到主时间轴编辑状态，选中层 control，从库面板中将按钮元件 btn 拖放到舞台上创建一个实例，在"属性"面板上命名实例名为 control_btn。

[09]单击时间轴右下角的【插入图层】按钮，添加一个新层，更改层名为 script，选中该层第 12 帧，按【F6】键创建关键帧，然后分别在第 1 帧和第 12 帧创建脚本代码。

第 1 帧

```
stop();
var loader:Loader;
function init():void {
    //加载影片
    var req:URLRequest = new URLRequest("FlashMovie.swf");
    loader = new Loader();
    loader.load(req);
    title_txt.text = "PLAY";
}
init();
function changeState(evt:MouseEvent):void {
```

```
        var transform:SoundTransform = SoundMixer.soundTransform;
        if (title_txt.text == "PLAY") {
            gotoAndPlay(2);
            //添加加载的影片到舞台
            load_mc.addChild(loader);
            //改变标题文字
            title_txt.text = "PAUSE";
            //重新开始播放，声音也恢复
            transform.volume = 1;
            SoundMixer.soundTransform = transform;
        } else if (title_txt.text == "PAUSE") {
            gotoAndPlay(13);
            //从舞台删除加载的影片
            load_mc.removeChildAt(0);
            //改变标题文字
            title_txt.text = "PLAY";
            //停止所有的声音
            transform.volume = 0;
            SoundMixer.soundTransform = transform;
            SoundMixer.stopAll();
        }
    }
    this.control_btn.addEventListener("click",changeState);
```

第12帧

```
    stop();
    //检测当前帧是否是第12帧，如果是，就跳转加载的影片到第2帧开始播放
    if (this.currentFrame == 12) {
        load_mc.getChildAt(0).content.gotoAndPlay(2);
    }
```

这表示，当时间轴指针移动到这两个帧时就停下来，除非有指令令它移动。最后将各层的显示都延长至时间轴的第23帧，时间轴设置如图16-14所示。

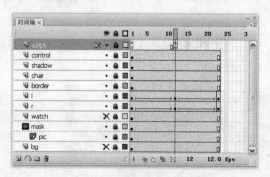

图16-14   时间轴的设置

[10]现在，按【Ctrl+Enter】组合键可以测试，看一下播放的效果。

16.4　增加舞台点缀

为了使该例功能更加丰富，我们现在来添加新的色彩，从图 16-1 我们可以看到该效果。

[01]单击时间轴右下角的【插入图层】按钮，在其他层之上添加一个新层，更改层名为 ani。保持该层被选中，切换到文本工具，在舞台上创建文本："梦工场　　第一代"（注意中间留两个空字符位）。并设置每个文字的色彩，然后按【Ctrl+B】组合键将文本分离。这时该文本框被分割为 6 个文本框。

[02]选中这 6 个文本框，按【F8】键将它转变成影片剪辑元件，命名为 title。注意在"转换为元件"对话框中将注册点设置为中心点，在舞台上双击该影片剪辑实例，使它处于编辑状态。选中这 6 个文本框，从菜单栏上选择【修改】→【时间轴】→【分散到图层】命令，将一个一个的对象分配到一个一个的层，时间轴的设置如图 16-15 所示。

图 16-15　分配到层后的时间轴设置

最后选中这几个文本，再次使用【Ctrl+B】组合键将文本分离成图形填充。

[03]单击时间轴右下角的【插入图层】按钮，新建一个层，将该层拖至最底层，更改层名为 logo flash。保持该层被选中，在舞台上放置一个 Flash CS3 图标，调整位置和大小使该图标恰好位于文字中间，如图 16-1 所示。

[04]单独将 Flash CS3 图标中的"F"提出（复制），然后选定层"梦"的第 14 帧，按【F6】键创建关键帧，而后选中该层第 38 帧按【F7】键创建空关键帧，保持该帧被选中，在舞台上单击鼠标右键，在弹出的快捷菜单中选择【粘贴到当前位置】命令，这样就把刚刚复制的"F"图标粘贴在该层舞台上，并且位置相同。

[05]重新选中层"梦"的第 14 帧，在"属性"面板上的"补间"选项对应的下拉列表中选择"形状"，以创建形状补间动画。

[06]重复第 4 步和第 5 步，在其他几个文本图形层上创建形状补间动画。最后，这几层的时间轴设置如图 16-16 所示。

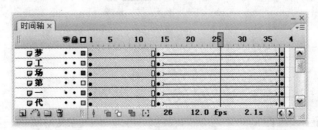

图 16-16　时间轴设置

[07]在层 logo flash 之上创建一个新层，命名为"F"，在该层第 38 帧创建关键帧，将"F"图标粘贴在该层舞台上(使用【粘贴到当前位置】命令)，并且位置相同。

[08]分别选中该层第 45 帧和第 52 帧，按【F6】键创建两个关键帧，调整第 45 帧上的填充图，将其放大 200%，填充色的 Alpha 值设置为 20%，如图 16-17 所示。

图 16-17　填充色设置

[09]分别在第 38 帧和第 45 帧，以及第 45 帧和第 52 帧之间创建两个形状补间动画。

[10]选中层 logo flash 上的 Flash CS3 图标，按【F8】键将其转变为图形元件 logo mx，注意在"转换为元件"对话框中将注册点设置为中心点。分别选中该层第 61 帧和第 76 帧，创建两个关键帧，将第 76 帧上的图形元件 logo mx 实例向左轻移一段距离(如图 16-1 所示)。最后在该层第 61 帧和第 76 帧之间创建一个补间动画。

[11]在层 logo flash 之下创建一个新层，命名为 logo player，在该层上创建一个 Flash Player 图标，转变为图形元件 logo player，将该图形元件实例的大小和位置调整，恰好被 Flash CS3 图标遮住，大小也相同。重复第 10 步，在该层对应于层 logo flash 的第 61 帧和第 76 帧之间创建一个补间动画。

[12]按【Ctrl+F8】组合键创建一个新的图形元件，命名为 mask，这时该图形元件处于编辑状态，切换到椭圆工具，在"颜色"面板上调整填充色，如图 16-18 所示。

图 16-18　放射状填充色设置

注意，该放射状填充色设置左边一个色块为白色，右边一个色块为稍暗一些，但 Alpha 值为 50%。然后按住【Shift】键在舞台上绘出一个圆，删去边框。

[13]在库中双击影片剪辑元件 title，使它处于编辑状态，在层 logo flash 之上新建一个层，命名为 mask，选中该层第 76 帧，按【F6】键创建一个关键帧，保持该关键帧被选中，从库面板中将图形元件 mask 拖放到舞台上创建一个实例，并调整该实例的位置和大小，使它恰巧完全遮盖 Flash CS3 图标。选中该层第 87 帧，按【F6】键创建一个关键帧，将该帧上的图形元件实例的 Alpha 值设置为 0，然后在该层第 76 帧和第 87 帧之间创建一个补间动画。这样就为 Flash CS3 图标创建了一个突出显示效果。

[14]在层 logo player 之上也新建一个层，也命名为 mask，重复第 13 步的操作，为 Flash Player 7 图标创建了一个突出显示效果。

[15]将层 logo flash 和层 logo player 的显示都延长至第 109 帧。在层 logo flash 之上新建一个层，命名为 logo flash tween，选中该层第 110 帧，按【F6】键创建一个关键帧，保持该关键帧被选中，将层 logo flash 上第 76 帧的图形元件 logo mx 复制到该层一个，位置相同。选中该层第 125 帧，按【F6】键创建一个关键帧，调整该帧上的图形元件 logo flash 大小，缩放 50%，并调整位置使它位于如图 16-1 右下图所示的位置。

[16]在层 logo flash 第 110 帧和第 125 帧之间创建一个补间动画，然后单击时间轴左下端中间的【添加运动引导层】命令，为该补间动画添加一个引导层（该层自动命名为 Guide: logo flash tween），选中该层第 110 帧，按【F6】键创建一个关键帧，保持该关键帧被选中，切换到铅笔工具，将铅笔模式调整为"平滑"，如图 16-19 左图所示，在舞台上绘出一个一个圆滑的曲线，如图 16-19 右图所示。

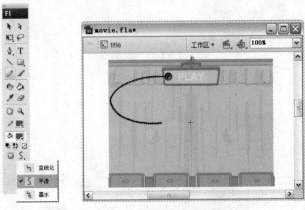

图 16-19 补间动画的引导层

这样，我们就为图形元件 logo flash 创建沿引导线运动的补间动画。

[17]同理为图形元件 logo player 在另外的两个层创建沿引导线运动的补间动画，如图 16-20 所示。

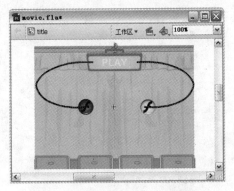

图 16-20 补间动画的引导层

[18]选中层 logo flash tween 第 125 帧，为该帧添加下面的脚本代码：

```
stop();
```

这样，当时间轴指针移动到该帧时就停在了该帧。最后时间轴的设置如图 16-21 所示。

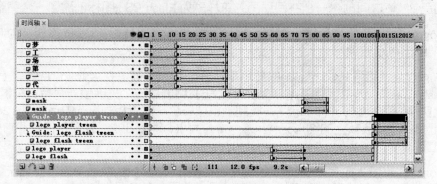

图 16-21　时间轴设置

最后，保存文档，测试影片工作是否正常，并且对其中的不当之处进行修改，然后就可以发布影片了。

17

Flash 影片的发布、导出和部署

要完成 Flash 影片，应该使用发布（publish）命令或者导出（Export）命令创建一个 Web 兼容的 Flash 影片应用程序（也就是 SWF 文件）。在此之前，必须对文档的发布选项进行设置。

在创建新文档时，实际上是应用了默认的"发布设置"，Flash 创作环境会为在 Web 上使用而准备文件。

当 Flash 发布该 SWF 文件时，它还有一些选项，例如可以创建带有显示 SWF 文件所需 HTML 元素的网页文件，或者创建一个可执行的工程。从菜单栏上选择【文件】→【发布设置】命令，打开"发布设置"对话框，如图 17-1 所示。

图 17-1　"发布设置"对话框

默认会显示"格式"选项卡，在"格式"选项卡上，您可以选择要将影片发布成的文档格式，并且可以定义文件名。在默认情况下，会将 Flash 配置为创建显示 Flash 影片和 HTML 支持文件，这两个文件也是最常用的文件。

如果你需要创建一个可执行的文件，例如 Windows 系统中可以运行的以 exe 为扩展名的可执行文件，那么就可以选中"Windows 放映文件"复选框，这将会在发布时同时创建一个 exe 文件。

当您选择需要附加设置的格式时，会显示一个选项卡。一般情况下，我们都会选择"Flash"和"HTML"两个复选框，这样就可以同时创建 SWF 文档和 HTML 文档。

一旦完成了所有的设置，就可以从菜单栏上选择【文件】→【发布】命令发布 Flash 影片应用程序了，该命令将会在 fla 文件的相同目录下同时创建所设置的文件，文件名与 fla 文件的文件名相同。

HTML 文档是在 Web 浏览器上播放 Flash 影片和指定浏览器设置所必需的文档。如果熟悉 Flash 文档的 HTML 设置语法，则可以在 HTML 编辑器中手动更改或输入 HTML 参数，或者创建自己的 HTML 文件来控制 Flash 影片。

下面，我们就来详细地介绍一下 Flash 文档设置和 HTML 设置。

17.1　有关 Flash 影片发布和导出的设置

在"格式"选项卡上，如果选择了"Flash"复选框就会新出现一个"Flash"选项卡，单击它切换到该选项卡，如图 17-2 所示。

图 17-2　Flash 选项卡

一般来说，只需使用默认设置就可以了，但是我们也必须简单了解一下这些设置选项的功能。

1）版本

对应的下拉列表框用于设置 Flash Player 的版本号，这一点非常重要，因为所有的程序和动画都由 Flash Player 来解释，所以应该非常清楚要使用哪一个版本的 Flash Player。

一般来说，初学者不要轻易改动这个配置。

2）加载顺序

用来定义 Flash 如何加载 SWF 文件各层以显示 SWF 文件的第一帧，有两种方式："由下而上"或者"由上而下"。这个仅针对图形，不对脚本代码有作用。

3）ActionScript 版本

用于选择使用 ActionScript 脚本语言的版本，并且可以使用旁边的【设置】按钮设置路径。这个功能很重要，我们后面还要详细介绍。

4）生成大小报告

该选项可创建一个报告文件，按文件列出最终 Flash 内容中的数据量。

5）省略 trace 动作

该选项可以忽略 SWF 文件中的 trace 语句，在最终发布影片时，都应该选定该选项。

6）防止导入

该选项可防止其他人导入 SWF 文件并将其转换回 Flash（FLA）文档。

7）允许调试

该选项会激活调试器并允许远程调试 SWF 文件。

8）压缩影片

该选项可压缩 SWF 文件以减小文件大小和缩短下载时间，一般应选中该选项。

9）针对 Flash Player 6 r65 优化

该选项来将版本指定为 Flash Player 6 优化以提高性能。因为该版本之后的 Flash Player 使用 ActionScript 寄存器分配来提高性能。如果选择了 Flash Player 6 为目标播放器，该选项才会真正有用。

10）导出隐藏的图层

该选项导出 Flash 文档中所有隐藏的图层，但不显示。推荐使用默认值（选中状态）。

11）导出 SWC

导出.swc 文件，该文件用于分发组件。.swc 文件包含一个编译剪辑、组件的 ActionScript 类文件，以及描述组件的其他文件。

12）密码

如果选择了"允许调试"选项或"防止导入"选项，则可以在"密码"文本框中输入密码进行授权，以防别人的不当侵入。

13）脚本时间限制

用来设置脚本代码连续执行的超时时间，默认为 15 秒。

14）JPEG 品质

选项用来控制位图压缩，图像品质越低，生成的文件就越小。图像品质越高，生成的文件就越大。应该尝试不同设置以求在两者间达到一个较好的平衡。

15）音频流和音频事件

用来为 SWF 文件中的所有声音流或事件声音设置采样率和压缩。

16）覆盖声音设置

选项用来使用"音频流"和"音频事件"选项的声音设置，这样，在创作过程中定义的个别声音设置就会被覆盖。

17）导出设备声音

选项用来为设备输出设置声音。

18）本地回放安全性

有两个选项："只访问本地文件"，此权限级别允许本地 SWF 文件仅访问运行该 SWF 文件的本地文件系统；"只访问网络"，此权限级别允许本地 SWF 文件访问网络，但 SWF 文件始终不能读取本地文件的内容。

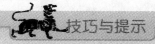技巧与提示

也可以从菜单栏上选择【文件】→【导出】→【导出影片】命令，导出一个 SWF 文件，这也会弹出一个设置对话框，与发布设置时的"Flash"选项卡功能基本相同，可以参考前面的介绍了解该对话框的使用方法。

17.2　有关 HTML 网页的设置

如果是要将 Flash 影片嵌入到网页中，那么就可以在"格式"选项卡上选择 HTML 复选框，这将会新出现一个 HTML 选项卡，单击它切换到该选项卡，如图 17-3 所示。

图 17-3　HTML 选项卡

在该选项卡上也有一些设置项，在 HTML 网页中都有对应的元素和属性，所以，我们了解元素和属性就可以了解这些项的功能，不过一般情况下使用默认设置就可以了。

1．使用 object 和 embed 元素

要将 Flash 影片嵌入到 HTML 文档中并在浏览器中显示，HTML 文档必须使用具有正确参数的 object 和 embed 元素。object 元素用于 IE 浏览器，embed 元素用于基于 Mozilla 技术的浏览器（例如网景和火狐），当然两者可以同时使用，以适应于用户使用不同的浏览器。

对于 object 元素，其中的 4 个设置 height、width、classid 和 codebase 是出现在 object 元素内的属性，所有其他设置都是出现在单独的名为 param 元素中的参数。例如下面的设置：

```
<object classid="clsid:d27cdb6e-ae6d-11cf-96b8-444553540000"
codebase="http://download.macromedia.com/pub/shockwave/cabs/flash/swflash.cab#
```

```
version=9,0,0,0" width="550" height="400" id="movieName" align="middle">
        <param name="allowScriptAccess" value="sameDomain" />
        <param name="allowFullScreen" value="false" />
        <param name="movie" value="movieName.swf" />
        <param name="quality" value="high" />
        <param name="bgcolor" value="#ffffff" />
    </object>
```

对于 embed 元素，所有设置（例如 height、width、quality 和 loop）都是出现在开始 embed 元素的尖括号之间的属性。例如下面的设置：

```
<embed src="movieName.swf" quality="high" bgcolor="#ffffff"
    width="550" height="400" name="movieName"
    align="middle" allowScriptAccess="sameDomain" allowFullScreen="false"
    type="application/x-shockwave-flash"
    pluginspage="http://www.macromedia.com/go/getflashplayer" />
```

若要一起使用这两种元素，请将 embed 元素正好放在结束 object 元素的前面，例如下面的设置：

```
    <object classid="clsid:d27cdb6e-ae6d-11cf-96b8-444553540000"
    codebase="http://download.macromedia.com/pub/shockwave/cabs/flash/swflash.cab#
version=9,0,0,0" width="550" height="400" id="movieName" align="middle">
        <param name="allowScriptAccess" value="sameDomain" />
        <param name="allowFullScreen" value="false" />
        <param name="movie" value="movieName.swf" />
        <param name="quality" value="high" />
        <param name="bgcolor" value="#ffffff" />
        <embed src="movieName.swf" quality="high" bgcolor="#ffffff"
            width="550" height="400" name="movieName"
            align="middle" allowScriptAccess="sameDomain"
            allowFullScreen="false"
            type="application/x-shockwave-flash"
            pluginspage="http://www.macromedia.com/go/getflashplayer" />
    </object>
```

技巧与提示

如果既使用 object 元素又使用 embed 元素，那么为每个属性或参数都要使用相同的值以确保能在各种浏览器上进行一致的播放。参数 swflash.cab#version=9,0,0,0 是可选参数，如果不想检查版本号，则可以省略它。

2．元素属性和参数详解

元素属性和参数描述了在发布 Flash 影片时使用的 HTML 代码。使用这些元素属性和参数可以实现 Flash 影片的一些设置功能，熟悉这些元素属性和参数的功能可以使嵌入在 HTML 文档中的 Flash 影片有更好的效果和功能。

下面就来详细地介绍一下这些元素的属性、参数功能及用法，当用户将编写自己的要嵌入 Flash 影片的 HTML 文件时可以参考。

除非特别指明，否则所有元素属性和参数既适用于 object 元素，也适用于 embed 元素。

1）src

指定要加载的影片名称，仅适用于 embed 元素。

2）movie

指定要加载的影片名称，仅适用于 object。

3）classid

标识浏览器的 ActiveX 控件，仅适用于 object，它的值必须是 clsid:d27cdb6e-ae6d-11cf-96b8-444553540000。

4）width

以像素值或浏览器窗口的百分比值来指定影片的宽度。

5）height

以像素值或浏览器窗口的百分比值来指定影片的高度。

6）codebase

标识 Flash Player ActiveX 控件的位置，它的值必须是 codebase="http://download.macromedia.com/pub/shockwave/cabs/flash/swflash.cab#version=9,0,0,0"，以便在尚未安装该控件时，浏览器可以自动下载它，仅适用于 object 元素。

7）pluginspage

标识 Flash Player 插件的位置，它的值必须是 http://www.macromedia.com/go/getflashplayer，以便在尚未安装该插件时，用户可以下载它。仅适用于 embed 元素。

8）swliveconnect

指定第一次加载 Flash Player 时浏览器是否应启动 Java。该属性是可选的，如果省略此属性，默认值是 false。如果在同一页面上同时使用 JavaScript 和 Flash，Java 必须处于运行状态，fscommand 函数才能起作用。但是，如果您运行 JavaScript 只是为了浏览器检测或用于其他与 fscommand 函数无关的目的，则可以通过将 swliveconnect 设置为 false，从而防止 Java 启动。当没有将 JavaScript 和 Flash 一起使用时，也可以通过将 swliveconnect 明确设置为 true，强制 Java 启动。启动 Java 会显著增加启动影片所需的时间；只在必要时将此属性设置为 true。仅适用于 embed 元素。

9）play

指定影片是否在浏览器中加载时就开始播放。将 play 属性设置为 false 可防止影片自动开始播放。如果省略此属性，默认值为 true。

10）loop

指定影片是否循环播放。true 表示循环播放，false 表示仅播放一次就停止。如果省略此属性，默认值为 true。

11）quality

指定在影片播放期间使用的显示质量级别。因为显示高质量的图形需要更快的处理器对影片的每一帧进行平滑处理，然后再将图形显示到屏幕上，所以要根据用户是更重视速度还是外观质量来选择这个值。一般来说，对于台式机，如果没有大量的位图渐变动画，无须考虑这个设置，但是对于使用了非常复杂的位图动画，就应该考虑把值设得稍低一些。对于一些掌上设备，它们的处理器远没有台式机那样强大，并且屏幕的分辨率也没有那么高，所以应该在测试的基础上适当地设置低一些。

下面是 quality 属性可选的值：

- low 主要考虑播放速度，基本不考虑图形质量，因此观看效果最差。

- autolow 主要强调播放速度，但是也会尽可能改善图形外观。播放开始时，图形优化功能处于关闭状态。如果 Flash Player 检测到处理器可以处理图形优化功能，就会打开该功能。

- autohigh 在开始时同等强调播放速度和外观质量，但在必要时会牺牲外观来保证播放速度。播放开始时，图形优化功能处于打开状态。如果实际帧频降到指定帧频之下，就会关闭图形优化功能以提高播放速度。使用此设置可模拟 FlashCS3 中选择【View】→【Antialias】命令所进行的设置。

- medium 会运用一些图形优化功能，但并不会平滑位图。该设置生成的图像品质要高于 low 设置生成的图像品质，但低于 high 设置生成的图像品质。

- high 主要考虑外观，基本不考虑播放速度，它始终应用图形优化功能。如果影片不包含动画，则会对位图进行平滑处理；如果影片包含动画，则不会对位图进行平滑处理。

- best 提供最佳的显示品质，但不考虑播放速度。所有的输出都已进行图形优化，而且已对所有的位图进行了平滑处理。

应该注意到，参数 quality 的各个值都是相对值，应当根据实际的情况进行设置，当然，进行测试是最终的解决办法。

如果省略此属性，参数 quality 的默认值是 high。

12）bgcolor

指定影片的背景色，使用此属性将覆盖在 Flash 影片中指定的背景色设置，但此属性不会影响 HTML 页面的背景色。

13）scale

当 width 和 height 值是百分比时，定义影片如何放置在浏览器窗口中。scale 参数有 3 个可选值：showall（全部显示）、noborder（无边框）和 exactfit（精确匹配）。

- showall 使整个影片在指定区域内可见，且不会发生扭曲，同时保持影片的原始高宽比，边框可能会出现在影片的两侧。

- noborder 对影片进行缩放以填充指定区域，不会使影片扭曲，它会使影片保持原始高宽比，但有可能会对影片进行一些裁剪。

- exactfit 使整个影片显示在指定区域，但不尝试保持影片的原始高宽比。可能会发生扭曲。

如果省略此属性（并且 width 和 height 值是百分比），则它的默认值是 showall。

14）align

指定 object、embed 和 img 元素的 align 属性，并确定如何在浏览器窗口内放置 flash 影片窗口。

align 参数有 4 个可选值：l（左对齐）、r（右对齐）、t（顶端对齐）和 b（底端对齐）。

默认选项是使影片在浏览器窗口内居中显示，如果浏览器窗口小于影片，会裁剪影片的边缘。

左对齐、右对齐、顶端对齐或底端对齐会让影片与浏览器窗口的相应边缘对齐，并在需要时以一边为基准裁剪其余 3 边。

15）salign

该属性可选，用来指定缩放的 flash 影片在由 width 和 height 设置定义的区域内的位置。salign 参数有 8 个可选值：l（左对齐）、r（右对齐）、t（顶端对齐）、b（底端对齐）、tl（左上角对齐）、tr（右上角对齐）、bl（左下角对齐）和 br（右下角对齐）。

l、r、t 和 b 让影片分别沿着浏览器窗口的左、右、上、下边缘对齐，并根据需要裁剪其余 3 边。

tl 和 tr 让影片分别与浏览器窗口的左上角和右上角对齐，并根据需要裁剪影片的底边和剩余的右侧或左侧边缘。

bl 和 br 让影片分别与浏览器窗口的左下角和右下角对齐，并根据需要裁剪影片的顶边和剩余的右侧或左侧边缘。

如果省略此属性，影片会在浏览器窗口居中显示。

16）base

指定用于解析 flash 影片中的所有相对路径语句的基本目录或 url。如果 SWF 文件保存在与其他文件不同的目录下，这个属性是非常有用。

17）menu

指定用户在浏览器中用鼠标右键单击影片区域时显示的菜单类型。

如果设置该参数的值为 true，表示显示全部菜单项，用户可以用菜单项控制播放；如果设置该参数的值为 false，则仅显示"关于 Adobe Flash Player"选项和"设置"选项。

如果省略此属性，它的默认值为 true。

18）wmode

wmode 参数仅适用于 Windows 操作系统 Internet Explorer 4.0 及以上版本，使用该参数，可以设置嵌入在 HTML 页中的影片是否背景透明。

wmode 参数有 3 个可选值：window、opaque 和 transparent。

● window 表示在网页上用影片自己的矩形窗口来播放影片；

● opaque 将使影片遮盖住页面上位于它后面的所有内容；

● transparent 使 HTML 页的背景可以透过影片的所有透明部分进行显示，但是它可能会降低动画性能。

如果省略此属性，它的默认值为 window，仅适用于 object 元素。

19）devicefont

对于未选定"设备字体"选项的静态文本框，该参数用来指定如果操作系统提供了所需字体，是否仍使用设备字体绘制这些对象。true 表示仍使用设备字体，否则为该参数指定 false。

20）allowscriptaccess

allowscriptaccess 用来使 Flash 影片应用程序可与其所在的 HTML 页通信。此参数是必需的，因为 fscommand()和 getURL()操作可能导致 JavaScript 使用 HTML 页的权限，而该权限可能与 Flash 应用程序的权限不同。这与跨域安全性有着重要关系。

wmode 参数有 3 个可选值：always、never 和 samedomain。

- always：允许随时执行脚本操作。

- never：禁止所有脚本执行操作。

- samedomain：只有在 Flash 影片应用程序来自与 HTML 页相同的域时才允许执行脚本操作。所有 HTML 发布模板使用的默认值均为 samedomain。

21）seamlesstabbing

允许设置 ActiveX 控件执行无缝跳格，从而使用户能跳出网页上的 Flash 影片应用程序。该参数只能在安装 Flash Player ActiveX 控件版本 7 及更高版本的 Windows 中使用。

- true（这是默认值）表示将 ActiveX 控件设置为执行无缝跳格，用户在 Flash 应用程序中按下【Tab】键后，再次按下【Tab】键会把焦点移出 Flash 影片应用程序，进入周围的 HTML 内容或者移至浏览器状态栏（如果紧接 Flash 影片应用程序的 HTML 中没有具有焦点的内容的话）。

- False 表示将 ActiveX 控件设置为如同在版本 6 或更低版本中运行。用户在 Flash 影片应用程序中按【Tab】键后，再次按下【Tab】键会把焦点转到 Flash 影片应用程序的开始处。该模式下，使用【Tab】键不能把焦点移出 Flash 影片应用程序。

技巧与提示

元素和属性使用小写字母是一个非常好的习惯，因为这符合 XHTML 标准，也是未来的 Web 标准所赞同的。

17.3 检测客户端的 Flash Player 版本

因为 Flash Player 并不是操作系统和浏览器的内置组件，所以，除了设置 HTML 网页中的元素属性和参数，用户还应该检测操作系统和浏览器上是否已经安装了 Flash Player 插件。

在发布时，一般都会创建一个名为 AC_RunActiveContent.js 的 JavaScript 文件，该文本被加载到 HTML 网页中用来检测是否已经安装了 Flash Player 插件，并且可以避免 IE 浏览器在运行本地组件时的安全警告。

在 HTML 选项卡上，选中"检测 Flash 版本"复选框，并在下面设定版本号，那么在发布时就可以多增加一项功能，可以检测所需 Flash Player 的最低版本。如果当前安装的版本比设置的低，就会在网页中显示信息要求下载和安装更新版本的 Flash Player，如图 17-4 所示。

图 17-4   如果 Flash Player 版本较低

18

发布静态图片和动画图片

除了发布为 Flash 影片，使用 Flash CS3 创作环境创作的图形图像还可以发布 GIF 动画图片、PNG 图片和 JPEG 图片，这 3 种图片被称为网络图片三大格式。

18.1　发布 GIF 格式文件

使用 Flash CS3 创作环境可以创建 GIF 动画和静态 GIF 图片，让我们先来了解一下 GIF 格式。GIF 动画文件也称为 GIF89a，它提供了一种简单的方法来创建简短的动画序列。

18.1.1　了解 GIF 格式图片

GIF 的全称是"图形交换格式"（Graphics Interchange Format）。GIF 图片最多使用 256 种颜色，最适合显示色调不连续或具有大面积单一颜色的图片，例如，导航条、按钮、图标、徽标或其他具有统一色彩和色调的图片。

由于 GIF 图片中存储的颜色信息较少，因此它们占用的空间较小，使用起来更加迅速。但是，对于需要更多种颜色的图片（例如，彩色照片），如果仍尝试使用此格式，则会降低图像的显示效果。

1．GIF 图片的优点

使用 GIF 图片的另一个优点是可将其背景设置为透明的，这样便可使网页的背景色呈现出来。

例如，如图 18-1 所示的新浪徽标图片就是一个 GIF 格式的图片。

图 18-1　GIF 格式的图片

当我们将它放在一个有背景图案的图片之上时，就会看到其背景色是透明的，如图 18-2 所示。

图 18-2　透明背景图片

通过这种方式，不会使该徽标看起来像一个位于背景图片上面的框。

2．GIF 图片的缺点

如果对具有过多颜色的图片使用 GIF 格式，该图片可能会出现抖动现象。这是因为诸如彩色照片、渐变图像及其他具有连续色调的图像等图片需要使用 256 种以上的颜色才能显示出较好的效果。

事实上，它们通常需要使用数千乃至数百万种颜色。如果将它们保存为 GIF 格式，您获得的结果将是抖动的。当某些颜色不可用，而图像中这些颜色的像素点又被设置为补充缺少的颜色时，便会出现抖动现象，例如如图 18-3 所示的，右侧的图片就出现了抖动现象。

图 18-3　对比图片

那么，对于需要使用大量颜色的照片，应该采用哪种格式呢？这就是下面将要介绍的 JPEG 格式。

18.1.2　发布 GIF 的设置

在"格式"选项卡上选择 GIF 复选框，这将会新出现一个 GIF 选项卡，单击它切换到该选项卡，如图 18-4 所示。

图 18-4　GIF 选项卡

在这个选项卡中有很多关于图片质量设置的选项，可以参照帮助文档了解就可以了，下面我们主要来了解一下怎样创建 GIF 格式文件。

18.1.3　发布静态 GIF 图片

默认情况下，在发布时将会把第一帧导出为 GIF 文件，除非有另一个关键帧定义了帧标签为#Static，如图 18-5 所示，这将会输出第 10 帧上的图形为 GIF 图片。

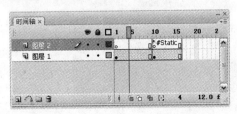

图 18-5　帧标签定义

18.1.4　发布 GIF 动画

如果在 GIF 选项卡中选中了"回放"项中的"动画"单选按钮，那么将当前 SWF 文件中的所有帧导出到一个 GIF 动画文件，不过你也可以使用帧标签定义动画的开始帧（#First）和结束帧（#Last），如图 18-6 所示，这将会把第 1 帧到第 10 帧之间的补间动画输出为一个 GIF 动画文件。

图 18-6　帧标签定义

18.1.5　在发布 GIF 图片时创建图像映射

如果文档中有一个按钮实例，当单击按钮时根据 URL 地址打开一个网页，那么 Flash CS3 就可以使用该按钮为 GIF 文件生成一个图像映射，这样就保留这个 URL 链接。这个功能不支持 ActionScript 3.0，它仅仅支持 ActionScript2.0 和 ActionScript1.0，因此，要使用该功能，必须首先在 Flash 选项卡中设定 ActionScript 的版本为 ActionScript 2.0 或 ActionScript 1.0。

然后在舞台上添加一个按钮实例，选中该实例，打开动作面板，输入如下的代码：

```
on (release) {
    getURL("www.zhang-yafei.com");
}
```

这样，再发布时就会为 GIF 文件生成一个图像映射，HTML 代码片段如下：

```
<map name="movieName" id="movieName">
  <area coords="113,124,154,162" href="www.zhang-yafei.com" />
</map>
<img src="movieName.gif" width="550" height="400" usemap="#movieName" border="0" />
```

这就是一个图像映射，图像映射又被称为图像热点。

默认情况下，Flash 会使用最后一帧中的按钮创建图像映射，但可以使用"属性"面板在要创建图像映射的关键帧中定义帧标签#Map，如图 18-7 所示。

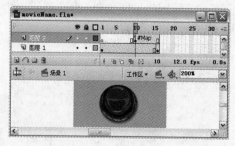

图 18-7　帧标签定义

并且必须在 HTML 选项卡中"模板"对应的下拉列表框中选择"图像影射"才可以。当发布后，在浏览器中加载网页，就可以使用鼠标单击按钮部分，这就是热点，如图 18-8 所示。

图 18-8 网页中的热点

18.2 发布 PNG 格式文件

GIF 格式允许在图片中添加透明效果，但最多只允许使用 256 种颜色。JPEG 格式虽然允许使用 256 种以上的颜色，但不允许实现透明效果。PNG 图片综合了这两种文件格式的优点，它可以包含 256 种以上的颜色，并可以具有透明的背景。并且，它还可以有效地降低文件大小。

PNG 的全称是"可移植网络图形"（Portable Network Graphics），这是一种替代 GIF 格式的无专利权限制的格式，它包括对索引色、灰度、真彩色图像及 Alpha 通道透明的支持。PNG 文件可保留所有原始层、矢量、颜色和效果信息（例如阴影），并且在任何时候所有元素都是可以完全编辑的。PNG 文件具有.png 文件扩展名。

技巧与提示

目前，GIF 和 JPEG 文件格式的支持情况最好，大多数浏览器都可以查看它们。由于 PNG 文件具有较大的灵活性，并且文件大小较小，所以它对于几乎任何类型的 Web 图片都是最适合的。

但是，Microsoft Internet Explorer（4.0 和更高版本）和 Netscape Navigator（4.04 和更高版本）只能部分支持 PNG 图片的显示。因此，除非用户正在为使用支持 PNG 格式的浏览器的特定目标用户进行设计，否则请使用 GIF 或 JPEG 以迎合更多人的需求。

在"格式"选项卡上选择 PNG 复选框，这将会新出现一个 PNG 选项卡，单击它切换到该选项卡，如图 18-9 所示。

图 18-9 PNG 选项卡

在这个选项卡中有很多关于图片质量设置的选项，可以参照帮助文档了解，下面主要来了解一下怎样创建 PNG 格式文件。

默认情况下，在发布时将会把第一帧导出为 PNG 文件，除非有另一个关键帧定义了帧标签为 #Static，这与 GIF 图片的创建相同。

18.3　发布 JPEG 格式文件

JPEG 的全称是"联合图像专家组"（Joint Photographic Experts Group），它最适用于摄影或连续色调图像的彩色照片，这是因为照片通常包含数千乃至数百万种颜色，JPEG 文件也可以包含数百万种颜色，因而不会失真。

JPEG 格式不仅可处理大量的颜色，还能最大程度地减小文件的大小。该格式的文件大小可能比不上 GIF 文件的大小，但同其他格式相比，已经是相当小了。

JPEG 文件还可以调整图像的品质，随着 JPEG 图像品质的提高，文件的大小和下载时间也会随之增加。通常可以在压缩 JPEG 文件在图像品质和文件大小之间达到良好的平衡。

很多人都希望它们的 JPEG 图片具有透明的背景。这样就可以使图片的背景与网页背景融合（就像前面给出的 GIF 示例，以便使徽标浮现在背景图片上）。但是，JPEG 图片无法拥有透明的背景，这是它们固有的一个限制。

如果网页背景或者背景图片是纯色的，则可以解决此问题。在这种情况下，可使用图像编辑软件将背景绘制成与网页相同的颜色。

但是，如果网页的背景不是纯色，就像前面我们展示的例子那样，则 JPEG 图片在网页背景上可能显得很不协调。这个时候，要么将背景更改为纯色，要么将图片更改为支持透明效果的文件格式。

在"格式"选项卡上选择 JPEG 复选框，这将会新出现一个 JPEG 选项卡，单击它切换到该选项卡，如图 18-10 所示。

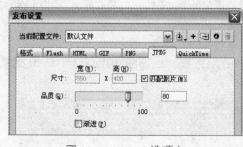

图 18-10　JPEG 选项卡

在这个选项卡中，可以设置图像品质，在对应"品质"选项中，拖动滑块或输入一个值，调整 JPEG 文件的压缩量。 图像品质越低则文件越小，一般应不断测试，在文件大小和图像品质之间找出一个最佳平衡点。

选中"渐进"复选框表示创建一个"渐进式 JPEG"文件，渐进式 JPEG 图像在从服务器下载的过程中逐渐构建并显示。

默认情况下，在发布时将会把第一帧导出为 JPEG 文件，除非有另一个关键帧定义了帧标签为 #Static，这与 GIF 图片的创建相同。

19

工作中常用的 Flash 专业范例

本章来介绍一些在工作中经常用到的 Flash 专业范例，你会发现这些范例只不过是在我们前面介绍的范例上稍加修改，同时，你可能很快会认识到，一个完整系统的知识体系在工作中是多么重要。

19.1   创建预加载程序

Flash 影片是基于时间轴的，它是逐帧播放的，也是逐帧下载的。如果将创建的 Flash 影片放置在网上，有时影片中动画或其他的内容非常多，文件非常大，而网络的带宽是有限的，为了使动画能够流畅地播放，需要预先下载一部分（或者全部）帧后再开始播放；或者，要防止特定的动作语句触发那些还没有下载完的内容。这就需要我们创建一个预加载程序。

预加载程序其实是一个简单的动画，用于在影片的剩余部分下载时播放，它在影片中有大的图片文件、声音或者视频时特别有用。

预加载程序的实质是预加载帧，它可以实现直到这些指定的所有帧加载完才开始播放。这在防止需要的内容被加载前就触发特定的动作时是有用的，而且对于大而复杂的影片，预加载一系列帧或者整个影片可以提高播放性能。

19.1.1   预加载帧的基本方法和原理

预加载帧的基本方法是非常简单的，基本的原理如下。

要预加载帧的影片在开头必须包含至少两个空白帧，实际上主要动画在第 3 帧开始。在第 1 帧用来测试影片中指定的一个后面的帧是否已被加载进播放器，如果测试结果为 false（也就是那一帧还未被加载进播放器），就继续播放下一帧，第 2 帧包含了一个 gotoAndPlay(1)动作脚本，跳转至第 1 帧继续测试条件，这就创建了一个循环，直到条件结果为 true，跳出循环，播放第 3 帧。

为了更形象地说明问题，下面就通过一个例子来详细地介绍一下怎样预加载帧。

[01]启动 Flash CS3 创作软件，在时间轴上的第 1 帧和第 2 帧分别创建两个空的关键帧。

[02]选定第 1 个关键帧，按【F9】键打开动作面板，键入下面的几行脚本：

```
if (this.framesLoaded == this.totalFrames) {
    this.gotoAndPlay(3);
}
```

totalFrames 可以改成任意需要设置的帧数，这里表示所有的帧；this 表示当前时间轴，一般情况下，由于预加载都是在主时间轴上，所以，this 等同于 root，表示主时间轴。

[03]选定第 2 帧，在动作面板键入下面的一行脚本：

```
this.gotoAndPlay(1);
```

[04]测试影片。

19.1.2   第一种完整的预加载帧方法

可以看到我们仅仅使用几行脚本就定义了一个预加载帧优化影片的方法，看起来非常简单，但是当影片加载的时候用户并不知道这一切，影片上没有表示出来，用户可能认为这是一个无效的文档而把它关闭，因此有必要将加载的过程更加形象地表达出来，一个短的动画片断或者静态图形是最常用的表达方式。

下面就进一步把上面的预加载帧方法优化，制作一个完整的预加载帧优化影片的程序，在这个预加载帧优化影片的程序当中，当影片正在预加载时，一个短的进度条会显示出来，以告诉用户现在正在发生什么，下面的步骤用来介绍怎样创建和使用预加载动画。

[01]启动 Flash CS3 创作软件，这时在时间轴上的第 1 帧上已经自动创建了一个空的关键帧。

[02]选定第 1 个关键帧，在舞台上绘制出一个矩形（选择一个较浅的颜色，因为它要用做进度条背景），宽度为 100（这个数量比较易于计算），切换到箭头工具选中矩形，按【F8】键将它转变为影片剪辑元件，命名为 Preload，如图 19-1 所示。

图 19-1　矩形

[03]双击舞台上的影片剪辑元件 Preload，使它处于编辑状态，选中矩形填充部分复制，然后单击时间轴左下角的【插入图层】按钮新建一个层，保持该层被选中，单击鼠标右键，在弹出的快捷菜单中选择【粘贴到当前位置】命令，将填充图粘贴到原位置，并改变填充色的颜色相对较暗。

[04]保持层 Layer 2 上的矩形填充被选中，按【F8】键将它转变为影片剪辑元件，命名为 Loader。注意，在"转换为元件"对话框上一定要选中定位坐标为左上角，如图 19-2 所示。

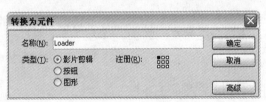

图 19-2　注册点坐标

[05]选中影片剪辑元件 Loader，在"属性"面板上为该影片剪辑元件命名实例名：loader_mc，并将该实例的宽度改变为 1。

[06]切换到文本工具，在舞台上划出一个固定宽度文本框（约与背景宽度相同），在"属性"面板上将该文本框设置成动态文本框，文本中间对齐，并命名实例名为 loader_txt。

[07]然后单击时间轴左下角的【插入图层】按钮新建一个层，在该层上创建 3 个关键帧，选中第 1 帧，按【F9】键打开"动作"面板，键入下面的几行脚本：

```
var rootTimeLine:MovieClip = MovieClip(root);
rootTimeLine.gotoAndStop(1);
```

选中第 2 帧，在动作面板上键入下面的几行脚本：

```
if (rootTimeLine.framesLoaded>=rootTimeLine.totalFrames) {
    rootTimeLine.gotoAndPlay(2);
} else {
    loader_mc.width = (rootTimeLine.framesLoaded/rootTimeLine.totalFrames)*100;
```

```
        loader_txt.text = "正在加载......";
        loader_txt.text = (rootTimeLine.framesLoaded/rootTimeLine.totalFrames).
toFixed(2);
    }
```

选中第 3 帧，在动作面板上键入下面的几行脚本：

```
    gotoAndPlay(2);
```

[08]分别选中时间轴其他两个层的第 3 帧，按【F5】键将显示延长到该帧，最后时间轴设置如图 19-3 所示。

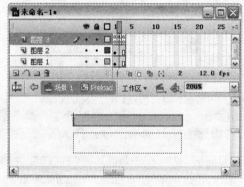

图 19-3　时间轴设置

[09]测试影片。在测试时，注意使用带宽剖面图，要选择【视图】→【数据流图表】命令才能在创作阶段测试出预加载帧效果。

19.1.3　第二种完整的预加载帧方法

前面介绍了一种的预加载帧方法来优化 Flash 影片，有时想让用户更确切地知道当前文档有多大，当前加载了多少数据，于是可以再优化一下预加载影片剪辑。

[01]启动 Flash CS3 创作软件，从菜单栏上选择【文件】→【导入】→【打开外部库】命令，浏览到该刚才制作的预加载文档，将该文档作为元件库打开。

[02]从库窗口中将影片剪辑元件 Preload 拖放到舞台上，双击使它处于编辑状态，选中脚本所在层第 2 帧，按【F9】键打开"动作"面板，将该帧的脚本改变一下：

```
    var byteLoaded:Number = stage.loaderInfo.bytesLoaded;
    var byteTotal:Number = stage.loaderInfo.bytesTotal;
    var loadingPercent:Number = Math.round(byteLoaded/byteTotal*100);
    if (byteLoaded >= byteTotal) {
        rootTimeLine.gotoAndPlay(2);
    } else {
        loader_mc.width = loadingPercent*1;
        loader_txt.text = loadingPercent.toString()+"%";
    }
```

[03]测试可以发现，文本框可以清楚地显示出当前文档有多大，当前加载了多少数据。

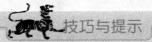技巧与提示

在上面的脚本中我们使用到了两个非常重要的脚本语句 stage.loaderInfo.bytesLoaded 和 stage.loaderInfo.bytesTotal，使用这两条语句可以侦测影片的文档大小和当前加载的数据大小。

实际上我们可以将第 2 帧第一行的条件语句改成下面一行脚本：

if (stage.loaderInfo.bytesLoaded>=stage.loaderInfo.bytesTotal) {

这样，当数据完全下载时，影片开始播放。

这一方法比使用预加载帧在某些方面更具优势，因为它可以快速地确定数据是否已下载完毕，一般情况下比起帧测试能够提前播放影片，所以当您创作的 Flash 影片文档要等到完全下载再开始播放的话，建议您使用这种方式。

19.1.4　在网站片头和短篇动画中使用预加载

有很多公司为某项产品创建的网站首页都会加上一段 Flash 片头，这个片头有时候很大，完全下载这个片头需要很长时间，这就需要创建一个预加载程序通知用户。

使用 Flash 创建的短篇动画也很大，为了达到流畅播放的效果，一般都会将动画完全下载才会开始播放，这会有一段时间让用户等待，因此，也需要一个预加载程序。

19.2　滚动播出效果

一个常用到的功能是滚动播出一段文字或者图片，这不但用于新闻也经常用于广告，总结起来，有垂直滚动和水平滚动。

19.2.1　竖直滚动的文本行

下面来看一下怎样实现一个滚动的文本行，这个主要用于滚动播出新闻，每个文本行就是一个链接，当用户鼠标移动到文本上时就停止滚动，并可以单击链接打开网页。当鼠标指针离开滚动区域时就继续滚动。

这个效果对于网页布局内有大量信息需要传递时特别有用，而且可以增加用户的体验，图 19-4 显示了这个范例的效果。

滚动新闻	滚动新闻
ASP.NET开发王（VB）	HTML开发王
ASP.NET开发王（C#）	CSS开发王
JSP开发王	JavaScript开发王

图 19-4　范例效果

这个范例主要使用了遮罩，下面就来看一下这个功能是如何实现的。

[01]启动 Flash CS3，新建一个文档，修改文档属性（从菜单栏上选择【修改】→【文档】命令），设置幅面大小，将文档保存为 scrollNews_v.fla。

[02]下面来创建一个图形作为背景，可以在舞台上绘制如图 19-5 所示的图形作为背景。

图 19-5　背景图案

[03]按【Ctrl+F8】组合键新建一个影片剪辑元件，命名为 newsTitle。这时该元件处于编辑状态，我们在舞台上添加一些动态文本框，竖直排列好，这些文本框就是要滚动的内容，如图 19-6 所示。

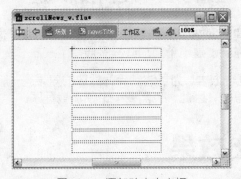

图 19-6　添加动态文本框

为这些动态文本框分别定义实例名为 title1_txt、title2_txt、title3_txt、title4_txt、title5_txt、title6_txt、title7_txt、title8_txt 和 title9_txt。

[04]按【Ctrl+F8】组合键新建一个影片剪辑元件，命名为 mask。这时该元件处于编辑状态，我们在舞台上绘制一个矩形填充，这个元件将作为遮罩，从而仅显示矩形范围内的内容，其形状如图 19-7 所示。

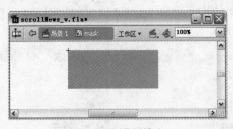

图 19-7　矩形填充

[05]返回到主时间轴的编辑状态，新建一个层，将影片剪辑 newsTitle 拖放到舞台上创建两个实例，分别命名实例名为 newsTitle1_mc 和 newsTitle2_mc，将两个实例竖直排列整齐，如图 19-8 左图所示。

紧接着单击舞台左上角的【插入图层】按钮新增一个图层，将影片剪辑 mask 拖放到舞台上创建两个实例，分别命名实例名为 mask1_mc 和 mask2_mc，重叠排列整齐，如图 19-8 右图所示。

图 19-8　舞台布局

[06]新建一个层，将影片剪辑 mask 拖放到舞台上创建一个实例，命名实例名为 mask_mc，这个实例用来定义遮罩的范围。选中该实例，在属性面板上设置它的 Alpha 值为 0，这样它就不可见，但是仍可以响应鼠标事件。

将该层拖放到背景层之上，但是在其他层之下，这样就不会影响单击链接文本。

[07]新建一个层，选中第 1 帧，键入如下的代码：

```
this.newsTitle1_mc.mask = mask1_mc;
this.newsTitle2_mc.mask = mask2_mc;
//========================================================================
var stopscroll:Boolean = false;
var scrollSpeed:uint = 50;
var scrollTop:uint = mask1_mc.y;
var scrollBottom:uint = mask1_mc.y + mask1_mc.height;
//进行初始化，首尾顺序相接
newsTitle1_mc.y = scrollTop;
newsTitle2_mc.y = scrollTop - newsTitle1_mc.height - 2;
//按时间间隔不断执行函数 scrollUp()
setInterval(scrollUp, scrollSpeed);
//下面就是改变滚动位置，如果滚出区域，则判断当前位置进行初始化调整
function scrollUp():void {
    if (stopscroll == true) {
        return;
    }//如果变量"stopscroll"为真，则停止滚动
    newsTitle1_mc.y += 1;//每次上移一个像素
    newsTitle2_mc.y += 1;
    if (newsTitle1_mc.y >= scrollBottom ) {
        //如果滚动到顶了就初始化
        newsTitle1_mc.y = newsTitle2_mc.y - newsTitle1_mc.height - 2;
        newsTitle1_mc.y += 1;
    }
    if (newsTitle2_mc.y >= scrollBottom ) {
        //如果滚动到顶了就初始化
        newsTitle2_mc.y = newsTitle1_mc.y - newsTitle2_mc.height - 2;
        newsTitle2_mc.y += 1;
    }
}
```

```
    //下面是两个事件: [01]鼠标经过, 停止滚动    [02]鼠标离开, 开始滚动
    mask_mc.addEventListener("mouseOver",changeState);
    mask_mc.addEventListener("mouseOut",changeState);
    function changeState(evt:MouseEvent):void {
        if (evt.type=="mouseOut") {
            stopscroll = false;
        } else if (evt.type=="mouseOver") {
            stopscroll = true;
        }
    }
```

这段代码就是让两个 newsTitle 竖直首尾相接, 慢慢增加 y 属性, 从而实现连续滚动。

利用一个 setInterval 不断执行 scrollUp()函数以实现内容下移, 每次一个像素, 等上移到最顶端了就重新定位, 恢复原位置, 继续上移滚动。

使用变量 scrollSpeed 可以定义滚动速度, 应该在不同计算机上测试, 因为不同的处理器对运行速度可能有影响, 设法找出一个合理的滚动速度, 比较合理的应该是 50, 这意味着每 50 毫秒就向下移动一个像素。

[08]按【Ctrl+L】组合键打开库面板, 双击影片剪辑元件 newsTitle 使它处于编辑状态, 选中第 1 帧, 键入如下的代码:

```
    stop();
    var changeColor:Function = function(evt:MouseEvent) {
        for (var i:uint=1; i<10; i++){
            TextField(MovieClip(parent).newsTitle1_mc.getChildByName("title"+i+"_txt
")).textColor=0x000000;
            TextField(MovieClip(parent).newsTitle2_mc.getChildByName("title"+i+"_txt
")).textColor=0x000000;
        }
        evt.currentTarget.textColor=0x990000;
    };
    this.title1_txt.addEventListener("mouseOver",changeColor);
    this.title2_txt.addEventListener("mouseOver",changeColor);
    this.title3_txt.addEventListener("mouseOver",changeColor);
    this.title4_txt.addEventListener("mouseOver",changeColor);
    this.title5_txt.addEventListener("mouseOver",changeColor);
    this.title6_txt.addEventListener("mouseOver",changeColor);
    this.title7_txt.addEventListener("mouseOver",changeColor);
    this.title8_txt.addEventListener("mouseOver",changeColor);
    this.title9_txt.addEventListener("mouseOver",changeColor);
    this.title1_txt.htmlText = '<a href="连接地址">HTML 开发王</a>';
    this.title2_txt.htmlText = '<a href="连接地址">CSS 开发王</a>';
    this.title3_txt.htmlText = '<a href="连接地址">JavaScript 开发王</a>';
    this.title4_txt.htmlText = '<a href="连接地址">Flash 开发王</a>';
    this.title5_txt.htmlText = '<a href="连接地址">ASP 开发王</a>';
    this.title6_txt.htmlText = '<a href="连接地址">ASP.NET 开发王(VB)</a>';
    this.title7_txt.htmlText = '<a href="连接地址">ASP.NET 开发王(C#)</a>';
    this.title8_txt.htmlText = '<a href="连接地址">JSP 开发王</a>';
    this.title9_txt.htmlText = '<a href="连接地址">PHP 开发王</a>';
```

这段代码就是填充动态文本框内容，当鼠标移动到某个动态文本框上时，文本改变颜色。现在发布这个影片，就可以看到如图 19-4 所示的滚动效果。

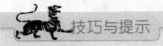 技巧与提示

只需将动态文本框换成图片，就可以实现竖直图片滚动效果，如果为图片加上超链接，你也可以单击它。

19.2.2　水平滚动的图片

有了对基本原理的了解，我们就可以很轻松地创建一个水平滚动的图片，这经常被用来作为广告条。实现的代码如下：

```
this.newsTitle1_mc.mask = mask1_mc;
this.newsTitle2_mc.mask = mask2_mc;
//========================================================================
var stopscroll:Boolean = false;
var scrollSpeed:uint = 50;
var scrollLeft:uint = mask1_mc.x;
var scrollRight:uint = mask1_mc.x + mask1_mc.width;
//进行初始化
newsTitle1_mc.x = scrollLeft;
newsTitle2_mc.x = scrollLeft - newsTitle1_mc.width - 2;
//按时间间隔不断执行函数 scrollLeft()
setInterval(scrollTo, scrollSpeed);
//下面就是改变滚动位置，如果滚出区域，则判断当前位置进行初始化调整
function scrollTo():void {
    if (stopscroll == true) {
        return;
    }//如果变量"stopscroll"为真，则停止滚动
    newsTitle1_mc.x += 1;//每次上移一个像素
    newsTitle2_mc.x += 1;
    if (newsTitle1_mc.x >= scrollRight ) {
        //如果滚动到顶了就初始化
        newsTitle1_mc.x = newsTitle2_mc.x - newsTitle1_mc.width - 2;
        newsTitle1_mc.x += 1;
    }
    if (newsTitle2_mc.x >= scrollRight ) {
        //如果滚动到顶了就初始化
        newsTitle2_mc.x = newsTitle1_mc.x - newsTitle2_mc.width - 2;
        newsTitle2_mc.x += 1;
    }
}
//下面是两个事件: [01]鼠标经过，停止滚动[02]鼠标离开，开始滚动
mask_mc.addEventListener("mouseOver",changeState);
mask_mc.addEventListener("mouseOut",changeState);
function changeState(evt:MouseEvent):void {
```

```
    if (evt.type=="mouseOut") {
        stopscroll = false;
    } else if (evt.type=="mouseOver") {
        stopscroll = true;
    }
}
```

在这个实现中，我们仅仅是使用图片来替换了文本框作为滚动内容区域。

然后，只需修改代码中控制滚动方向的属性就可以实现水平滚动。垂直方向的滚动通过 y 属性来控制，那么我们可以使用 x 实现水平的滚动，这是代码变化的核心。图 19-9 显示了水平图片滚动的效果。

图 19-9　水平图片滚动的效果

19.3　几个经常用到的广告效果

广告是目前网页上最为活跃的组成部分，也是检验新技术应用的一个指标，你不能视之不见，下面就来看常见的一个广告效果。

19.3.1　广告影片的随机滚动出现

一个网站可能会接很多广告主的订单，这个时候可能一个网页无法同时容纳所有的广告，必须建立一种机制，让不同广告主的广告能够随机出现，用户刷新网页可能看到的是不同的广告。

[01]我们首先创建几个影片用于测试，将它们保存在 pic 文件夹下，分别命名为 movie1.swf、movie2.swf、movie3.swf 和 movie4.swf。

[02]下面先来在网页上定义一个放置广告的布局元素，这是一个 div 元素，并为其定义样式表，主要就是定义宽度和高度，以及溢出的设置。

```
<head>
<style type="text/css">
<!--
div#adContainer{
  border:1px #A5ACB2 solid;
  width:300px;
  height:70px;
  overflow:hidden;
}
-->
```

```
</style>
</head>
<body>
<div id="adContainer"></div>
</body>
```

Id 属性为 adContainer 的 div 元素将用来放置广告影片。

[03]下面仅仅是编写 JavaScript 程序随机地获得一个影片的 URL 地址,并将该影片显示在 div 元素中。

在此之前应该先了解权重算法的基本原理。一个基本原理就是产生一个在 0~n 范围内的随机数,然后根据权重来确定每个记录所对应的范围,例如,3 个权重分别是 1、2、3,那么就分成 6 份,产生 0~6 范围内的一个随机数,然后对应权重的范围。

下面我们来看代码:

```
<script type="text/javascript">
<!--
//定义一个基准 URL 地址
var baseURL = "http://myhost/ads/";
//我们使用一个二维数组来放置所有的广告影片,格式是: ["URL",权重]
//注意不要带扩展名
var ads = new Array(["pic/movie1",20],
                    ["pic/movie4",10],
                    ["pic/movie2",20],
                    ["pic/movie3",40]);
//根据权重来重新排列数组元素,权重越大,越位于后面
var sortFn = function(a,b){
  if (a[1] < b[1]) return -1;
  if (a[1] > b[1]) return 1;
  if (a[1] == b[1]) return 0;
}
ads.sort(sortFn);
//获得权重总数,以变量 allWeight 表示
//然后根据总数产生一个 0~allWeight 之间的随机数
var allWeight=0;
for (var i=0; i< ads.length;i++) {
  allWeight += ads[i][1];
}
//变量 currWeight 便是当前的随机数
var currWeight = Math.round(Math.random()*(allWeight+1)+1);
var currURL;
//下面我们为每个广告影片定义一个权重的范围
//改变权重的值,让其等于范围的结束数量,
//那么开始数量便是前一个权重轻的广告影片的范围的结束数量
var minR = 0;
var maxR = 0;
for (var i=0; i< ads.length;i++) {
  minR = maxR;
  maxR += ads[i][1];
  ads[i][1] = maxR;
```

```
    }
    //然后我们就可以将当前随机数与权重范围进行匹配，获得一个广告影片的 URL
    for (var i=0; i< ads.length;i++) {
      //当前随机数为 allWeight 时是一个特例，我们单独计算
      if(currWeight==allWeight){
        currURL = ads[ads.length-1][0];
      }
      if(i!=0){
        if(currWeight>=ads[i-1][1]&&currWeight< ads[i][1]){
          currURL = ads[i][0];
        }
      }else{
        //权重最低的第一个广告是一个特例，我们单独计算
        if(currWeight>=0&&currWeight< ads[0][1]){
          currURL = ads[0][0];
        }
      }
    }
    //获取广告影片要放置的 div 元素，然后为其赋值
    var oAdContainer = document.getElementById("adContainer");
    //调用 writeMovie 函数，该函数返回 Flash 影片 HTML 代码
    oAdContainer.innerHTML = writeMovie(currURL,"MovieID",260,80);
    //在最终发布时别忘了加上基准 URL
    //oAdContainer.innerHTML = writeMovie(baseURL + currURL,"MovieID",260,80);
    -->
    </script>
```

[04]下面来实现 writeMovie 函数返回 Flash 影片 HTML 代码。

首先将发布时创建的 JavaScript 文件 AC_RunActiveContent.js 打开，找到下面的一行代码：

```
    document.write(str);
```

修改为：

```
    return str;
```

找到下面的一行代码：

```
    AC_Generateobj(ret.objAttrs, ret.params, ret.embedAttrs);
```

修改为：

```
    return AC_Generateobj(ret.objAttrs, ret.params, ret.embedAttrs);
```

在网页中添加如下的代码：

```
    <body bgcolor="#ffffff">
    <script src="AC_RunActiveContent.js" language="javascript"></script>
    <script type="text/javascript" language="javascript">
      <!--
      function writeMovie(MovieURL,MovieID,MovieWidth,MovieHeight){
```

```
            var returnStr = AC_FL_RunContent(
                    'codebase',

        'http://download.macromedia.com/pub/shockwave/cabs/flash/swflash.cab#version=9
,0,45,0',

                    'width', MovieWidth,
                    'height', MovieHeight,
                    'src', MovieURL,
                    'quality', 'high',
                    'pluginspage', 'http://www.macromedia.com/go/getflashplayer',
                    'align', 'middle',
                    'play', 'true',
                    'loop', 'true',
                    'scale', 'showall',
                    'wmode', 'window',
                    'devicefont', 'false',
                    'id', MovieID,
                    'bgcolor', '#ffffff',
                    'name', MovieID,
                    'menu', 'true',
                    'allowScriptAccess','always',
                    'allowFullScreen','false',
                    'movie', MovieURL,
                    'salign', ''
                    );
        return returnStr;
    }
    -->
</script>
</body>
```

这段代码必须放在网页中最前端的位置，然后在浏览器中执行，不断刷新网页，就可以看到如图
19-10 所示的效果。

图 19-10　随机广告

19.3.2　对联广告

对联广告是常用到的广告形式，这种广告分列在网页的左右两侧，就像是一副对联，这也是其得名
的原因，配合使用 JavaScript 就可以轻松地实现这种功能，图 19-11 显示了对联广告的效果。

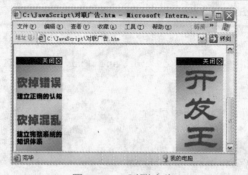

图 19-11   对联广告

这个效果由两部分组成，两个广告影片，每个影片中都包含有一个"关闭"按钮，单击【关闭】按钮可以将广告影片和"关闭"按钮一起消失。下面是实现的代码：

```
<!-- saved from url=(0013)about:internet -->
< !DOCTYPE html PUBLIC "-//W3C//DTD XHTML 1.0 Transitional//EN"
"http://www.w3.org/TR/xhtml1/DTD/xhtml1-transitional.dtd">
<html xmlns="http://www.w3.org/1999/xhtml" xml:lang="zh-CN" lang="zh-CN">
<head>
<title>movieName</title>
<script language="JavaScript"> AC_FL_RunContent = 0; </script>
<script language="JavaScript"> DetectFlashVer = 0; </script>
<script src="AC_RunActiveContent.js" language="javascript"></script>
<script language="JavaScript" type="text/javascript">
<!--
//-------------------------------------------------------------------
// 全局变量
// 所需 Flash 的主版本号
var requiredMajorVersion = 9;
// 所需 Flash 的次版本号
var requiredMinorVersion = 0;
// 所需 Flash 的版本号
var requiredRevision = 45;
//-------------------------------------------------------------------
// -->
</script>
</head>
<body bgcolor="#ffffff">
<script language="JavaScript">
<!--
var isInternetExplorer = navigator.appName.indexOf("Microsoft") != -1;
// 处理 Flash 影片中的所有 FSCommand 消息
function leftMovie_DoFSCommand(command, args) {
    var movieNameObj_l = isInternetExplorer ? document.all.leftMovie : document.
leftMovie;
    var movieNameObj_r = isInternetExplorer ? document.all.rightMovie :  document.
rightMovie;
    if (command == "closeAD") {
        closeAD(movieNameObj_l);
```

```
            closeAD(movieNameObj_r);
        }
    }
    //Internet Explorer 的挂钩
    if (navigator.appName && navigator.appName.indexOf("Microsoft") != -1 && navigator.
userAgent.indexOf("Windows") != -1 && navigator.userAgent.indexOf("Windows 3.1") == -1) {
        document.write('<script language=\"VBScript\"\>\n');
        document.write('On Error Resume Next\n');
        document.write('Sub leftMovie_FSCommand(ByVal command,ByVal args)\n');
        document.write('    Call leftMovie_DoFSCommand(command, args)\n');
        document.write('End Sub\n');
        document.write('</script>\n');
    }


    // 处理 Flash 影片中的所有 FSCommand 消息
    function rightMovie_DoFSCommand(command, args) {
        var movieNameObj_l = isInternetExplorer ? document.all.leftMovie : document.
leftMovie;
        var movieNameObj_r = isInternetExplorer ? document.all.rightMovie : document.
rightMovie;
        if (command == "closeAD") {
            closeAD(movieNameObj_l);
            closeAD(movieNameObj_r);
        }
    }
    //Internet Explorer 的挂钩
    if (navigator.appName && navigator.appName.indexOf("Microsoft") != -1 && navigator.
userAgent.indexOf("Windows") != -1 && navigator.userAgent.indexOf("Windows 3.1") == -1) {
        document.write('<script language=\"VBScript\"\>\n');
        document.write('On Error Resume Next\n');
        document.write('Sub rightMovie_FSCommand(ByVal command,ByVal args)\n');
        document.write('    Call rightMovie_DoFSCommand(command, args)\n');
        document.write('End Sub\n');
        document.write('</script>\n');
    }
    //-->


    <!-- div -->
    <script type="text/javascript" language="javascript">
    <!--
    var AD_left,AD_right;
    //--------------------[02]------------------------------------
    //设置 div 元素的基本 CSS 样式
    function initAD(){
      AD_left = document.getElementById("AD_left");
      AD_right = document.getElementById("AD_right");
      with(AD_left.style){
        visibility = "visible";
        position = "absolute";
        zIndex = 1;
```

```
      }
    with(AD_right.style){
      visibility = "visible";
      position = "absolute";
      zIndex = 1;
    }
    //--------------------[03]----------------------------------------
    //通过间隔不断执行moveAD函数，我们可以将两个div元素定位在网页两侧
    setTimeout("moveAD(AD_left)", 20);
    setTimeout("moveAD(AD_right)", 20);
}
function moveAD(ADName) {
  var x = 5;
  var y = 340;
  var diff = (document.body.scrollTop + y - ADName.style.posTop)*.30;
  var y = document.body.scrollTop + y - diff;
  ADName.style.top = y + "px";
  if(ADName==AD_left){
    ADName.style.left = x + "px";
  }
  if(ADName==AD_right){
  ADName.style.right = x + "px";
  }
}
//--------------------[04]----------------------------------------
//关闭广告，其实就是隐藏div元素
function closeAD(ADName){
  ADName.parentNode.style.visibility='hidden';
}
//--------------------[01]----------------------------------------
//首先写出左右两个div元素
function writeAD() {
  document.write("<div id='AD_left'>");
  AC_FL_RunContent(
          'codebase',
'http://download.macromedia.com/pub/shockwave/cabs/flash/swflash.cab#version=9
,0,45,0',
          'width', '100',
          'height', '200',
          'src', 'leftMovie',
          'quality', 'high',
          'pluginspage', 'http://www.macromedia.com/go/getflashplayer',
          'align', 'middle',
          'play', 'true',
          'loop', 'true',
          'scale', 'showall',
          'wmode', 'window',
          'devicefont', 'false',
          'id', 'leftMovie',
          'bgcolor', '#ffffff',
```

```
                    'name', 'leftMovie',
                    'menu', 'true',
                    'allowScriptAccess','always',
                    'allowFullScreen','false',
                    'movie', 'leftMovie',
                    'salign', ''
                    );
        document.write("");
        document.write("<div id='AD_right' style='display:block; right:0px'>");
        AC_FL_RunContent(
                    'codebase',
                    'http://download.macromedia.com/pub/shockwave/cabs/flash/swflash.ca
b#version=9,0,45,0',
                    'width', '100',
                    'height', '200',
                    'src', 'rightMovie',
                    'quality', 'high',
                    'pluginspage', 'http://www.macromedia.com/go/getflashplayer',
                    'align', 'middle',
                    'play', 'true',
                    'loop', 'true',
                    'scale', 'showall',
                    'wmode', 'window',
                    'devicefont', 'false',
                    'id', 'rightMovie',
                    'bgcolor', '#ffffff',
                    'name', 'rightMovie',
                    'menu', 'true',
                    'allowScriptAccess','always',
                    'allowFullScreen','false',
                    'movie', 'rightMovie',
                    'salign', ''
                    );
        document.write("</div>");
      initAD();
      }
    -->
  </script>
  <script language="JavaScript" type="text/javascript">
  <!--
  if (AC_FL_RunContent == 0 || DetectFlashVer == 0) {
      alert("此页需要 AC_RunActiveContent.js");
  } else {
      var hasRightVersion = DetectFlashVer(requiredMajorVersion, requiredMinorVersion,
requiredRevision);
      if(hasRightVersion) {   // 如果检测到了可接受的版本
          // 嵌入 Flash 影片
          writeAD();
          //end AC code
      } else {                        // Flash 太旧或者无法检测到插件
```

```
            var alternateContent = '在这里应该放置备用 HTML 内容。'
                + '此内容需要 Adobe Flash Player。'
                + '<a href=http://www.macromedia.com/go/getflash/>获得 Flash';
            document.write(alternateContent);  // 插入非 Flash 内容
        }
    }
// -->
</script>
</body>
</html>
```

这个功能分为 4 个部分来实现，其核心就是将广告模块 SWF 放在两个 div 元素中，然后调整 div 元素的 CSS 样式属性，主要是定位和可视性属性，从而实现对联广告功能。

影片中有广告内容，可以使用 ad_btn 作为实例名，对于影片中的关闭按钮，可以使用 close_btn 作为实例名，那么可以编写如下代码响应事件：

```
var myClick:Function = function(evt:MouseEvent) {
    //使用 if 条件语句判断单击的按钮，并根据这个判断执行相应的 goto 语句
    // evt.currentTarget.name 返回的是实例名
    if(evt.currentTarget.name=="ad_btn"){
        var url:String="http://www.zhang-yafei.com";
        var request:URLRequest = new URLRequest(url);
        navigateToURL(request,"_blank");
    }else if(evt.currentTarget.name=="close_btn"){
        //调用 JavaScript 函数
        fscommand("closeAD","");
    }
};
//所有按钮的单击事件都会调用函数 myClick
this.ad_btn.addEventListener("click",myClick);
this.close_btn.addEventListener("click",myClick);
```

19.4   选项卡面板和分页广告

选项卡面板和分页广告是网站设计经常用到的，下面我们就介绍一下这两个功能。

19.4.1   选项卡面板

选项卡面板功能在很多门户网站上大量使用，图 19-12 显示了某网站中一个选项卡面板模块，这样的模块在很多门户网站首页中非常之多。

图 19-12   新浪首页的选项卡面板

其实仅需修改前面的相册导航范例就可以实现该功能。

1．创建界面和加入广告

[01]启动 Flash CS3，新建一个文档，修改文档属性（从菜单栏上选择【修改】→【文档】命令），设置幅面大小为 300X150，将文档保存为 tab_panel.fla。

[02]下面来创建一个图形作为背景，如图 19-13 所示。

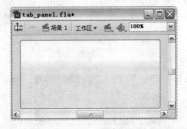

图 19-13 像框图形

[03]下面将创建几个选项卡来控制浏览，可以使用一个影片剪辑来完成，创建一个影片剪辑，命名为 tab，舞台效果和时间轴设置如图 19-14 所示。

图 19-14 影片剪辑 tab

两个关键帧的代码分别如下：

第 1 帧

```
stop();
```

第 2 帧

```
stop();
```

这样，使用两个停止语句就可以使用时间轴形成两个状态，这正是"基于时间轴应用程序"的核心所在。

[04]返回到主时间轴编辑状态，在当前文档中新建一个层（命名为 button），保持该层位于最顶层，将 4 个 tab 拖放到舞台上并排列好。

再新建一个层，命名为 label，切换到文本工具，将为选项卡添加标签，舞台效果如图 19-15 所示。

图 19-15 选项卡设置

[05]新建一个层，更改层名为 pic。在该层创建 4 个关键帧，并且每个关键帧可以放一个图片（或者影片剪辑、文本、混合内容等都可以），注意贴合大小。

将层 pic 拖至最低层但是在背景层之上，并依次选择其他几个层的第 4 帧，按【F5】键将显示延长到该帧，最后时间轴的设置如图 19-16 所示。

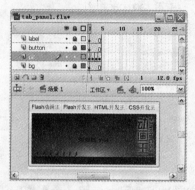

图 19-16　时间轴设置和舞台效果

2．编写程序实现导航

[01]分别选中舞台上的 tab 实例，在属性面板上分别为它们定义实例名为 tab1_mc、tab2_mc、tab3_mc 和 tab4_mc。

这些实例名就用于表示这些 tab 实例，当用户单击这些按钮时，它根据实例名能够区分出来用户单击的是哪个 tab。

[02]新建一个层，选中该层第 1 帧，打开"动作"面板，键入下面的代码：

```
stop();
var myClick:Function = function(evt:MouseEvent) {
    if(evt.currentTarget.name=="tab1_mc"){
        gotoAndStop(1);
    }else if(evt.currentTarget.name=="tab2_mc"){
        gotoAndStop(2);
    }else if(evt.currentTarget.name=="tab3_mc"){
        gotoAndStop(3);
    }else if(evt.currentTarget.name=="tab4_mc"){
        gotoAndStop(4);
    }
    //初始化所有 tab 状态
    tab1_mc.gotoAndStop(1);
    tab2_mc.gotoAndStop(1);
    tab3_mc.gotoAndStop(1);
    tab4_mc.gotoAndStop(1);
    //改变当前 tab 状态
    evt.currentTarget.gotoAndStop(2);
```

```
};
//注册鼠标移动到 tab 上的事件
tab1_mc.addEventListener("mouseOver",myClick);
tab2_mc.addEventListener("mouseOver",myClick);
tab3_mc.addEventListener("mouseOver",myClick);
tab4_mc.addEventListener("mouseOver",myClick);
```

[03]现在，保存文档，按【Ctrl+Enter】组合键测试，可以看到如图 19-17 所示的效果。

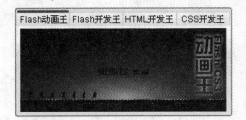

图 19-17　选项卡面板

19.4.2　随机显示

也可以编写代码，当加载影片时随机显示某个选项卡的内容，只需添加如下代码：

```
//我们使用一个二维数组来放置所有的帧号，格式是: frame number,权重
var ads:Array = new Array([1,20],[2,10],[3,20],[4,40]);
//根据权重来重新排列数组元素，权重越大，越位于后面
function sortFn(a:Array,b:Array):Number{
  if (a[1] < b[1]){ return -1;}
  if (a[1] > b[1]){ return 1;}
  if (a[1] == b[1]){ return 0;}
};
ads.sort(sortFn);
//获得权重总数，以变量 allWeight 表示
//然后根据总数产生一个 0~allWeight 之间的随机数
var allWeight:uint=0;
for (var j:uint=0; j<ads .length; j++) {
    allWeight += ads[j][1];
}
//变量 currWeight 便是当前的随机数
var currWeight:uint = Math.round(Math.random()*(allWeight+1)+1);
var currFrame:uint;
//下面为每个广告影片定义一个权重的范围
//改变权重的值，让其等于范围的结束数量，
//那么开始数量便是前一个权重轻的广告影片的范围的结束数量
var minR:uint = 0;
```

```
var maxR:uint = 0;
for (var k:uint=0; k<ads.length; k++) {
    minR = maxR;
    maxR += ads[k][1];
    ads[k][1] = maxR;
}
//然后就可以将当前随机数与权重范围进行匹配，获得一个广告影片的 URL
for (var i:uint=0; i<ads.length; i++) {
    //当前随机数为 allWeight 时是一个特例，我们单独计算
    if (currWeight==allWeight) {
        currFrame = ads[ads.length-1][0];
    }
    if (i!=0) {
        if (currWeight>=ads[i-1][1]&&currWeight<ads[i][1]) {
            currFrame = ads[i][0];
        }
    } else {
        //权重最低的第一个广告是一个特例，我们单独计算
        if (currWeight>=0&&currWeight<ads[0][1]) {
            currFrame = ads[0][0];
        }
    }
}
this.gotoAndStop(currFrame);
this["tab" + currFrame + "_mc"].gotoAndStop(2);
```

19.4.3　分页广告

分页显示的广告在很多门户网站上也大量使用，其实这个仅仅需要将前面的范例稍稍修改就可以了，如图 19-18 所示。

图 19-18　分页广告效果

仅仅改一下按钮的形状和标签就可以实现该功能，用户可以参考附送光盘上的源代码，这里就不再详述了。

A

Flash 相关术语

每一个软件都有自己相关的术语，术语可以让大家对 Flash 有一个概念性的了解。

A.1　基本术语

【帧和帧频】

我们知道，一段电影是由一幅幅连续的图像所组成的，一段动画也是如此，帧就是其中的一幅图像。一个个连续的"帧"快速地切换就形成了一段动画。

这段动画是否流畅，以及播放得快慢，取决于单位时间内（每秒）播放帧的多少。单位时间内帧播放得越多，动画看起来就比较流畅自然。我们把单位时间内播放帧的多少称为"帧频"，可以通过修改文档属性来改变帧频。

在播放动画时，将显示实际的帧频。但是，如果计算机不能足够快地计算和显示动画，则该帧频可能与文档的帧频设置不一致。

【层】

层是为了组织图形而出现的，它就像一个透明的幕布。

【场景】

场景是为了组织帧而出现的，它也可以像时间轴中的帧那样顺序播放，但场景并不是必须要用的，只是为了组织的方便。

【元件】

元件是 Flash 中极其重要并且经常要用到的概念，通过元件的重复使用可以减少 SWF 文件的大小。Flash 中的元件有 3 种类型：影片剪辑、按钮和图形。

【库】

库是管理元件和其他元素的容器，使用库可以对影片中的元件、声音等元素进行预览和操作，并可以通过拖放创建实例。

【逐帧动画】

逐帧动画不但是 Flash 动画，也是所有动画和影片的原形。通过一幅幅连续的画面展现动态的过程，对于 Flash 动画而言，每一幅画面都是一个关键帧。

【补间动画】

有两种形式的补间动画：动画补间和形状补间。对这两种"补间动画"，Flash 都会根据两端关键帧的情况在其间的帧上自动添加值或者图形，从而产生平滑的动画，这就是"补间"的来意。术语"补间"就是补足区间的简称。

【遮罩】

遮罩可以设置各种形状的孔洞，只有该孔洞处才能显示下一层相应部分的内容，可以将多层一同置于遮罩层下产生复杂的效果，还可以使用除路径动画以外的任何动画使遮罩层移动。

A.2 编辑器环境术语

【ActionScript 编辑器】是"动作"面板和"脚本"窗口中的代码编辑器。ActionScript 编辑器包含一些功能，如自动格式设置、显示隐藏字符及对脚本内容进行颜色编码。

【动作面板】是 Flash 创作环境中的面板，可在其中编写 ActionScript 代码。

【创作环境】是 Flash 软件的工作区，包括所有用户界面元素。可以使用创作环境创建 FLA 文件或脚本文件（在"脚本"窗口中）。

【IDE】是指英文（Integrated Development Environment）的缩写，也就是"集成开发环境"。IDE 是一种应用程序，开发人员可在此交互环境中编码、测试和调试应用程序。Flash 创作工具有时也称为 IDE。

【脚本助手】是"动作"面板中的新助手模式。通过"脚本助手"，无须具备丰富的 ActionScript 知识即可更加方便地创建脚本。脚本助手通过从"动作"面板的"动作"工具箱中选择选项帮助用户生成脚本，并提供一个由文本框、单选按钮和复选框构成的界面，可以提示输入正确的变量及其他脚本语言构造。此功能类似于 Flash 创作工具早期版本中的标准模式。

【脚本窗格】是"动作"面板或者"脚本"窗口中的窗格，是一个文本框，用于键入 ActionScript 代码的区域。

【脚本窗口】是一个代码编辑环境，可在此创建和修改外部脚本，如 Flash JavaScript 文件或者 ActionScript 文件都可以在这里编写。

【帧脚本】是向时间轴上的某一帧中添加的代码块。

【对象代码】是附加到实例的 ActionScript。若要添加对象代码，请在舞台上选择一个实例，然后在"动作"面板中键入代码。这个功能仅适用于 ActionScript 2.0 和 ActionScript 1.0。

【Flash Player 容器】和【Flash Player 宿主】是指运行 Flash 应用程序的系统，有时 Flash Player 独立运行，有时嵌入到另一个应用程序当中（如浏览器或者桌面应用程序）。可以添加 ActionScript 和 JavaScript 来促进 Flash Player 容器和 SWF 文件之间的通信。

A.3 图形和文本术语

【锯齿】是指带锯齿的文本，而带锯齿的文本不使用颜色变化使其锯齿边缘显得更平滑，这一点与消除锯齿文本不同。

【消除锯齿】是指消除锯齿字符，可以使文本平滑，从而使显示在屏幕上的字符的边缘表现出较小的锯齿状。Flash 中的"消除锯齿"选项可以沿像素边界对齐文本轮廓，使文本更清楚，并且对于清晰呈现较小字体尤为有效。

【文本】是可在文本框或用户界面组件中显示的一个或多个字符串系列。

【文本框】是舞台上的可见元素，要通过它向用户显示文本，可使用文本工具或使用 ActionScript 代码创建。Flash 允许将文本框设置为可编辑（只读）、允许 HTML 格式设置、启用多行支持、密码遮罩或将 CSS 样式表应用于 HTML 格式文本。

【文本格式设置】可应用于文本框，或文本框中的某些字符。可应用于文本的一些文本格式设置选项示例有：对齐、缩进、粗体、颜色、字体大小、边距宽度、斜体和字母间距。

【设备字体】是 Flash 中的特殊字体，未嵌入到 SWF 文件中。如果未使用设备字体，Flash Player 会使用本地计算机上与设备字体最相近的任何字体。由于未嵌入字体轮廓，因此 SWF 文件大小比使用嵌入的字体轮廓时更小。然而，由于未嵌入设备字体，因此使用这些字体创建的文本在未安装与设备字体相对应的字体的计算机系统上不能显示出预期效果。Flash 包含 3 种设备字体：_sans(类似于 Helvetica 和 Arial 字体)、_serif（类似于 Times Roman 字体）和_typewriter（类似于 Courier 字体）。

【FlashType】是指 Flash 中的高级字体呈现技术。例如，可读性锯齿文本使用 FlashType 呈现技术，而动画锯齿文本则不使用。

【矢量图形】使用称为矢量的直线和曲线描述图像，还包括颜色和位置属性。每个矢量均使用数学计算（而不是位）描述形状，这样在对其进行缩放时不会使质量下降。另一个图形类型是位图，由点或像素表示。

【位图图形】也被称为光栅图形，通常是照片级真实图像，或具有大量详细信息的图形。图像中的每个像素（或位）都包含一个数据，这些位共同组成图像本身。位图可保存为 JPEG、BMP 或 GIF 文件格式。

【渐进式 JPEG】图像在从服务器下载的过程中逐渐构建并显示。通常，JPEG 图像在从服务器下载时是逐行显示的。

【Surface】是按位图缓存形式打开的影片剪辑。它使影片剪辑实例缓存其自身作为位图呈现。Flash 为该实例创建一个 surface 对象，该对象是一个缓存的位图，而不是矢量数据。

A.4　ActionScript 术语

【语法】是指编程所用语言的语法和拼写方式。编译器无法识别不正确的语法，因此，当用户尝试在测试环境中测试文档时，会在“输出”面板中看到错误或警告。因此，语法是帮助用户构成正确 ActionScript 的规则和准则的集合。

【点语法】是指在 ActionScript 中使用点（.）运算符访问属于实例的属性或方法。用户还可以使用点运算符来确定实例（例如影片剪辑实例）、变量、函数或对象的目标路径。点语法表达式以对象或影片剪辑的名称开头，后面跟着一个点，最后以要指定的元素结尾。

【表达式】是代表值的 ActionScript 元件的任意合法组合。表达式由运算符和操作数组成。例如，在表达式 $x+2$ 中，x 和 2 是操作数，而+是运算符。

【运算符】是通过一个或多个值计算新值的术语。例如，加法（+）运算符可以将两个或更多个值相加到一起，从而产生一个新值。运算符操作的值称为操作数。

【标识符】是用于表示变量、属性、对象、函数或方法的名称。它的第一个字符必须是字母、下画线（_）或美元符号（$），其后的字符必须是字母、数字、下画线或美元符号。例如，firstName 是一个变量的名称，它是一个标识符。

【语句】是执行或指定动作的语言元素。例如，return 语句返回一个结果，作为执行它的函数的值。if 语句对一个条件求值，以确定应采取的下一个动作。switch 语句创建 ActionScript 语句的分支结构。

【标点符号】是帮助构成 ActionScript 代码的特殊字符。在 Flash 中有几种语言标点符号，最常用的标点符号种类有分号（;）、冒号（:）、圆括号（()）和卷曲花括号（{}）。这些标点符号中的每一种在 Flash 语言中都有特殊含义，并可帮助定义数据类型、终止语句或构造 ActionScript。

【变量】是包含任何数据类型值的标识符。可以创建、更改和更新变量，可以检索它们存储的值以在脚本中使用。

【常数】是其值不变的变量元素。

【数组】是一些对象，其属性由表示对象在结构中位置的数字进行标识。实质上，数组是一系列项。

【布尔值】或者【逻辑值】，表示的是为 true 或 false 值。

【缓存】是指应用程序中重复使用的信息，或是存储在计算机上以便重复使用的信息。

【字符】是用来组成字符串的字母、数字和标点，有时也称为字型。

【文本】表示具有特定类型的值，如数字或字符串。文本并不存储在变量中，是直接出现在代码中的值，是 Flash 文档中的常数（不变）值。另请参见函数文本和字符串。

【字符串】是直引号字符包含的字符的序列。字符本身是数据值，而不是对数据的引用。字符串并不是 String 对象。

【关键字】是有特殊含义的保留字。例如，var 是用于声明本地变量的关键字。不能使用关键字作为标识符。例如，var 不是合法的变量名称。

【数据类型】描述变量或 ActionScript 元素可以包含的信息种类。内置的 ActionScript 数据类型包括 String、Number、int、uint、Boolean、Object、MovieClip、Function、null 和 undefined 等。

函数和事件

【匿名函数】是引用自身的未命名函数；创建匿名函数时就将引用该函数。

【回调函数】是与某事件关联的函数。函数将在特定事件发生后被调用，如加载某些内容完毕之后（onLoad()）或在完成动画之后（onMotionFinished()）。

【构造函数】是用于定义（初始化）类的属性和方法的函数。根据定义，构造函数是类定义中与类同名的函数。

【事件】在运行 SWF 文件时发生。例如，在加载影片剪辑、播放头进入帧、用户单击按钮或影片剪辑，以及用户按下键盘键时，会产生不同的事件。

【事件处理函数】是管理鼠标单击时间或数据加载完成时间的特殊事件。ActionScript 事件处理函数共有两类：事件处理函数方法和事件侦听器（还有两种事件处理函数，on 处理函数和 onClipEvent 处理函数，用户可以将它们直接分配给按钮和影片剪辑，这两种事件处理函数仅能用于 ActionScript 1.0 和 ActionScript 2.0）。在"动作"面板中，每个具有事件处理函数方法或事件侦听器的 ActionScript 对象都有一个名为"Events"或"Listeners"的子类别。某些命令既可以用于事件处理函数，也可以用于事件侦听器，并且包括在上述两个子类别中。

【函数】是可以向其传递参数并能够返回值的可重复使用的代码块。

【函数文本】是可以用表达式（而不是语句）声明的未命名函数。在用户需要临时使用一个函数，或者在用户可以在代码中使用表达式代替函数时，函数文本非常有用。

【命名函数】是一种函数，通常在 ActionScript 代码中创建，用于执行各种动作。

【顶级函数】是不属于类的函数（有时称为预定义或内置函数），这意味着无须构造函数即可调用这些函数。内置在 ActionScript 语言顶级的函数的示例包括 trace() 和 setInterval()。

【用户定义的函数】是指用户自己创建的在应用程序中使用的函数，与执行预定义函数的内置类中的函数相反。用户可以自己命名函数，并在函数块内添加语句。

【参数】（也称参量）是用于向函数传递值的占位符。

类和实例

【类】是用户可以创建的用来定义新对象类型的数据类型。若要定义类，请在外部脚本文件中（而不是用户在"动作"面板中编写的脚本中）使用 class 关键字。

【包】是位于指定的类路径目录下并且包含一个或多个类文件的目录（请参见关于包）。

【类路径】是指 Flash 在其中搜索类或接口定义的文件夹列表。创建类文件时，需要将该文件保存到类路径中指定的目录之一，或其子目录中。类路径存在于全局（应用程序）层和文档层中。

【实例】是包含某个特定类的所有属性和方法的对象。例如，所有数组都是 Array 类的实例，因此用户可以将 Array 类的任何方法或属性用于任何数组实例。

【实例名称】是让用户识别创建的实例或者舞台上的影片剪辑和按钮实例的唯一名称。用户可以使用属性面板为舞台上的实例指定实例名称。

【对象】是属性和方法的集合；每个对象都有其各自的名称，并且都是特定类的实例。内置对象是在 ActionScript 语言中预先定义的。例如，内置的 Date 类可以提供系统时钟的信息。

【方法】是与类关联的函数。

【属性】是定义对象的特性。例如，length 是所有数组的一个属性，它指定数组中的元素个数。

【目标路径】是 SWF 文件中影片剪辑实例名称、变量和对象的分层结构地址。用户可以在影片剪辑属性面板中命名影片剪辑实例（主时间轴名称始终为 root）。可以使用目标路径引导影片剪辑中的动作，或者获取或设置变量和属性的值。

B

文本框、字体和实例名

文本工具是 Flash 中一个最重要的工具，Flash CS3 的文本控制功能更为丰富和强大，下面就来系统详细地探讨一下。

B.1 文本工具详解

打开 Flash CS3，用鼠标单击工具栏中的图按钮，或直接按键盘上的【T】键，就可选中文本工具，"属性"面板就会出现相应的文本工具的属性，单击属性面板右下角的三角形符号，可以显示或隐藏某些功能，如图 B-1 所示。

图 B-1   文本工具设置

1．文本工具的通用属性

文本工具有一些基本属性，例如字体、字号、颜色、字距和行距等，这与很多常用软件，如 Word 的使用相同，用户只需稍微加以练习便可熟练掌握。

2．静态文本框（Static Text）的特殊属性

静态文本框主要是显示各项不能更改的信息，文本可以垂直排列，甚至还可以旋转，另外还可以给文本加上 URL 链接，非常方便。

3．动态文本框（Dynamic Text）的特殊属性

动态文本框主要是能够动态地显示最新信息，可以为动态文本框定义实例名，从而可以像对影片剪辑操作一样设置其各种属性了。

动态文本框可以定义显示为多行或单行，可以显示 HTML 格式文本，并且可以定义是否可以选择文本框中的字符。

4．输入文本框（Input Text）的特殊属性

输入文本框主要的功能是让用户输入各种信息，它与动态文本框功能基本相同，只有两点略有不同：输入文本框可以输入文本字符，并可以定义输入字符的最大数量；可以显示为密码形式。

B.2　空缺字体替换

Flash 字体功能是一个非常重要的问题，对于一个想精通 Flash 的用户来说，并不那么简单。Flash 除了继续支持原有的设备字体功能外，新添加了空缺字体替换功能。

设备字体是相对于播放 Flash 影片来说的，它是 Flash Player 中嵌入的字体，如果所创作的 Flash 影片在用户的计算机上播放，而其中所用的某个特别字体在用户的计算机上找不到，那么就会用设备字体替换。

对于创作 Flash，可以在创作环境中选择字体，一般这个字体都是在本地已经安装。但是，当使用 Flash 创作软件打开文档时，特别是打开别人的源文档，如果文档中使用的字体在本地没有安装，那么就会弹出对话框，自动提醒你是否使用默认的字体来替换原字体，如图 B-2 所示。

图 B-2　警告提示框

如果在对话框上单击【选择替换字体】按钮，那么就会弹出"字体映射"（Font mapping）对话框。在"字体映射"对话框上，列出了文档中使用的在本地没有安装的字体，依次选择一种字体，而后在"替换字体"选项对应的下拉列表中选择要替换的字体，在选择完成之后，单击【确定】按钮就自动完成了字体替换，如图 B-3 所示。

图 B-3　字体替换

并且此次使用的替换还会被 Flash 记录下来作为将来的参考，如果将来有同样的空缺字体时，将会提醒用户使用相同的字体替换。

Flash CS3 各种面板
的功能和使用方法详解

C.1 使用"对齐"面板

"对齐"面板使用户能够沿水平或垂直轴对齐所选对象。用户可以沿选定对象的右边缘、中心或左边缘垂直对齐对象，或者沿选定对象的上边缘、中心或下边缘水平对齐对象，边缘由包含每个选定对象的边框决定。

使用"对齐"面板，用户也可以将所选对象按照中心间距或者边缘间距相等的方式进行分布。用户还可以调整所选对象的大小，使所有对象的水平或者垂直尺寸与所选最大对象的尺寸一致。还可以将所选对象与舞台对齐，并且可以对所选对象应用一个或多个"对齐"选项。

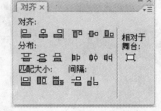

图 C-1   "对齐"面板

从菜单栏上选择【窗口】→【对齐】命令，就会打开"对齐"面板，它是"对齐/信息/变形"面板的一个子面板，如图 C-1 所示。

选择"相对于舞台"将应用相对于舞台边缘的对齐修改。

1．对齐对象

"左对齐"将所有选中对象与最左端的对象对齐，或与舞台左边缘对齐（同时选择"相对于舞台"选项）。

"水平中齐"将所有选中对象与这些对象水平方向的中心对齐，或与舞台水平方向的中心对齐（同时选择"相对于舞台"选项）。

"右对齐"将所有选中对象与最右端的对象对齐，或与舞台右边缘对齐（同时选择"相对于舞台"选项）。

"顶对齐"将所有选中对象与最顶端的对象对齐，或与舞台上边缘对齐（同时选择"相对于舞台"选项）。

"垂直中齐"将所有选中对象与这些对象垂直方向的中心对齐，或与舞台垂直方向的中心对齐（同时选择"相对于舞台"选项）。

"底对齐"将所有选中对象与最底端的对象对齐，或与舞台下边缘对齐（同时选择"相对于舞台"选项）。

2．分布对象

"按顶分布"以每个对象的顶端为参照，以平均间隔分布选定的对象。

"垂直中心分布"以每个对象的垂直中心为参照，以平均间隔分布选定的对象。

"按底分布"以每个对象的底端为参照，以平均间隔分布选定的对象。

"按左分布"以每个对象的左边缘为参照，以平均间隔分布选定的对象。

"水平中心分布"以每个对象的水平中心为参照，以平均间隔分布选定的对象。

"按右分布"以每个对象的右边缘为参照，以平均间隔分布选定的对象。

3．匹配大小

"匹配宽度"将使所有选定的对象有相同的宽度，最终宽度等于选定对象中最宽的那个对象的宽度值。

"匹配高度"将使所有选定的对象有相同的高度，最终高度等于选定对象中最高的那个对象的高度值。

"匹配宽和高"等于使用了"匹配宽度"和"匹配高度"。

4．分布间隔

"水平间隔"将使选中的所有对象水平间隔相同，或在舞台水平宽度范围内调整，使选中的所有对象水平间隔相同（同时选择"相对于舞台"选项）。

"垂直间隔"将使选中的所有对象垂直间隔相同，或在舞台垂直高度范围内调整，使选中的所有对象垂直间隔相同（同时选择"相对于舞台"选项）。

 技巧与提示

要选中多个对象，只需选中"选择"工具在舞台上画方框，或者在进行选择时按住【Shift】键单击对象就行了。

C.2　使用"信息"面板

使用"信息"面板可以获取和设置舞台上的对象的信息，虽然一些功能使用"属性"面板也能完成，但"信息"面板还是有非常独特的功能。

从菜单栏上选择【窗口】→【信息】命令，就会打开"信息"面板，它是"对齐/信息/变形"面板的一个子面板，如图 C-2 所示。

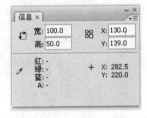

图 C-2　"信息"面板

[01]在"信息"面板上，可以查看和设置对象的大小和位置，也可以显示鼠标指针的位置。

[02]在查看和设置对象的大小和位置时，可以根据变形点来调整，这是"属性"面板所不能完成的。要显示变形点的坐标，单击坐标网格中的中心方框；要显示注册点的坐标，单击坐标网格中的左上角方框。

[03]如果图形是纯色填充，还可以显示该图形的红色（R）、绿色（G）、蓝色（B）和 Alpha（A）值。

C.3　使用"变形"面板

"变形"面板用来对对象进行变形操作，它是"任意变形"工具部分功能的替代选项，可以更加精细地对对象进行变形操作，包括缩放、旋转和倾斜。

从菜单栏上选择【窗口】→【变形】命令，就会打开"变形"面板，它是"对齐/信息/变形"面板的一个子面板，如图 C-3 所示。

[01]如果要对对象执行缩放操作，只需在相应的文本框内输入合适的缩放比例数字；如果要锁定纵横比，只需选择"约束"复选框。

[02]选中"旋转"单选按钮，然后在相应的文本框内输入合适的数字（以度为单位），就可以设置旋转操作。

图 C-3　"变形"面板

[03]选中"斜切"单选按钮，然后在相应的文本框内输入合适的数字（以度为单位），就可以设置斜切操作。

当所有的设置完毕后，单击底部的【复制并应用变形】按钮就会创建一个该对象的副本并应用变形设置。

如果想取消变形设置，选定对象，单击"变形"面板底部的【重置】按钮就可以了。

C.4　使用"颜色"面板

"颜色"面板由两个子面板组成："颜色"面板和"颜色样本"面板。

从菜单栏上选择【窗口】→【颜色】命令，就会打开"颜色"面板，并可以切换到"颜色样本"面板，如图 C-4 所示。

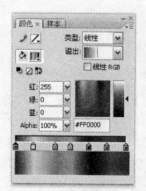 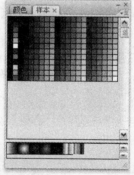

图 C-4　"颜色"面板和"颜色样本"面板

使用"颜色"面板，用户可以设置线条和填充的颜色，并且也可以交换线条和填充的颜色。

当设置好一种颜色时，单击"颜色"面板标题栏右侧的选项菜单按钮，在弹出选项菜单中选择【添加样本】命令就可以将该颜色作为样本添加到颜色样本面板中，当用户再次使用该颜色设置时，只需在"颜色样本"面板选中该样本就可以了。

如果已经在舞台中选定了线条或者填充，则在颜色面板中所进行的颜色更改会被应用到该对象。

C.4.1　创建颜色

使用"颜色"面板可以创建任何颜色，可以使用 RGB 和 HSB 两种模式。单击"颜色"面板标题栏右侧的选项菜单按钮，在弹出选项菜单中选择【RGB】或者【HSB】命令，在这两种模式之间切换，如图 C-5 所示的是 HSB 模式。

图 C-5 HSB 模式

1．在 RGB 模式下

用户可以指定颜色的 RGB 值来创建颜色；也可以直接键入颜色的十六进制值来创建颜色；此外，还可从现有调色板中选择颜色。

2．在 HSB 模式下

用户可以指定颜色的色相、饱和度和亮度值来创建颜色；也可以直接键入颜色的十六进制 RGB 值来创建颜色；此外，还可从现有调色板中选择颜色。

两种模式下，用户都可以指定 Alpha 值来定义颜色的透明度。

C.4.2 使用渐变填充

几乎所有的图形图像处理软件，都有纯色和渐变填充方式。纯色填充这里就不再多介绍，使用"属性"面板和"工具"面板都可以设置线条和填充的纯色。

但是，要设置渐变填充，则必须使用"颜色"面板。渐变填充有两种类型：线性渐变填充主要是在几种颜色中产生一种过渡渐变，而放射状渐变常常在制作球体时用到。

"颜色"面板看起来简单，但如果用户有足够好的创意，却可以用多种"简单"的填充，共同创建一个幻奇的环境。

1．选择渐变类型

从类型选项对应的下拉列表框中选择"线性"或者"放射状"可以选择渐变的类型。

[01]线性渐变是从起始点到终点沿直线逐渐变化的填充色，可以应用于线条和填充。

[02]放射状渐变产生从一个中心焦点出发沿环形轨道混合的渐变，也可以应用于线条和填充。

选中"线性 RGB"复选框用来创建与 SVG（可伸缩的矢量图形）兼容的线性或者放射状渐变。

2．使用"溢出"选项

类型选项下方出现"溢出"下拉列表框。使用"溢出"选项，用户可以控制应用于超出渐变限制的颜色。有 3 种溢出模式可供选择：扩展（默认模式）、镜像和重复。

"溢出"选项只有在和"填充变形"工具配合使用时才有效，图 C-6 显示了这 3 种模式下线形渐变和放射状渐变的不同效果。

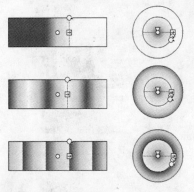

图 C-6　"溢出"选项

技巧与提示

"溢出"选项是在针对 Flash Player 8 以后版本发布时才会出现。

3．使用渐变定义栏

在选择渐变类型的填充后，在"颜色"面板出现渐变定义栏，栏下各指针表示渐变中的颜色。

[01]要更改渐变中的颜色，首先选择渐变定义栏下面的某个颜色指针，双击颜色指针按钮将会显示颜色选择器，选择一个颜色就可以了。拖动"亮度"条可以调整颜色的亮度，如图 C-7 所示。

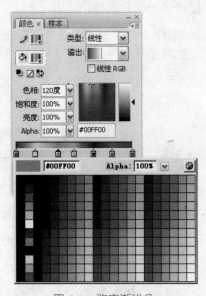

图 C-7　改变渐进色

也可以在选择一个颜色指针后，直接在"颜色盘"中选择一个颜色就可以了，然后也可以拖动"颜色盘"右侧的"亮度"条来调整颜色的亮度。

[02]要向渐变中添加指针，直接单击渐变定义栏或者渐变定义栏的下方。最多可以添加 15 个颜色指针，从而使用户可以创建多达 15 种颜色转变的渐变。

[03]要删除指针，将指针向下拖离渐变定义栏即可。

[04]要调整渐变定义栏上指针的位置，沿着渐变定义栏拖动指针即可。

C.5　使用"库"面板

在 Flash 中，"库"面板相当于一个资源仓库，存储 Flash 文档中使用的所有媒体资源（如元件、视频剪辑、声音剪辑、位图和字体元件）。库还包含已添加到文档的组件，组件在库中显示为编译过的剪辑。

"库"面板允许用户在工作时查看和组织这些元素，在"库"面板中，项目名称旁边的图标指示该项目的文件类型。"库"面板也包含有一个选项菜单，其中包含用于管理库项目的命令。

在 Flash 中工作时，用户可以打开任意 Flash 文档的库，将该文档的库项目用于当前文档。

用户可以在 Flash 应用程序中创建永久的库，只要启动 Flash 就可以使用这些库。Flash 还自带几个包含按钮、图形、影片剪辑和声音的范例库，可以将这些元素添加到 Flash 文档中。Flash 范例库和用户创建的永久库都列在【窗口】→【公用库】子菜单下。

从菜单栏上选择【窗口】→【库】命令就可以打开"库"面板，如图 C-8 所示。

图 C-8　"库"面板

要使用"库"面板选项菜单，单击"库"面板标题栏右侧的选项菜单按钮，就会弹出选项菜单。

C.5.1　处理库项目

当用户选择"库"面板中的项目时，"库"面板的顶部会出现该项目的缩略图预览。如果选定项目是动画或者声音文件，则可以使用库预览窗口中的"播放"按钮预览该项目。

双击一个项目的名称，然后在文本框中输入新名称，从而可以重命名该项目。

选择库中的一个项目，然后单击"库"面板底部的【废纸篓】图标就可以删除该库项目。从库中删除一个项目时，文档中该项目的所有实例(即该项目的所有出现之处)也会被删除。"库"面板中的"使用次数"列指示某个项目是否正在使用中。

用户可以使用文件夹组织"库"面板中的项目，就像在 Windows 资源管理器中一样。当用户创建一个新元件时，它会存储在选定的文件夹中。如果没有选定文件夹，该元件就会存储在库的根目录下。

单击"库"面板底部的【新建文件夹】按钮就能创建库文件夹。一旦创建了文件夹，用户就可以像在 Windows 资源管理器中一样管理和操作该文件夹，可以折叠，也可以展开，并可以将项目从一个文件夹拖动到另一个文件夹。如果新位置中存在同名项目，Flash 会提示用户使用正在移动的项目替换它。

C.5.2 排序和查询

单击"库"面板滚动条顶部的【宽库视图】按钮可以将"库"面板放宽，从而可以查看库项目的属性，如图 C-9 所示。

图 C-9 "库"面板

1．对"库"面板中的项目进行排序

"库"面板的各列列出了项目名称、项目类型、项目在文件中使用的次数、项目的链接状态和标识符（如果该项目与共享库相关联或者被导出用于 ActionScript），以及上次修改项目的日期。

用户可以在"库"面板中根据任何列按字母或数字顺序对项目进行排序，对项目排序可以使用户同时查看彼此相关的项目（注意，项目是在文件夹内排序的）。

像在 Windows 资源管理器中一样，单击列标题可以根据该列进行排序，单击列标题右侧的三角形按钮可以倒转排序顺序。

2．查找未使用的库项目

要更容易地组织文档，用户可以找到未使用的库项目并将它们删除。从"库"选项菜单中选择【选择未用项目】命令，这时，所有在文档中未被使用的库项目都会被标识出来，如图 C-10 所示。

图 C-10 "库"面板

然后，用户可以单击"库"面板底部的【废纸篓】图标就可以删除这些库项目。

通过删除未用的库项目不会缩小 SWF 文件的大小，因为未用库项目并不包括在 SWF 文件中。不过，链接的待导出项目包括在 SWF 文件中。

C.5.3　编辑库中的项目

要编辑库项目（包括导入的文件），请从"库"选项菜单中选择相应的菜单选项。也可以在外部编辑器中编辑完导入的文件之后更新这些文件，方法是使用"库"选项菜单中的"更新"选项。

在"库"面板中选择项目，单击"库"面板标题栏右侧的选项菜单按钮，就会弹出选项菜单。

如果是影片剪辑元件、图形元件和按钮元件，那么选择【编辑】命令以在 Flash 中编辑项目。

如果是视频剪辑、声音剪辑和位图，那么选择【编辑方式】命令，然后选择一个外部应用程序编辑该项目。

C.5.4　更新"库"面板中的导入文件

如果使用外部编辑器修改已导入 Flash 的文件（例如位图或者声音文件），则可以在 Flash 中更新这些文件，而无须重新导入。也可以更新已经从外部 Flash 文档导入的元件，更新导入文件会以外部文件的内容替换其内容。

在"库"面板中选择导入的文件，从"库"选项菜单中选择【更新】命令，就会打开"更新库项目"对话框，如图 C-11 所示。

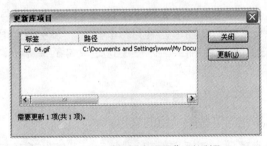

图 C-11　"更新库项目"对话框

选中要更新的项目前的复选框，单击【更新】按钮就会更新已经从外部 Flash 文档导入的文件。

更新完毕后，单击【关闭】按钮回到库编辑状态。

C.5.5　使用公用库

Flash CS3 范例公用库附带了很多制作精良的元件，可以用来向文档中添加按钮或者声音。

从菜单栏中选择【窗口】→【公用库】下的任意一个子菜单命令，都可以打开"库"面板，如图 C-12 所示为打开了按钮库。

图 C-12　公用库

注意，公用库内的项目是不可编辑的，因此呈灰色。

将项目从公用库拖入当前文档的库中，或者直接拖放到当前文档的舞台上，这时，发现当前文档的库中出现了该项目，并且与公用库中项目的结构相同。

如果用户也想创建一个公用库，直接将包含库项目的 Flash 文件放在硬盘上 Flash CS3 应用程序文件夹中的 Libraries 文件夹中就可以了。

C.5.6　使用另一个 Flash 文件中的库

如果要打开另一个 Flash 文件中的库，从菜单栏上选择【文件】→【导入】→【打开外部库】命令，定位到要打开的库所在的 Flash 文件，然后单击【打开】按钮，就会在当前文档中打开选定文件的库，并在"库"面板顶部显示文件名。要在当前文档内使用选定文件的库中的项目，可将项目拖到当前文档的"库"面板或者舞台上。

也可以复制另一个 Flash 文件中的库项目。

[01]在"库"面板顶部选择包含这些库项目的文档。

[02]在"库"面板中选择库项目（包括文件夹），然后从"库"选项菜单中选择【复制】命令，就可以复制库项目。

[03]在"库"面板顶部选择要使用这些库项目的目标文档，然后从"库"选项菜单中选择【粘贴】命令，就可以将库项目粘贴到"库"面板。

C.6　查询信息

使用"查找和替换"面板，用户可以在创作环境中搜索影片中的信息，这对于分析范例最有用了。

从菜单栏上选择【编辑】→【查找和替换】命令就可以打开"查找和替换"面板，如图 C-13 所示。

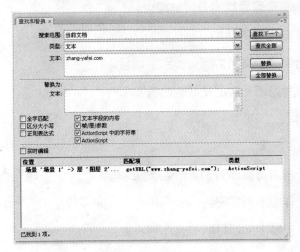

图 C-13　"查找和替换"面板

可以看到，使用该面板可以搜索文本字符串、字体、颜色、元件、声音文件、视频文件或导入的位图文件等信息。

如果是使用替换功能，那么替换的元素应该与原有元素是相同的类型，例如，如果替换一个字符串，那么替换的元素与原有元素都应该是字符串。

"实时编辑"选项可以在舞台上直接编辑指定的元素。如果在搜索元件时选定了"实时编辑"复选框，那么，Flash 将在"在当前位置编辑"模式中打开元件。

面板底部为"查找和替换日志"，显示正在搜索的元素的位置、名称和类型。

C.7　使用影片浏览器查询

在 Flash 中，元件的层次关系被称为 display list（显示列表）。在创作环境下可以使用"影片浏览器"浏览"显示列表"，从菜单栏上选择【窗口】→【影片浏览器】命令就可以打开"影片浏览器"面板，如图.C-14 所示。

图 C-14　"影片浏览器"面板

影片浏览器可以查看和组织文档的内容，并在文档中选择元素进行修改。它仅包含当前使用的元素的显示列表，该列表显示为一个可导航的分层结构树。

使用影片浏览器可以实现下面的功能。

[01]选择在影片浏览器中显示文档中哪些类别的项目。

[02]将所选类别显示为场景或元件定义（或两者）。

[03]展开和折叠导航树。

[04]按名称搜索文档中的元素。

[05]使自己熟悉其他开发人员创建的 Flash 文档的结构。

[06]查找特定元件或动作的所有实例。

[07]打印显示在影片浏览器中的可导航的显示列表。

时间轴操作的详解

在创建一个新的 Flash 文档时，时间轴上只有一个图层和一个空关键帧，随后，用户就可以向其中加入更多层和帧来组织图形对象和创建动画。

层的数量仅受计算机内存的限制，并不会增加发布 SWF 文件的大小。用户可以隐藏层、锁定层或者把层内的内容显示为轮廓线。

每个层都包含有很多帧，有的帧上包含有图形等元素，有的包含有 ActionScript 程序代码，有的则是一个空帧。帧按照一定的时间顺序和频率向前延伸。

有时也会用到多个场景，场景可以用来有效地组织文档，但场景并不是必需的。

在前面的一些范例中我们已经使用过层的一些功能了，事实上，和时间轴相联系的层、帧和舞台等都是 Flash 动画的基础，必须熟练地掌握它们。在这里，我们将详细地介绍一下时间轴的使用方法和作用。

D.1 　编辑层

要在一层中绘图或者修改该层中的对象，必须首先选择该层使它成为当前层，所有有关绘图和修改的操作都是在当前层进行的。在时间轴窗口上，当前层名称旁有一个铅笔图标（尽管可以同时选择几个层，但某一时刻只能有一个当前层）。

对某一层上的对象进行的改变和编辑不影响其他层的任何对象，此外还可以使用引导层使绘图和编辑变得更容易，使用遮罩层可以创建出复杂的效果。

对声音、动作、帧标签和帧注释使用单独的层，可在需要编辑它们时易于查找。

用户可以在任何可见的、未被锁定的层中编辑对象。反过来，为防止对象被修改，可以锁定层；为避免工作区过于混乱，可以隐藏暂时不用的层，也可以使用层文件夹来管理层。

在任何层中都可以只查看对象的轮廓、设定轮廓的颜色，也可以改变时间轴上层的高度以显示更多层的信息，并且可以改变显示在时间轴上的层的数量。

图 D-1 显示了一个标准的时间轴。

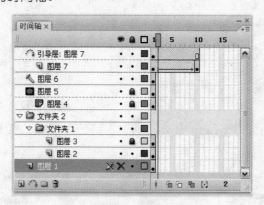

图 D-1　时间轴

1．选择层

在时间轴窗口中单击层的名称，或者在时间轴窗口中单击该层某一帧就可以选定该层，也可以在舞台上选择一个对象，这样该对象所在的层就被选定了。

也可以选择多层，在时间轴窗口中按住【Shift】键单击层的名称，可以选择连续的多层。如果想选择不连续的多层，就按住【Ctrl】键单击层的名称。

2．层的命名

在默认情况下，层是按它们被创建的顺序命名的（图层 1，图层 2 等）。对层重命名可更好地反映出它的内容，要重命名层，只需双击层的名称后键入新名即可，当然也可以使用"图层属性"对话框。

3．删除一层

选择要删除的层，单击时间轴窗口底端的【废纸篓】图标，或者将该层拖至"废纸篓"图标。

4．复制一层

单击某一层的名称以选定整个层，而后单击鼠标右键，在弹出的快捷菜单中选择【复制帧】命令，再单击【插入新图层】按钮创建新层，在新建层上单击鼠标右键，在弹出的快捷菜单中选择【粘贴帧】命令。

5．锁定和解除锁定

锁定层可以确保层不被误操作而改变，要锁定一层只需在时间轴窗口中单击层名称右边锁定列对应的黑点，再次执行同样操作可解除锁定。

如果要锁定所有层，在时间轴窗口中单击上方的 Key（锁）图标，再次单击解除对所有层的锁定。

要锁定多层，只需在时间轴窗口的锁定栏单击并竖直拖动鼠标就可使经过的层改变锁定状态；按住【Alt】键在锁定栏单击鼠标可锁定该层以外的所有层；如果对一个已锁定的层执行同样操作，那么将解除除该层以外所有锁定的层。

6．改变层的顺序

在时间轴窗口中层的顺序决定了重叠对象间的覆盖情况，位于上层中的对象看起来处在位于下层对象的前方。要改变层的顺序，在时间轴窗口中拖动层。

7．层文件夹

层文件夹的作用与 Windows 资源管理器中的文件夹使用方法基本相同。

单击"时间轴"底部的【插入图层文件夹】按钮就能创建层文件夹。一旦创建了文件夹，用户就可以像在 Windows 资源管理器中一样管理和操作该文件夹，可以折叠，也可以展开，可以改变层文件夹的顺序，并可以将层从一个文件夹拖动到另一个文件夹。

8．在层中设置动画

影片中的每个场景可包含任意多的层。在设置动画时，使用层来组织动画系列的组件，使对象分离，防止它们之间的相互作用。如果要对数组对象或元件同时设置渐变动画，必须把每个对象置于不同的层中。典型的设置是把静态图片放在背景层，其他的每一层放置一个动画对象。

在本书的第一章我们简单介绍了一个实例，在该实例中我们就把一幅图片放在最底层作为背景，把手张开的逐帧动画作为一层，Logo 作为一层，这样不但是为了避免对象相互作用，更主要的是利于管理，特别是动画元素过多时。

9．静态图形的延伸

在为动画创建背景的时候，通常有必要在数帧内显示同样的背景，这通常是通过向某一层加入一些新的帧（不是关键帧），然后在动画运行时把前方最近的关键帧中的内容复制到它们中实现的。静态图形的延伸其实前面我们已经使用过了，通常这样的帧如图 D-2 所示。

图 D-2   静态图形延伸的帧的情况

要在多帧中延伸静态图片，首先在动画帧序列的第一个关键帧中创建图片，而后选择该关键帧右边的数帧（数目以要增加的帧数为准），从菜单栏上选择【插入】→【时间轴】→【帧】命令或者按【F5】键。

10．图层属性对话框

"图层属性"对话框用于设置层的显示和编辑特性，绝大部分特性也可在时间轴窗口中设定。要使用"图层属性"对话框，双击层名左边的层图标（或者使用鼠标右键单击层名，在弹出的快捷菜单中选择【属性】命令；也可以先选定层，而后从菜单栏上选择【修改】→【时间轴】→【图层属性】命令），就会弹出"层属性"对话框，如图 D-3 所示。

图 D-3   "图层属性"对话框

使用"图层属性"对话框可以完成下面的操作。

[01]重新命名当前层。

[02]显示或隐藏当前层。

[03]锁定或解除当前层锁定。

[04]设定当前层的类型。

[05]决定是否以轮廓方式显示当前层及轮廓线颜色。

[06]决定当前层的显示高度（以百分比显示）。

D.2　使用帧

前面介绍了关键帧的创建，也谈及了 Flash 的几种动画形式，现在再详细地介绍一下怎样辨别不同的帧和动画类型。

在时间轴窗口中可通过下列几个方面辨别帧类型、补间动画（包括形状补间和动画补间）及逐帧动画。

1．单独的关键帧

一个单独的关键帧也以黑色实心圆圈表示，它后面淡灰色的帧表明内容与前面的关键帧相同没有任何变化，而且最后一帧有一个黑线和一个空心矩形，如图 D-4 所示。

图 D-4　单独的关键帧

2．空关键帧

空关键帧前面用一个空心圆表示（可以看到第一帧与随后的帧不同），最后一帧有一个黑线和一个空心矩形，如图 D-5 所示。

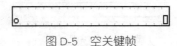

图 D-5　空关键帧

3．脚本帧

带一个"α"符号的帧表示该帧通过 Actions 面板设置了帧脚本，如图 D-6 所示。

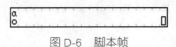

图 D-6　脚本帧

4．标签帧

时间轴窗口中的红旗符号表明它所在位置处的帧包含一个标签或注释，如图 D-7 所示。

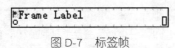

图 D-7　标签帧

5．锚点帧

时间轴窗口中的桔黄色锚符号表明它所在位置处的帧被定义成一个锚点，如图 D-8 所示。

图 D-8　锚点帧

6．逐帧动画

逐帧动画以连续的关键帧表示，关键帧以黑色实心圆圈表示，如图 D-9 所示。

图 D-9　逐帧动画

7．动画补间

运动 Tweened 动画的关键帧以黑色实心圆圈表示，关键帧之间用淡灰色背景的黑色箭头连接，表示中间的内插帧，如图 D-10 所示。

图 D-10　动画补间

时间轴窗口中关键帧之后为虚线，并且背景为淡灰色表明运动 Tweened 动画没有结束关键帧，如图 D-11 所示。

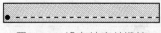

图 D-11　没有结束关键帧

8．形状补间

形状 Tweened 动画的关键帧以黑色实心圆圈表示，关键帧之间用淡绿色背景的黑色箭头连接，表示中间的内插帧，如图 D-12 所示。

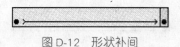

图 D-12　形状补间

时间轴窗口中关键帧之后为虚线，并且背景为淡绿色表明形状 Tweened 动画没有结束关键帧，如图 D-13 所示。

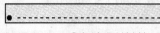

图 D-13　没有结束关键帧

D.3　绘图纸外观（洋葱皮）的使用方法和功能

一般情况下，某一时刻在舞台上只能显示一帧的内容，为便于对象的定位和编辑逐帧动画，在舞台上可一次显示多帧的内容，播放头所在的帧中的内容是原样显示，而它周围帧中的内容则变得暗淡，好像被一层透明的洋葱皮纸薄膜蒙住，薄膜堆叠在帧之上，离该帧越远，膜的层数越多，颜色就越淡，暗淡的帧不可编辑。

总结起来，洋葱皮有以下的功能和方法。

D.3.1　在舞台上同时查看一个动画数帧的内容

在时间轴窗口中单击【绘图纸外观】按钮，在舞台上，所有位于洋葱皮起始和终点间的帧的内容将被叠置在一帧中，如图 D-14 所示。

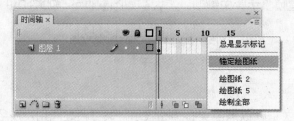

图 D-14　使用绘图纸外观

1．控制洋葱皮显示

要以轮廓形式显示帧中的对象，可单击【绘图纸外观轮廓】按钮。

要改变洋葱皮两个端点标识的位置，可直接把它们拖至新位置（一般情况下，洋葱皮标识与播放头位置是相关联的）。

要激活洋葱皮间所有的帧可编辑，单击时间轴窗口中的【编辑多个帧】按钮。这时通常只允许对播放头所在帧进行编辑，但也可以以正常方式显示洋葱皮标识间的每一帧中的内容，使每一帧的内容都可编辑。

要注意的是，被锁定层中帧的内容在洋葱皮下不被显示，所以为避免图形间的混淆，可以把不希望在洋葱皮下显示的层锁定或者把这些层隐藏。

2．改变洋葱皮的显示

单击【修改绘图纸标记】按钮，从弹出的菜单上选择其中一个选项：

- 【总是显示标记】，该选项表示无论洋葱皮是否打开，都会使洋葱皮端点标识显示。
- 【锚定绘图纸】，该选项表示洋葱皮端点标识固定在时间轴顶部的当前位置。通常情况下，洋葱皮的范围总是与当前帧播放头所在的位置和洋葱皮端点标识相关，选中该选项可防止端点标识随播放头的移动而移动。
- 【绘图纸 2】，该选项将用洋葱皮显示播放头所在帧前后各两帧范围内的内容。
- 【绘图纸 5】，该选项将用洋葱皮显示播放头所在帧前后各 5 帧范围内的内容。
- 【绘制全部】，该选项将用洋葱皮显示播放头所在帧前后所有帧范围内的内容。

D.3.2　移动整个动画

如果需要在舞台上移动整个一个动画序列，为避免重新排列每样东西，必须移动该动画范围内所有层、所有帧中的图形。

要把整个动画移至舞台上另一个位置，步骤如下。

[01]首先解除对所有层的锁定（要移动一层或者多层上的所有对象而不影响其他层，可先锁定或隐藏它们）。

[02]而后在时间轴窗口中单击【编辑多个帧】按钮。

[03]随后拖动两个洋葱皮标识使它们包含所有要选择的帧（或者在时间轴窗口中单击【修改绘图纸标记】按钮，从弹出菜单中选择【绘制全部】命令）。

[04]从菜单栏上选择【编辑】→【全选】命令选择所有的对象。

[05]最后，把整个动画拖至舞台上的新位置。

D.4　使用时间轴

时间轴用于组织和控制文档内容在一定时间内播放的图层数和帧数。与胶片一样，Flash 文档也将时长分为帧。图层就像堆叠在一起的多张幻灯胶片一样，每个图层都包含一个显示在舞台中的不同图像。时间轴的主要组件是图层、帧和播放头。

文档中的图层列在时间轴左侧的列中。每个图层中包含的帧显示在该图层名右侧的一行中。时间轴顶部的时间轴标题指示帧编号，播放头指示当前在舞台中显示的帧。播放 Flash 文档时，播放头从左向右通过时间轴。

时间轴状态显示在时间轴的底部，它指示所选的帧编号、当前帧频，以及到当前帧为止的运行时间。

可以更改帧在时间轴中的显示方式，也可以在时间轴中显示帧内容的缩略图。时间轴显示文档中哪些地方有动画，包括逐帧动画、补间动画和运动路径。

时间轴的图层部分中的控件使用户可以隐藏、显示、锁定或解锁图层，以及将图层内容显示为轮廓。

可以在时间轴中插入、删除、选择和移动帧，也可以将帧拖到同一图层中的不同位置，或是拖到不同的图层中。

D.4.1   更改时间轴中的帧显示

用户也可以更改时间轴中帧的大小，以及向帧序列添加颜色以加亮显示它们。还可以在时间轴中包括帧内容的缩略图预览，这些缩略图是动画的概况，因此非常有用，但是它们需要额外的屏幕空间。

单击时间轴右上角的功能按钮，就会弹出功能菜单，如图 D-15 所示。

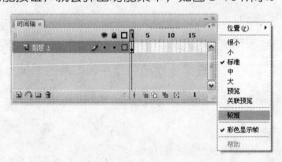

图 D-15   时间轴功能按钮

要更改帧单元格的宽度，可以选择"很小"、"小"、"正常"、"中"或者"大"。

要减小帧单元格行的高度，选择"较短"。

要打开或者关闭用彩色显示帧顺序，选择"彩色显示帧"。

要显示每个帧的内容缩略图（其缩放比率适合时间轴帧的大小），要选择"预览"。但是。这可能导致内容的外观大小发生变化。

要显示每个完整帧（包括空白空间）的缩略图，要选择"关联预览"。如果要查看元素在动画期间在它们的帧中的移动方式，此选项非常有用，但是这些预览通常比用"预览"选项生成的小。

D.4.2   移动播放头

文档播放时，播放头在时间轴上移动，指示当前显示在舞台中的帧。时间轴顶部的标题显示动画的帧编号。要在舞台上显示帧，可以将播放头移动到时间轴中该帧的位置，只需单击该帧所在的标题。

如果正在处理大量的帧，而这些帧无法一次全部显示在时间轴上，则可以将播放头沿着时间轴移动，从而轻松显示特定帧（更改帧单元格的宽度也可以在当前屏幕上显示更多的帧）。

如果要使时间轴以当前帧为中心，只需用鼠标单击时间轴底部的【帧居中】按钮。这对于查看当前帧的前后帧内容非常有用。

反侵权盗版声明

电子工业出版社依法对本作品享有专有出版权。任何未经权利人书面许可，复制、销售或通过信息网络传播本作品的行为；歪曲、篡改、剽窃本作品的行为，均违反《中华人民共和国著作权法》，其行为人应承担相应的民事责任和行政责任，构成犯罪的，将被依法追究刑事责任。

为了维护市场秩序，保护权利人的合法权益，我社将依法查处和打击侵权盗版的单位和个人。欢迎社会各界人士积极举报侵权盗版行为，本社将奖励举报有功人员，并保证举报人的信息不被泄露。

举报电话：（010）88254396；（010）88258888

传　　真：（010）88254397

E-mail：dbqq@phei.com.cn

通信地址：北京市万寿路 173 信箱

　　　　　电子工业出版社总编办公室

邮　　编：100036